基础化学学习指导

主　编：王兵威　董景然
副主编：宋家胜

东南大学出版社

南京

图书在版编目（CIP）数据

基础化学学习指导 / 王兵威，董景然主编. —南京 ：
东南大学出版社，2023.8
ISBN 978 - 7 - 5766 - 0780 - 2

Ⅰ.①基… Ⅱ.①王… ②董… Ⅲ.①化学-高等学
校-教学参考资料 Ⅳ.①O6

中国国家版本馆 CIP 数据核字（2023）第 113179 号

责任编辑：李 婧 责任校对：韩小亮 封面设计：顾晓阳 责任印制：周荣虎

基础化学学习指导

JICHU HUAXUE XUEXI ZHIDAO

主　　编：王兵威　董景然
出版发行：东南大学出版社
出 版 人：白云飞
社　　址：南京四牌楼 2 号　邮编：210096　电话：025 - 83793330
网　　址：http://www.seupress.com
电子邮件：press@seupress.com
经　　销：全国各地新华书店
印　　刷：丹阳兴华印务有限公司
开　　本：787 mm×1092 mm　1/16
印　　张：12.25
字　　数：305 千字
版　　次：2023 年 8 月第 1 版
印　　次：2023 年 8 月第 1 次印刷
书　　号：ISBN 978 - 7 - 5766 - 0780 - 2
定　　价：37.80 元

前　言

　　基础化学是医学院校本科一年级学生的一门基础必修课程,涉及无机化学、物理化学、分析化学、生命化学等学科的知识。它在学生综合素质的提高,知识结构的建立,逻辑思维的形成,分析能力的加强,创新意识的启迪以及细心缜密的习惯的养成等方面的作用都是非常重要的。

　　基础化学课程知识点较多,还涉及理科计算,化学基础薄弱的学生学起来比较吃力。本书立足基础化学知识,同时注重化学与医学、药学的联系,通过翔实的内容、凝练的思维导图、细致的例题解答以及配套的视频讲解来引导学生掌握基础化学相关知识,打牢学生的知识基础,拓宽学生的知识面。医药类专业的学生通过学习本书内容,不仅可以打牢知识基础,同时还能深刻认识学科之间的交叉联系,树立科研创新意识,增强理科计算能力,构建缜密严谨的思维方式,养成注重细节的习惯。

　　本教材的特色主要体现在两个方面:

　　第一,每一章的"内容概要"及"思维导图"部分详细梳理了各章的基本概念和基础知识并将其串联形成脉络,便于学生快速了解各章的知识结构,抓住学习重点,有利于其接受并理解新知识,降低了学生学习的难度;同时,直观呈现各知识点的相互联系也便于学生理清逻辑,进行分层次记忆,提高了学生的学习效率。

　　第二,本书每一章的"例题讲解"部分提供配套例题讲解视频,对稍有难度的典型例题做了讲解,学生可扫码观看。这一设计旨在解决学生能读懂课本却不会做题,找不到解题思路或者对解题思路理解不到位的问题,丰富了教学资源,有利于加深学生对课本知识的理解,进一步引导学生提高运用知识解决实际问题的能力。

　　期盼本书能给医药类相关专业学生的基础化学课程学习带来帮助。虽然编者为编写本书做了大量工作,但由于水平有限,书中难免有疏漏和不妥之处,敬请读者批评指正。

王兵威

2023 年 3 月

目　　录

第一章　绪论

内容概要

一、基本概念

1. 溶液:指由两种或多种组分所组成的均匀系统。

2. 溶液的组成标度:表示在一定量溶液或溶剂中所含溶质的量。

3. 溶液组成标度的表示方法

（1）物质的量浓度

物质的量:表示微观物质数量的基本物理量。符号:n_B。单位:mol。

$$n_B = \frac{m_B}{M_B}$$

物质的量浓度:溶质的物质的量除以溶液的体积。单位:$mol \cdot L^{-1}$、$mmol \cdot L^{-1}$ 等。

$$c_B = \frac{n_B}{V}$$

使用物质的量浓度须指明物质的基本单元。基本单元系数不同时有下列换算关系:

$$c(xB) = \frac{1}{x}c(B)$$

（2）质量浓度

溶液中溶质 B 的质量浓度用符号 ρ_B 表示,定义为溶质 B 的质量 m_B 除以溶液的体积 V。

$$\rho_B = \frac{m_B}{V}$$

体积 V 单位:L。质量浓度 ρ_B 单位:$g \cdot L^{-1}$、$kg \cdot L^{-1}$、$mg \cdot L^{-1}$。

（3）质量摩尔浓度

质量摩尔浓度定义为溶质的物质的量除以溶剂的质量。符号:b_B。单位:$mol \cdot kg^{-1}$。质量摩尔浓度反映了溶质和溶剂粒子相对数目的大小。

$$b_B = \frac{n_B}{m_A}$$

（4）物质的量分数（摩尔分数）

物质的量分数定义为物质 B 的物质的量与混合物的物质的量之比。符号:x_B。

$$x_B = \frac{n_B}{\sum_i n_i}$$

常见的双组分溶液（溶质 B 和溶剂 A）的物质的量分数表示如下:

$$x_B = \frac{n_B}{n_A + n_B}, \quad x_A = \frac{n_A}{n_A + n_B}$$

（5）体积分数

体积分数 φ_B 定义为溶质 B 的体积 V_B 与溶液总体积 V 之比。

$$\varphi_B = \frac{V_B}{V}$$

医用消毒酒精浓度是 75%，指的是体积分数。

（6）质量分数

溶质 B 的质量分数用符号 w_B 表示，定义为溶质 B 的质量 m_B 与溶液的质量 m 之比。

$$w_B = \frac{m_B}{m}$$

4. 配制溶液常用计算公式

（1）$c_B V = m/M$

（2）$c_1 V_1 = c_2 V_2$

思维导图

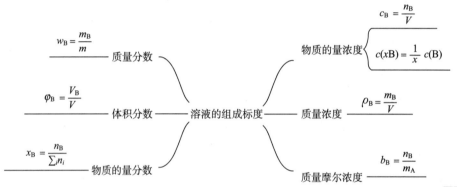

例题讲解

讲解视频

例 1-1 生理盐水的质量浓度是 $9.0\ g \cdot L^{-1}$，请换算成物质的量浓度。

分析 这是一道典型的单位换算题，将质量浓度换算成物质的量浓度。解这类题的关键是一定要看单位，质量浓度的单位是 $g \cdot L^{-1}$，物质的量浓度单位是 $mol \cdot L^{-1}$，所以一定会用到摩尔质量 M（其单位为 $g \cdot mol^{-1}$）。主要根据 $c_B = n_B/V$、$\rho_B = m_B/V$、$n_B = m_B/M_B$ 这三个公式来进行换算，$c_B = \dfrac{n_B}{V} = \dfrac{m_B}{VM_B} = \dfrac{\rho_B}{M_B}$。

解

$$c_B = n_B/V = \frac{m_B}{VM_B} = \frac{\rho_B}{M_B} = \frac{9.0\ g \cdot L^{-1}}{58.5\ g \cdot mol^{-1}} = 0.15\ mol \cdot L^{-1}$$

例 1-2 某患者需补充 $0.2\ mol\ Na^+$，换算成 NaCl 的质量是多少？若用生理盐水（$\rho = 9.0\ g \cdot L^{-1}$）补充，所需生理盐水的体积是多少？

分析 仍是单位换算题，首先要看物质的量之比，NaCl 与 Na^+ 的物质的量之比是 1:1，所以 $0.2\ mol\ Na^+$ 就是 $0.2\ mol$ 的 NaCl，换算成质量 $m = nM = 0.2\ mol \times 58.5\ g \cdot mol^{-1} =$

11.7 g,再根据质量浓度换算成生理盐水的体积。

解 $m=nM=0.2\ \text{mol}\times58.5\ \text{g}\cdot\text{mol}^{-1}=11.7\ \text{g}$

生理盐水的体积 $V=\dfrac{m}{\rho}=\dfrac{11.7\ \text{g}}{9.0\ \text{g}\cdot\text{L}^{-1}}=1.3\ \text{L}$

例 1-3 0.4 mol NaCl 溶解于水,配成 500 mL 溶液,其浓度表示正确的是 （ ）

    A. $c(\text{NaCl})=0.8\ \text{mol}\cdot\text{L}^{-1}$

    B. $c\left[\dfrac{1}{2}(\text{NaCl})\right]=0.8\ \text{mol}\cdot\text{L}^{-1}$

    C. $c[2(\text{NaCl})]=0.8\ \text{mol}\cdot\text{L}^{-1}$

    D. $c\left[\dfrac{3}{2}(\text{NaCl})\right]=1.2\ \text{mol}\cdot\text{L}^{-1}$

分析 使用公式 $c(x\text{B})=\dfrac{1}{x}c(\text{B})$ 进行计算即可。

答案 A。

例 1-4 100 mL 0.6 mol·L^{-1} NaOH 溶液中含 NaOH 多少克?

解 $n=cV=0.6\times0.1=0.06(\text{mol})$，$m=nM=0.06\times40=2.4(\text{g})$。

例 1-5 临床上使用的氯化钾注射液物质的量浓度为 1.34 mol·L^{-1}，求其质量浓度。

解 主要根据 $c_{\text{B}}=n_{\text{B}}/V=\dfrac{m_{\text{B}}}{VM_{\text{B}}}=\dfrac{\rho_{\text{B}}}{M_{\text{B}}}$，则 $\rho_{\text{B}}=c_{\text{B}}M_{\text{B}}$ 进行换算。

$$\rho_{\text{B}}=c_{\text{B}}M_{\text{B}}=1.34\ \text{mol}\cdot\text{L}^{-1}\times74.55\ \text{g}\cdot\text{mol}^{-1}=100\ \text{g}\cdot\text{L}^{-1}$$

例 1-6 需要配制 0.1 mol·L^{-1} 的 Na_2CO_3 溶液 100 mL，若现在有 0.5 mol·L^{-1} 的 Na_2CO_3 溶液，求需要 0.5 mol·L^{-1} 的 Na_2CO_3 溶液的体积。

解 根据公式 $c_1V_1=c_2V_2$，设所需要的 Na_2CO_3 溶液体积为 V_2，则 $V_2=c_1V_1/c_2=$ 0.1 mol·$\text{L}^{-1}\times100$ mL/0.5 mol·$\text{L}^{-1}=20$ mL。

例 1-7 将 17.1 g 蔗糖($C_{12}H_{22}O_{11}$)溶于 100 mL 水中,试计算蔗糖溶液的质量摩尔浓度。

解 蔗糖的摩尔质量 $M=342\ \text{g}\cdot\text{mol}^{-1}$，溶液的质量摩尔浓度为：

$$n_{\text{B}}=\dfrac{m_{\text{B}}}{M_{\text{B}}}=\dfrac{17.1\ \text{g}}{342\ \text{g}\cdot\text{mol}^{-1}}=0.05\ \text{mol}$$

$$b_{\text{B}}=\dfrac{n_{\text{B}}}{m_{\text{A}}}=\dfrac{0.05\ \text{mol}}{0.1\ \text{kg}}=0.5\ \text{mol}\cdot\text{kg}^{-1}$$

练习题

一、简答题

1. 简述化学发展史以及化学与医学的联系。

2. 李时珍编著的《本草纲目》一书中论及的相关化学实验操作有哪些？（列出 3 项即可）

3. 常用消毒用医用酒精的浓度是多少？该浓度用的是哪种溶液组成标度？若要你配制 500 mL 医用酒精，请概述其配制步骤。

二、单项选择题

1. 下列说法正确的是 （　　）

    A. 1 mol NaCl 中有 0.5 mol 钠离子

    B. 1 mol ^{12}C 原子等于 12 g

    C. 1 L 溶液中含有 H_2SO_4 98 g，该溶液的摩尔浓度是 1 mol·L^{-1}

    D. 基本单元不仅可以是构成物质的任何自然存在的粒子或粒子的组合，也可以是想象的或根据需要假设的各种粒子或其分割与组合

2. 下列物理量中，量的单位错误的是 （　　）

    A. 物质的量：mol   B. 相对分子质量：g·mol^{-1}

    C. 摩尔质量：g·mol^{-1} D. 物质的量浓度：mol·L^{-1}

3. 0.8 mol NaOH 溶解于水，配成 500 mL 溶液，其浓度表示正确的是 （　　）

    A. $c(2NaOH)=1.6$ mol·L^{-1} B. $c(NaOH)=1.6$ mol·L^{-1}

    C. $c(NaOH)=0.8$ mol·L^{-1} D. $c(1/2NaOH)=0.8$ mol·L^{-1}

4. 500 mL 0.2 mol·L^{-1} $AlCl_3$ 溶液中氯离子的物质的量是 （　　）

    A. 0.1 mol   B. 0.2 mol   C. 0.3 mol   D. 0.4 mol

三、计算题

1. 100 mL 0.3 mol·L^{-1} Na_2CO_3 溶液中含 Na_2CO_3 多少克？（Na_2CO_3 的摩尔质量为 106 g·mol^{-1}）

2. 临床上使用的平衡电解质氯化钾的质量浓度为 0.30 g·L^{-1}，求其物质的量浓度。

3. 需要配制 $0.1\ \text{mol} \cdot \text{L}^{-1}$ 的 NaOH 溶液 500 mL，若现在有 $0.5\ \text{mol} \cdot \text{L}^{-1}$ 的 NaOH 溶液，求需要 $0.5\ \text{mol} \cdot \text{L}^{-1}$ 的 NaOH 溶液的体积。

参考答案

一、简答题

1. 略。

2. 略。

3. 答：75%，体积分数。配制步骤如下。① 计算：500 mL×75%＝375 mL，需要用到 375 mL 乙醇；② 使用量筒量取 375 mL 乙醇倒入洁净的烧杯，然后使用玻璃棒引流到 500 mL 的容量瓶中，将烧杯润洗 3 次并将润洗液同样引流到容量瓶中；③ 定容。

二、单项选择题

1. D。选项 A 1 mol NaCl 中有 1 mol 钠离子；选项 B 应为"1 mol ^{12}C 原子的质量等于 12 g"；选项 C 不应该使用"摩尔浓度"，此术语已废除。

2. B。相对分子质量无单位，相对分子质量和摩尔质量在数值上是相等的。

3. B。由 $c_B = n_B/V$ 得 $c(\text{NaOH}) = 0.8\ \text{mol}/0.5\ \text{L} = 1.6\ \text{mol} \cdot \text{L}^{-1}$，根据公式 $c(nB) = 1/n c_B$ 得：$c(2\text{NaOH}) = 1/2 \times 1.6 = 0.8\ \text{mol} \cdot \text{L}^{-1}$，$c(1/2\text{NaOH}) = 2 \times 1.6\ \text{mol} \cdot \text{L}^{-1} = 3.2\ \text{mol} \cdot \text{L}^{-1}$。解题思路：本题主要考查了物质的量浓度的相关计算，重点落在 $c_B = n_B/V$，$c(nB) = 1/n c_B$ 这两个公式上。

4. C。因为一个三氯化铝分子可以解离出三个氯离子，所以三氯化铝与氯离子的物质的量之比是 1:3。

三、计算题

1. 解：$n = cV = 0.3\ \text{mol} \cdot \text{L}^{-1} \times 0.1\ \text{L} = 0.03\ \text{mol}$，$m = nM = 0.03\ \text{mol} \times 106\ \text{g} \cdot \text{mol}^{-1} = 3.18\ \text{g}$。

2. 解：氯化钾的摩尔质量为 $74.5\ \text{g} \cdot \text{mol}^{-1}$。

物质的量浓度 $c = \dfrac{\rho}{M} = 0.30\ \text{g} \cdot \text{L}^{-1}/74.5\ \text{g} \cdot \text{mol}^{-1} = 4.03 \times 10^{-3}\ \text{mol} \cdot \text{L}^{-1}$

3. 解：根据公式 $c_1 V_1 = c_2 V_2$，设所需要的体积为 V_2，则 $V_2 = c_1 V_1/c_2 = 0.1\ \text{mol} \cdot \text{L}^{-1} \times 500\ \text{mL}/0.5\ \text{mol} \cdot \text{L}^{-1} = 100\ \text{mL}$。

第二章 稀溶液的依数性

内容概要

一、基本概念

1. 稀溶液的依数性:溶液的一类性质,只与溶液中所含溶质粒子的浓度有关,而与溶质本身的性质无关。

2. 溶液的蒸气压下降:含有难挥发性溶质溶液的蒸气压总是低于同温度纯溶剂的蒸气压。

3. 溶液的沸点升高:难挥发性溶质溶液的沸点要高于纯溶剂的沸点。

4. 溶液的凝固点降低:难挥发性非电解质稀溶液的凝固点总是比纯溶剂凝固点低。

5. 渗透现象:溶剂分子通过半透膜由纯溶剂进入溶液或由稀溶液进入较浓溶液的现象。

二、稀溶液的依数性

稀溶液依数性的内容:蒸气压下降、沸点升高、凝固点降低和溶液的渗透压。

适用范围:难挥发性非电解质的稀溶液。

1. 溶液的蒸气压下降:含有难挥发性溶质溶液的蒸气压总是低于同温度纯溶剂的蒸气压(图 2-1)。

原因:当溶剂的部分表面被溶质所占据时,在单位时间逃逸出液面的溶剂分子就相应减少,达到平衡时,溶液的蒸气压必然比纯溶剂的蒸气压低。这也是造成凝固点下降、沸点升高的根本原因。渗透压也可以用类似的理论解释。

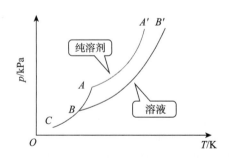

图 2-1 溶液的蒸气压下降

实验测定 25 ℃时,纯水的饱和蒸气压 $p(H_2O) = 3\ 167.7\ Pa$;

$0.5\ mol \cdot kg^{-1}$ 糖水的蒸气压则为 $p(H_2O) = 3\ 135.7\ Pa$;

$1.0\ mol \cdot kg^{-1}$ 糖水的蒸气压为 $p(H_2O) = 3\ 107.7\ Pa$。

结论:溶液的蒸气压比纯溶剂低,溶液浓度越大,蒸气压下降得越多。

备注:糖水的蒸气压也用 $p(H_2O)$ 表示,因为糖水的蒸气压其实就是糖水中水产生的蒸气压,溶质糖本身就是难挥发的,所以溶质并不产生蒸气压。这也是我们强调溶液蒸气压下降的前提是溶质难挥发的原因。我们可以试想,如果溶质是乙醇,溶剂是水,那么溶液蒸气压是高于纯水的蒸气压的。

拉乌尔(F. M. Raoult)定律:在一定温度下,难挥发非电解质稀溶液的蒸气压等于纯溶剂的蒸气压乘以溶剂的摩尔分数。

$$p = p^* x_A$$

式中,p 表示溶液的蒸气压;p^* 表示纯溶剂的蒸气压;x_A 表示溶剂的摩尔分数。

$$\Delta p = p^* - p = p_A^* - p_A^* x_A = p_A^*(1 - x_A) = p_A^* x_B$$

对于稀溶液,$n_A \gg n_B$:

$$x_B = \frac{n_B}{n_A + n_B} \approx \frac{n_B}{n_A} = \frac{n_B}{m_A/M_A} = b_B M_A$$

现在设 $K = p_A^* M_A$,则 K 值的大小取决于温度和溶剂,与溶质本性没有关系。

$$\Delta p = K b_B$$

拉乌尔定律适用范围:

(1) 非电解质:适用于葡萄糖、果糖、甘油等非电解质溶液,而不适用于 NaCl 等电解质溶液。

(2) 难挥发:否则必须考虑溶质的蒸气压。

(3) 稀溶液:无须考虑溶质分子对溶剂分子的作用力。

2. 溶液的沸点升高

沸点:液体的蒸气压等于外压时的温度。正常沸点为外压为 101.3 kPa 时液体的沸点,水的正常沸点为 373.0 K(图 2-2)。

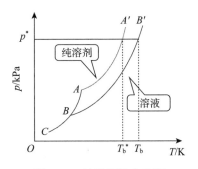

图 2-2　溶液的沸点升高

溶液的沸点升高:溶液的沸点要高于纯溶剂的沸点。原因为难挥发性溶质溶液的蒸气压恒低于纯溶剂的蒸气压。

结论:难挥发性非电解质稀溶液的沸点升高只与溶质的质量摩尔浓度有关,与溶质的本性无关;纯溶剂的沸点是恒定的,溶液的沸点不断变化,直至溶液饱和。

沸点升高规律:

$$\Delta T_b = T_b - T_b^* = K_b b_B$$

式中,K_b 表示溶剂的沸点升高常数,单位为 K·kg·mol^{-1},与溶剂本性有关,与溶质本性无关。

3. 溶液的凝固点降低

凝固点:物质的固相纯溶剂的蒸气压与其液相蒸气压相等时的温度。

溶液的凝固点降低:难挥发性非电解质稀溶液的凝固点总是比纯溶剂凝固点低。原因为难挥发性溶质溶液的蒸气压恒低于纯溶剂的蒸气压。

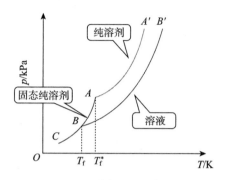

图 2-3 溶液的凝固点降低

结论:难挥发性非电解质稀溶液的凝固点降低只与溶质的质量摩尔浓度有关,与溶质的本性无关。

凝固点降低规律:

$$\Delta T_f = T_f^* - T_f = K_f b_B$$

式中,K_f 表示溶剂的质量摩尔凝固点降低常数,单位为 $K \cdot kg \cdot mol^{-1}$,只与溶剂本性有关。

(1) 难挥发性非电解质稀溶液的凝固点降低只与溶质的摩尔质量浓度有关,与溶质的本性无关。

(2) 纯溶剂的凝固点是恒定的。

(3) 溶液的凝固点不断变化。

(4) 溶液的凝固点是指固相溶剂刚析出时的温度。

4. 溶液的渗透压

溶液的渗透压:为维持半透膜两侧的溶液之间的渗透平衡而需要的超额压力产生的压强,(在数值上)等于溶液的渗透压。符号:Π。单位:Pa 或 kPa。

范特霍夫公式:

$$\Pi V = nRT, \quad \Pi = c_B RT$$

式中,Π 表示渗透压(kPa);V 表示溶液体积(L);n 表示溶质物质的量(mol);R 表示气体常数,$R = 8.314 \, J \cdot mol^{-1} \cdot K^{-1}$;$T$ 表示温度(K);c_B 表示溶质的物质的量浓度。

范特霍夫公式的意义:在一定的温度下,溶液的渗透压与单位体积溶液中所含溶质的粒子数(分子数或离子数)成正比,而与溶质的本性无关。

渗透现象产生的条件:

(1) 半透膜存在。

(2) 膜两侧单位体积内溶剂分子数不相等(即膜两侧的溶液存在浓度差)。

净渗透的方向:

(1) 溶剂分子从纯溶剂迁移至溶液。

（2）若半透膜两侧渗透浓度不等,则溶剂分子从稀溶液迁移至浓溶液。

渗透浓度:溶液中产生渗透效应的溶质粒子(分子、离子)统称为渗透活性物质,渗透活性物质的总的物质的量浓度称为渗透浓度。

符号:$c_{os} = n_{渗透活性物质}/V$

单位:$mmol \cdot L^{-1}$

电解质 $c_{os} = 1\ 000ic$,非电解质 $c_{os} = 1\ 000c$(c 的单位为 $mol \cdot L^{-1}$)。

医学上常用渗透浓度来比较溶液渗透压的大小。

低渗、等渗和高渗溶液:

医学上以人体血浆的渗透浓度为标准来定义低渗、等渗和高渗。

人体血浆的渗透浓度正常范围为 $280 \sim 320\ mmol \cdot L^{-1}$(等渗)。

临床上常用的等渗溶液:$0.278\ mol \cdot L^{-1}$($50\ g \cdot L^{-1}$)葡萄糖溶液、$0.154\ mol \cdot L^{-1}$($9\ g \cdot L^{-1}$)NaCl 溶液(生理盐水)、$0.149\ mol \cdot L^{-1}$($12.5\ g \cdot L^{-1}$)$NaHCO_3$ 溶液、$1/6\ mol \cdot L^{-1}$($18.7\ g \cdot L^{-1}$)乳酸钠溶液。

思维导图

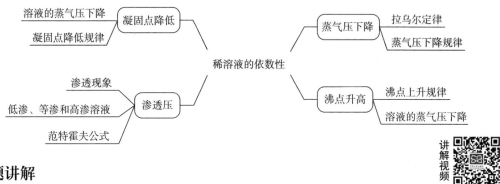

讲解视频

例题讲解

例 2 - 1 $CaCl_2$、NaOH、P_2O_5 等易潮解的固态物质常用作干燥剂,试简述其干燥原理。

答 这类物质易吸收空气中的水分在其表面形成溶液,根据溶液的蒸气压下降,该溶液蒸气压较空气中水蒸气的分压小,使空气中的水蒸气不断凝结进入溶液而达到消除空气中水蒸气的目的。

例 2 - 2 何谓拉乌尔定律? 在水中加入少量葡萄糖后,凝固点将如何变化? 为什么?

答 拉乌尔探索溶液蒸气压下降的规律。对于难挥发性的非电解质稀溶液,他得出了如下经验公式:$p = p^{*}x_A$ 又可表示为 $\Delta p = p^{*} - p = p^{*} - p^{*}x_A = p^{*}(1-x_A) = p^{*}x_B$,$\Delta p$ 是溶液蒸气压的下降。进一步推导可得出稀溶液蒸气压下降和溶质的质量摩尔浓度 b_B 的关系:$\Delta p = p^{*} - p = Kb_B$,比例常数 K 取决于 p^{*} 和溶剂的摩尔质量 M_A。这就是拉乌尔定律。温度一定时,难挥发性非电解质稀溶液的蒸气压下降与溶质的质量摩尔浓度 b_B 成正比,而与溶质的本性无关。

在水中加入葡萄糖后,溶液的凝固点将比纯水低。因为葡萄糖溶液的蒸气压比水的蒸气压低,在水的凝固点葡萄糖溶液的蒸气压小于冰的蒸气压,两者不平衡,只有降低温度才能使溶液和冰平衡共存。

例 2 - 3 在临床补液时为什么一般要输等渗溶液?

答 使补液与病人血浆渗透压力相等,才能使体内水分调节正常并维持细胞的正常形态和功能。

例 2 - 4 简述渗透压以及血浆低渗、等渗和高渗溶液。

答 渗透压是溶液的一个重要性质,凡是溶液都有渗透压。对于稀溶液来说,其计算公式为 $\Pi = cRT$,其中 c 为溶液中溶质的物质的量浓度,R 是气体常数,T 为热力学温度。由公式可以看出,渗透压只与单位体积中溶质的分子或离子个数有关,而与其大小无关,比如 $0.3\ mol \cdot L^{-1}$ 的葡萄糖溶液与 $0.3\ mol \cdot L^{-1}$ 蔗糖溶液的渗透压是相同的,而 $0.3\ mol \cdot L^{-1}$ 的氯化钠溶液的渗透压约是 $0.3\ mol \cdot L^{-1}$ 的葡萄糖溶液的渗透压的两倍。正常人血浆中总渗透压约为 $300\ mmol \cdot L^{-1}$[$1\ mmol$ 非电解质(如葡萄糖)在 $1\ L$ 水中溶解后形成溶液的渗透压即为 $1\ mmol \cdot L^{-1}$],于 $37\ ℃$ 时相当于 6.7 个大气压或 $679.5\ kPa$。血浆渗透压主要来自各种离子(血浆中非电解质如葡萄糖、尿素等含量较少,仅相当于 $5\ mmol \cdot L^{-1}$ 左右),它们形成的渗透压约为 $295\ mmol \cdot L^{-1}$,称为血浆晶体渗透压。血浆中虽然含有大量蛋白质,但蛋白质相对分子质量大,所产生的渗透压很小,不超过 $1.5\ mmol \cdot L^{-1}$,称为血浆胶体渗透压。临床上规定血浆总渗透压正常范围为 $280 \sim 320\ mmol \cdot L^{-1}$。如果溶液的渗透压在这个范围之内,称为血浆的等渗溶液(如生理盐水、$0.278\ mol \cdot L^{-1}$ 的葡萄糖溶液);渗透压低于此范围的溶液为低渗溶液;渗透压高于此范围的溶液则为高渗溶液。

例 2 - 5 已知异戊烷 C_5H_{12} 的摩尔质量 $M = 72.15\ g \cdot mol^{-1}$,在 $20.3\ ℃$ 的蒸气压为 $77.31\ kPa$。现将一难挥发性非电解质 $0.069\ 7\ g$ 溶于 $0.891\ g$ 异戊烷中,测得该溶液的蒸气压降低了 $2.32\ kPa$。试求异戊烷为溶剂时拉乌尔定律中的常数 K。

解 $\Delta p = K b_B = p^* x_B, x_B = n_B/(n_A + n_B) \approx n_B/n_A = n_B M_A/m_A$

则 $K b_B = p^* \times n_B \times M_A/m_A, b_B \approx n_B/m_A$,则 $K = p \times M_A = 77.31\ kPa \times 72.15\ g \cdot mol^{-1} = 5\ 578\ kPa \cdot g \cdot mol^{-1}$

例 2 - 6 试比较下列溶液的凝固点的高低:(苯的凝固点为 $5.5\ ℃$,$K_f = 5.12\ K \cdot kg \cdot mol^{-1}$,水的 $K_f = 1.86\ K \cdot kg \cdot mol^{-1}$)

① $0.1\ mol \cdot L^{-1}$ 蔗糖的水溶液;② $0.1\ mol \cdot L^{-1}$ 乙二醇的水溶液;

③ $0.1\ mol \cdot L^{-1}$ 乙二醇的苯溶液;④ $0.1\ mol \cdot L^{-1}$ 氯化钠水溶液。

解 对于非电解质溶液,$\Delta T_f = K_f b_B$;对于电解质溶液,$\Delta T_f = i K_f b_B$。故相同浓度溶液的凝固点的大小顺序是:③>①=②>④。

例 2 - 7 将红细胞置于高渗溶液中,会发生_____现象。

答案 皱缩。

思路 红细胞在高渗溶液中皱缩,在低渗溶液中胀大破裂。水由低渗溶液向高渗溶液移动,由于红细胞无细胞壁,吸水时可能会胀大破裂。

例2-8　实验室中为什么选择冰盐混合物作为制冷剂?

答　其原理是,食盐和冰放在一起时,冰因为吸收环境中的热量而稍有融化,此时冰的表面必然有液态水存在。食盐遇到水会溶解于其中形成溶液,降低凝固点,导致冰迅速融化,在融化过程中大量吸热而使环境制冷。在一定配比(30 g NaCl+100 g 冰)时可达250.6 K。

例2-9　已知20 ℃时水的饱和蒸气压为2.338 kPa,将17.1 g蔗糖($C_{12}H_{22}O_{11}$)溶于100 g水,试计算该蔗糖溶液的蒸气压是多少。(蔗糖的摩尔质量 $M=342$ g·mol^{-1})

解　首先分别求出蔗糖和水的物质的量:

$$n_B = \frac{m_B}{M_B} = \frac{17.1 \text{ g}}{342 \text{ g·mol}^{-1}} = 0.05 \text{ mol}$$

$$n_A = \frac{m_A}{M_A} = \frac{100 \text{ g}}{18 \text{ g·mol}^{-1}} = 5.56 \text{ mol}$$

H_2O 的摩尔分数:$x_A = \dfrac{n_A}{n_B} = \dfrac{5.56}{0.05+5.56} = 0.991$

蔗糖溶液的蒸气压:$p = p^*(H_2O) \cdot x(H_2O) = 2.338 \times 0.991 = 2.32$ (kPa)

例2-10　将0.638 g尿素溶于250 g水中,测得此溶液的凝固点为-0.079℃。已知水的$K_f = 1.86$ K·kg·mol^{-1},试求尿素的相对分子质量。

解　首先根据溶液的凝固点降低规律:$\Delta T_f = K_f b_B = K_f \dfrac{m_B}{m_A M_B}$

推出摩尔质量的计算公式:$M_B = \dfrac{K_f m_B}{\Delta T_f m_A}$。计算的时候一定要注意单位,$K_f$ 的单位是K·kg·mol^{-1},所以在计算的时候乘以1 000,将 kg 换算成 g。

$$M_B = \frac{K_f m_B}{\Delta T_f m_A} = \frac{1.86 \times 1\,000 \times 0.638}{0.079 \times 250} = 60 (\text{g·mol}^{-1})$$

则尿素相对分子质量 $M_r = 60$。

练习题

一、判断题

1. 由于乙醇比水易挥发,故在相同温度下乙醇的蒸气压大于水的蒸气压。　　　(　　)

2. 在液体的蒸气压与温度的关系图上,曲线上的任一点均表示气、液两相共存时的相应温度及压力。　　　(　　)

3. 将相同质量的葡萄糖和尿素分别溶解在100 g水中,则形成的两份溶液在温度相同时的 Δp、ΔT_b、ΔT_f、Π 均相同。　　　(　　)

4. 若两种溶液的渗透压相等,其物质的量浓度也相等。　　　(　　)

5. 某物质的液相自发转变为固相,说明在此温度下液相的蒸气压大于固相的蒸气压。

(　　)

6. $0.2 \text{ mol} \cdot L^{-1}$ 的 NaCl 溶液的渗透压等于 $0.2 \text{ mol} \cdot L^{-1}$ 的葡萄糖溶液的渗透压。

（　　）

7. 两个临床上的等渗溶液只有以相同的体积混合时,才能得到临床上的等渗溶液。

（　　）

8. 将浓度不同的两种非电解质溶液用半透膜隔开时,水分子从渗透压小的一方向渗透压大的一方渗透。

（　　）

9. $c_{os}(\text{NaCl}) = c_{os}(\text{C}_6\text{H}_{12}\text{O}_6)$。在相同温度下,两种溶液的渗透压相同。

（　　）

10. 一块冰放入 0 ℃ 的水中,另一块冰放入 0 ℃ 的盐水中,两种情况下发生的现象一样。

（　　）

11. 葡萄糖的摩尔质量为 $180 \text{ g} \cdot \text{mol}^{-1}$, $50.0 \text{ g} \cdot L^{-1}$ 葡萄糖溶液的渗透浓度为 $278 \text{ mmol} \cdot L^{-1}$。

（　　）

12. 将红细胞置于低渗溶液中会发生皱缩现象。（　　）

13. 将红细胞置于低渗溶液中会发生溶胀甚至溶血现象。（　　）

14. 相同条件下糖水蒸发的速度小于纯水。（　　）

15. 对于同一个溶液,温度不同,渗透压也不同。（　　）

16. 溶液的依数性只与溶质的本性有关,与浓度无关。（　　）

17. 根据溶液的依数性可以测定物质的摩尔质量。（　　）

18. 测定高分子物质相对分子质量常用凝固点降低法,测定小分子相对分子质量常用渗透压法。

（　　）

19. 只有液体才具有蒸气压,固体没有蒸气压。（　　）

20. 冬天为防止汽车水箱冻坏,可以加入乙二醇防冻。（　　）

21. 冬天向混凝土中加入氯化钙可以抗冻,利用的原理是溶液的凝固点降低。（　　）

22. 物质的量浓度相同的两种溶液也有可能发生渗透现象。（　　）

23. 等物质的量浓度的 NaCl 溶液的渗透压约为葡萄糖溶液渗透压的 2 倍。（　　）

24. 渗透现象发生的结果是缩小了膜两侧的浓度差。（　　）

25. 同等条件下,海水比淡水更容易结冰。（　　）

26. 在医学上一般把高分子物质产生的渗透压称作胶体渗透压。（　　）

27. 净渗透的方向是溶剂分子从高渗溶液转移到低渗溶液。（　　）

28. 只有难挥发非电解质溶液才有渗透压。（　　）

29. 晶体渗透压主要调节细胞间液和细胞内液之间的水转移。（　　）

30. 如果血浆中蛋白质减少,血浆的胶体渗透压会降低,可能形成水肿。（　　）

二、单项选择题

1. 有下列水溶液:① $0.100 \text{ mol} \cdot \text{kg}^{-1}$ 的 $\text{C}_6\text{H}_{12}\text{O}_6$,② $0.100 \text{ mol} \cdot \text{kg}^{-1}$ 的 NaCl,③ $0.100 \text{ mol} \cdot \text{kg}^{-1}$ 的 Na_2SO_4。在相同温度下,蒸气压由大到小的顺序是（　　）

A. ②＞①＞③　　　　　　　　　　B. ①＞②＞③

C. ②＞③＞①　　　　　　　　　　D. ③＞②＞①

2. 下列几组用半透膜隔开的溶液,在相同温度下水从右向左渗透的是（　　）

A. 摩尔分数 5% 的 $\text{C}_6\text{H}_{12}\text{O}_6$|半透膜|摩尔分数 5% 的 NaCl

B. $0.080 \text{ mol} \cdot L^{-1}$ 的 NaCl|半透膜|$0.080 \text{ mol} \cdot L^{-1}$ 的 $\text{C}_6\text{H}_{12}\text{O}_6$

C. 0.050 mol·L^{-1} 的葡萄糖 |半透膜| 0.050 mol·L^{-1} 的蔗糖

D. 0.050 mol·L^{-1} 的 MgSO$_4$ |半透膜| 0.050 mol·L^{-1} 的 CaCl$_2$

3. 与难挥发性非电解质稀溶液的蒸气压降低、沸点升高、凝固点降低有关的因素为 　　　　　　　　　　　　　　　　　　　　　　　　　　　　（　　）

A. 溶液的体积　　　　　　　　　　　　B. 溶液的温度

C. 溶质的本性　　　　　　　　　　　　D. 单位体积溶液中溶质质点数

4. 关于溶液的依数性，下列说法错误的是 （　　）

A. 依数性是针对稀水溶液而言的

B. 渗透压也属于依数性

C. 依数性与溶质的本性无关

D. 物质的量浓度相同的两种溶液，其依数性一定相同

5. 欲较精确地测定尿素的相对分子质量，最合适的测定方法是 （　　）

A. 凝固点降低　　　　　　　　　　　　B. 沸点升高

C. 渗透压　　　　　　　　　　　　　　D. 蒸气压下降

6. 欲使相同温度的两种稀溶液间不发生渗透，应使两溶液（A、B 中的基本单元均以溶质的分子式表示） （　　）

A. 质量摩尔浓度相同　　　　　　　　　B. 物质的量浓度相同

C. 质量浓度相同　　　　　　　　　　　D. 渗透浓度相同

7. 用理想半透膜将 0.02 mol·L^{-1} 蔗糖溶液和 0.02 mol·L^{-1} NaCl 溶液隔开，在相同温度下将会发生的现象是 （　　）

A. 蔗糖分子从蔗糖溶液向 NaCl 溶液渗透

B. Na$^+$ 从 NaCl 溶液向蔗糖溶液渗透

C. 水分子从 NaCl 溶液向蔗糖溶液渗透

D. 水分子从蔗糖溶液向 NaCl 溶液渗透

8. 相同温度下，下列溶液中渗透压最大的是 （　　）

A. 0.3 mol·L^{-1} 蔗糖（C$_{12}$H$_{22}$O$_{11}$）溶液

B. 50 g·L^{-1} 葡萄糖（$M_r=180$）溶液

C. 生理盐水

D. 0.3 mol·L^{-1} 乳酸钠（C$_3$H$_5$O$_3$Na）溶液

9. 能使红细胞发生皱缩现象的溶液是 （　　）

A. 1 g·L^{-1} NaCl 溶液

B. 12.5 g·L^{-1} NaHCO$_3$ 溶液

C. 112 g·L^{-1} 乳酸钠（C$_3$H$_5$O$_3$Na）溶液

D. 生理盐水和等体积的水的混合液

10. 会使红细胞发生溶血现象的溶液是 （　　）

A. 9 g·L^{-1} NaCl 溶液

B. 50 g·L^{-1} 葡萄糖溶液

C. 100 g·L^{-1} 葡萄糖溶液

D. 生理盐水和等体积的水的混合液

11. 撒盐可以将道路上的积雪融化,冬天施工的混凝土中常添加氯化钙,其中蕴含的稀溶液依数性原理是 ( )

    A. 凝固点的下降   B. 凝固点的上升

    C. 沸点的升高   D. 渗透压的升高

12. 土壤中 NaCl 含量高时植物难以生存,下列稀溶液性质中与此现象有关的是

                                                        ( )

    A. 蒸气压下降   B. 沸点升高

    C. 凝固点下降   D. 渗透压

13. 测得人体血液的凝固点为 -0.56 ℃。已知 $K_f = 1.86 \ K \cdot kg \cdot mol^{-1}$,则在体温为 37 ℃时血液的渗透压为 ( )

    A. 1 776 kPa   B. 388 kPa   C. 776 kPa   D. 194 kPa

14. 难挥发非电解质的水溶液在沸腾的过程中,它的沸点 ( )

    A. 恒定不变   B. 继续升高

    C. 继续下降   D. 无法判断

15. 下列溶质溶于水的溶液物质的量浓度相同时,沸点最高的是 ( )

    A. 葡萄糖   B. 蔗糖   C. 氯化钠   D. 硫酸钠

16. 根据依数性来测量牛血红蛋白的相对分子质量,最合适的方法是 ( )

    A. 蒸气压下降法   B. 沸点升高法

    C. 凝固点下降法   D. 渗透压法

17. 下列溶液能使人体红细胞保持正常状态的是 ( )

    A. 20 g · L^{-1}NaCl 溶液   B. 0.278 mol · L^{-1} 葡萄糖溶液

    C. 100 g · L^{-1} 葡萄糖溶液   D. 0.345 mol · L^{-1}NaHCO$_3$ 溶液

18. 有一氯化钠(NaCl)溶液,测得凝固点为 -0.26 ℃,下列说法哪个正确? ( )

    A. 此溶液的渗透浓度为 140 mmol · L^{-1}

    B. 此溶液的渗透浓度为 280 mmol · L^{-1}

    C. 此溶液的渗透浓度为 70 mmol · L^{-1}

    D. 此溶液的渗透浓度为 35 mmol · L^{-1}

19. 关于晶体渗透压与胶体渗透压,下列说法错误的是 ( )

    A. 晶体渗透压由晶体物质(电解质和小分子)产生

    B. 胶体渗透压由胶体物质(高分子物质)产生

    C. 胶体渗透压主要调节细胞间液与血浆之间的水转移

    D. 晶体渗透压的半透膜是毛细血管壁

20. 关于反渗透,下列说法错误的是 ( )

    A. 海水的淡化依靠了反渗透技术

    B. 在浓溶液的一侧增加较大的压力,可使溶剂进入稀溶液(或溶剂)

    C. 发生反渗透需要海水的渗透压小于外界压力

    D. 反渗透是一种自发的现象,只要存在半透膜且半透膜两侧浓度不相等,就会发生反渗透现象

三、计算题

1. 将 2.00 g 蔗糖($C_{12}H_{22}O_{11}$)溶于水,配成 50.0 mL 溶液,求溶液在 37℃时的渗透压。($C_{12}H_{22}O_{11}$ 的摩尔质量为 342 g·mol^{-1})

2. 将 1.00 g 牛血红蛋白溶于适量纯水中,配成 100 mL 溶液,在 20 ℃时测得该溶液的渗透压为 0.366 kPa,求牛血红蛋白的相对分子质量。

3. 计算医院补液用的 50.0 g·L^{-1} 葡萄糖溶液及 0.9% 的生理盐水的渗透浓度。

4. 林格液是一种等渗溶液,医学上常用来治疗脱水与电解质失调,渗透浓度为 306 mmol·L^{-1},现在在 1 L 水中加入 0.33 g $CaCl_2$·$2H_2O$、0.30 g KCl,还需要加入多少克 NaCl?

5. 计算 25 ℃条件下医院补液用的 9 g·L^{-1} 生理盐水凝固点以及渗透压。其中水的 K_f=1.86 K·kg·mol^{-1},氯化钠的相对分子质量为 58.5。

参考答案

一、判断题

1. √　2. √　3. ×　4. ×　5. √　6. ×　7. ×　8. √　9. √　10. ×　11. √
12. ×　13. √　14. √　15. √　16. ×　17. √　18. ×　19. ×　20. √　21. √
22. √　23. √　24. √　25. ×　26. √　27. ×　28. ×　29. √　30. √

二、单项选择题

1. B。三种溶液中有电解质和非电解质,都是强电解质要看 i 值。

2. B。溶剂分子通过半透膜从纯溶剂向溶液或从稀溶液向较浓溶液净迁移。(1)溶剂分子从纯溶剂迁移至溶液;(2)若半透膜两侧渗透浓度不等,则溶剂分子从稀溶液迁移至浓溶液。这里要注意电解质和非电解质的区别,也可通过"水往高处流"来快速解题,高为浓度(渗透浓度)高。

3. D。蒸气压降低、沸点升高、凝固点降低都属于稀溶液的依数性,依数性只与溶液中所含溶质粒子的浓度有关,而与溶质本身的性质无关。

4. D。

5. A。① 多数溶剂的 $K_f > K_b$,凝固点降低法的测量相对误差较小;② 凝固点下降在低温下进行,溶剂不至于挥发,析出晶体,现象明显;③ 低温下测定,适用于某些不宜加热或挥发性的物质;④ 渗透压法常用于高分子物质的相对分子质量的测定;⑤ 凝固点降低法常用于小分子物质的相对分子质量的测定。

6. D。溶液中产生渗透效应的溶质粒子(分子、离子)统称为渗透活性物质。$c_{os} = n_{渗透活性物质}/V$,其中电解质 $c_{os} = ic$,非电解质 $c_{os} = c$。

7. D。溶剂分子通过半透膜从纯溶剂向溶液或从稀溶液向较浓溶液净迁移。① 溶剂分子从纯溶剂迁移至溶液;② 若半透膜两侧渗透浓度不等,则溶剂分子从稀溶液迁移至浓溶液。这里要注意电解质和非电解质的区别,也可通过"水往高处流"来快速解题,高为浓度(渗透浓度)高。

8. D。根据范特霍夫公式:$\Pi V = nRT$;$\Pi = c_B RT$,$\Pi = ic_B RT$,注意电解质和非电解质的区别。也可根据临床上常用的等渗溶液:$0.278\ mol \cdot L^{-1}$($50\ g \cdot L^{-1}$)葡萄糖溶液、$0.154\ mol \cdot L^{-1}$($9\ g \cdot L^{-1}$)NaCl 溶液(生理盐水)、$0.149\ mol \cdot L^{-1}$($12.5\ g \cdot L^{-1}$)$NaHCO_3$ 溶液、$1/6\ mol \cdot L^{-1}$($18.7\ g \cdot L^{-1}$)乳酸钠溶液快速解题。

9. C。人体血浆的渗透浓度正常范围为 $280 \sim 320\ mmol \cdot L^{-1}$(等渗),低于此浓度为低渗溶液,高于此浓度为高渗溶液。这里要注意电解质和非电解质的区别,也可通过"水往高处流"来快速解题,高为浓度(渗透浓度)高。

10. D。人体血浆的渗透浓度正常范围为 $280 \sim 320\ mmol \cdot L^{-1}$(等渗),低于此浓度为低渗溶液,高于此浓度为高渗溶液。这里要注意电解质和非电解质的区别,也可通过"水往高处流"来快速解题,高为浓度(渗透浓度)高。

11. A。类似化学平衡,雪是在不断融化和凝固的,只是两者速率相等,所以保持固态。根据溶液的依数性,撒盐形成溶液,溶液的凝固点降低,所以不容易凝固,融化速度大于凝固速度而表现为融化。

12. D。

13. C。根据 $\Delta T_f = T_f^* - T_f = K_f b_B$ 算出 $b_B = 0.301\ mol \cdot kg^{-1}$,因为血浆密度与水接近,则 $c_B \approx b_B = 0.301\ mol \cdot L^{-1}$,$\Pi = c_B RT = 0.301 \times 8.314 \times (273 + 37)\ kPa = 776\ kPa$。

14. B。

15. D。属于溶液的依数性,溶液的沸点升高,要看溶于水后解离出的离子,注意电解质和非电解质的区别。A 选项和 B 选项都是非电解质,氯化钠的 $i = 2$,硫酸钠的 $i = 3$,所以沸点最高的是硫酸钠。

16. D。

17. B。

18. A。

19. D。

20. D。

三、计算题

1. 解:$\Pi = c_B RT$

= 0.117 mol・L^{-1}×8.314 kPa・L・K^{-1}・mol^{-1}×310 K

=302 kPa

2. 解：由 $\Pi V=nRT=\dfrac{m_B}{M_B}RT$ 推出 $M_B=\dfrac{m_B RT}{\Pi V}=\dfrac{1.00×8.314×(20+273)}{0.366×0.1}=6.66×$

10^4g・mol^{-1}，则相对分子质量 $M_r=6.66×10^4$。

3. 解：$C_6H_{12}O_6$ 是非电解质，NaCl 是 $i=2$ 的强电解质 $C_6H_{12}O_6$ 和 NaCl 的摩尔质量

分别为 180 g・mol^{-1} 和 58.5 g・mol^{-1}。

葡萄糖：$c_{os}=\dfrac{50.0×1\ 000}{180}=278$ mmol・L^{-1}

生理盐水：$c_{os}=\dfrac{9.0×1\ 000}{58.5}×2=308$ mmol・L^{-1}

4. 解：首先可以解出 1 L 水中所含有的所有粒子的物质的量 $n=1.0\ L×306$ mmol・$L^{-1}=$

0.306 mol。

$$n_{CaCl_2·2H_2O}=\dfrac{0.33\ g}{147\ g・mol^{-1}}=2.24×10^{-3}\ mol$$

$$n_{KCl}=\dfrac{0.30\ g}{74.5\ g・mol^{-1}}=4.03×10^{-3}\ mol$$

所以所需的 $n_{NaCl}=(0.306-2.24×10^{-3}×3-4.03×10^{-3}×2)/2=0.146(mol)$

则 $m_{NaCl}=0.146×58.5\ g=8.5(g)$。

5. 解：首先求出 $b_B=\dfrac{9}{58.5}=0.154(mol・L^{-1})=0.154$ mol・kg^{-1}

然后根据凝固点降低公式求出：

$$\Delta T_f=iK_f b_B=2×1.86×0.154=0.573(K)$$

因为溶剂水的凝固点是 0 ℃，所以该生理盐水的凝固点为 $0-0.573=-0.573(℃)$；

根据渗透压公式：$\Pi=icRT=2×0.154×8.314×(25+273)=763.1(kPa)$

第三章　电解质溶液

内容概要

一、基本概念

1. 电解质：在水溶液中或在熔融状态下能导电的化合物。

2. 强电解质：在水溶液中能完全解离成离子的化合物。

3. 弱电解质：在水溶液中只能部分解离成离子的化合物。

4. 解离平衡：正、逆反应速率相等时，弱电解质分子和离子间达到的动态平衡。

5. 解离度：电解质达到解离平衡时，已解离的分子数和原有的分子总数之比。

6. 离子氛：离子间通过静电力相互作用，在中心离子周围形成异性离子群，即离子氛。

7. 表观解离度：对于强电解质溶液，实验测得的解离度称为"表观解离度"。

8. 活度和活度系数：活度指电解质溶液中实际上可起作用的离子浓度，离子的活度系数是溶液中离子间相互作用力大小的反映，通常小于1。

9. 离子强度：离子强度是溶液中存在的离子所产生的电场强度的量度。

10. 酸碱的解离理论：解离出的阳离子全是 H^+ 的物质是酸，解离出的阴离子全是 OH^- 的物质是碱。

11. 酸碱质子理论：凡是能给出质子 H^+ 的物质是酸，凡是能接受质子 H^+ 的物质是碱。

12. 共轭酸碱对：只相差一个质子的一对酸碱。

13. 两性物质：既能给出质子又能接受质子的物质。

14. 酸性：指酸的强度。

15. 酸度：指溶液中 H^+ 的浓度（严格讲应该是活度 ）。

16. 拉平效应：将不同强度的酸拉平到溶剂化质子水平的效应。

17. 区分效应：能区分酸（碱）强度的效应，其中具有区分效应的溶剂称为区分试剂。

18. 酸碱电子理论：凡能给出电子对的都是碱，凡能接受电子对的都是酸。

19. 稀释定律：温度一定时，解离度随溶液浓度减小而增大。

20. 同离子效应：在弱酸或弱碱溶液中，加入与弱酸或弱碱含有相同离子的强电解质，使得弱酸或弱碱解离度降低的现象。

21. 盐效应：在弱电解质溶液中加入不含共同离子的强电解质，引起弱电解质电离度略有增大的效应。

二、酸碱质子理论

酸：凡是能给出质子 H^+ 的物质，如 HCl 、H_3O^+、H_2O、HCO_3^- 等。

碱：凡是能接受质子 H^+ 的物质，如 OH^-、Cl^-、H_2O、HCO_3^- 等。

酸、碱可以是阳离子、阴离子和中性分子。

酸碱质子理论扩大了酸和碱的范围，没有盐的概念；扩大了酸碱反应的范围，解释了在气相或非水溶剂中进行的酸碱反应；将酸碱强度和质子传递反应结合起来，把酸或碱的性质和溶剂的性质联系起来。

1. 酸碱之间存在共轭关系

共轭酸碱对:只相差一个质子的一对酸碱。

两性物质:既能给出质子又能接受质子的物质。

酸碱质子理论中没有盐的概念。

酸碱反应实质是两对共轭酸碱对之间的质子传递反应。

酸碱反应进行的方向:相对较强的酸和相对较强的碱反应生成相对较弱的碱和相对较弱的酸。

酸碱的强弱:酸越容易给出质子,则酸性越强,其对应的碱碱性越弱。碱越容易接受质子,则碱性越强,其对应的酸酸性越弱。共轭酸碱对中酸碱的强度是相互制约的。

2. 水的质子自递平衡

$$\overset{\overset{\displaystyle H^+}{\underset{\displaystyle \downarrow}{\rule{2.5cm}{0.4pt}}}}{H_2O} + H_2O \Longleftrightarrow H_3O^+ + OH^-$$

$$酸\ 1 \quad 碱\ 2 \quad 酸\ 2 \quad 碱\ 1$$

$$K_w = [H_3O^+][OH^-] = [H^+][OH^-]$$

水的质子自递平衡常数也称水的离子积(K_w)。K_w 是温度的函数,常温下为 1×10^{-14},适用于所有稀水溶液。

水溶液的 pH:$pH = -\lg c(H^+)$

概念区分:酸性指酸的强度,酸度指溶液中 H^+ 的浓度(严格讲应该是活度)。

3. 一元弱酸(碱)的解离平衡:

$$HB + H_2O \Longleftrightarrow H_3O^+ + B^-$$

$$K_a^\ominus = \frac{[H^+][B^-]}{[HB]}$$

$K_a^\ominus$ 称为弱酸的质子传递平衡常数,相当于电离理论中酸的解离常数,简称酸(度)常数,大小与酸的本性及温度有关。$K_a^\ominus$ 越大,酸给出质子的能力越强,酸越强。

$$B^- + H_2O \Longleftrightarrow OH^- + HB$$

$$K_b^\ominus = \frac{[OH^-][HB]}{[B^-]}$$

$K_b^\ominus$ 称为弱碱的质子传递平衡常数,相当于电离理论中碱的解离常数,简称碱(度)常数,大小与碱的本性及温度有关。$K_b^\ominus$ 越大,碱接受质子的能力越强,碱越强。

共轭酸碱对的 K_a 与 K_b 的关系:

$$K_a \cdot K_b = [H^+][OH^-] = K_w, \quad pK_a + pK_b = pK_w$$

酸常数与碱常数之积即为水的离子积常数。酸的酸常数越大,该酸酸性越强,而其共轭碱的碱常数越小,碱的碱性越弱。反之亦然。

一元弱酸 pH 求解:

$$HB + H_2O \Longleftrightarrow H_3O^+ + B^-$$

$$[H^+]^2 + K_a \cdot [H^+] - (K_a \cdot c + K_w) = 0$$

当 $K_a \cdot c \geqslant 20K_w$ 时,可忽略水的解离:

$$[H^+] = \frac{-K_a + \sqrt{K_a^2 + 4K_a \cdot c}}{2}$$

当 $cK_a \geqslant 20K_w$，且 $c/K_a \geqslant 500$ 时：

$$[H^+] = \sqrt{K_a \cdot c}$$

一元弱碱 pH 求解：

$$B^- + H_2O \Longleftrightarrow OH^- + HB$$

当 $K_b \cdot c \geqslant 20K_w$ 时，可忽略水的解离：

$$[OH^-] = \frac{-K_b + \sqrt{K_b^2 + 4K_b \cdot c}}{2}$$

当 $K_b \cdot c \geqslant 20K_w$，且 $c/K_b \geqslant 500$ 时：

$$[OH^-] = \sqrt{K_b \cdot c}$$

4. 多元酸（碱）的解离平衡：

特点：在水溶液中的解离是分步进行的。

多元弱酸在水中分步解离出多个质子，称为分步解离或逐级解离。

$$H_3PO_4 + H_2O \Longleftrightarrow H_3O^+ + H_2PO_4^-$$

$$K_{a1} = \frac{[H_2PO_4^-][H_3O^+]}{[H_3PO_4]} = 6.92 \times 10^{-3}$$

$$H_2PO_4^- + H_2O \Longleftrightarrow H_3O^+ + HPO_4^{2-}$$

$$K_{a2} = \frac{[HPO_4^{2-}][H_3O^+]}{[H_2PO_4^-]} = 6.23 \times 10^{-8}$$

$$HPO_4^{2-} + H_2O \Longleftrightarrow H_3O^+ + PO_4^{3-}$$

$$K_{a3} = \frac{[PO_4^{3-}][H_3O^+]}{[HPO_4^{2-}]} = 4.79 \times 10^{-13}$$

从数据可以看出 $K_{a1} \gg K_{a2} \gg K_{a3}$。

$$PO_4^{3-} + H_2O \Longleftrightarrow OH^- + HPO_4^{2-}$$

$$K_{b1} = K_w / K_{a3} = 2.09 \times 10^{-2}$$

$$HPO_4^{2-} + H_2O \Longleftrightarrow OH^- + H_2PO_4^-$$

$$K_{b2} = K_w / K_{a2} = 1.61 \times 10^{-7}$$

$$H_2PO_4^- + H_2O \Longleftrightarrow OH^- + H_3PO_4$$

$$K_{b3} = K_w / K_{a1} = 1.44 \times 10^{-12}$$

$$K_{b1} \gg K_{b2} \gg K_{b3}$$

多元弱碱 pH 求解：

多元弱酸（碱）在水溶液中的解离反应是分步进行的。当 $cK_{a1} \geqslant 20K_w$，可忽略水的质子自递平衡。

由于一级解离平衡生成的 H_3O^+ 对二级、三级解离平衡起抑制作用，第二、第三步解离度降低。当 $K_{a1}/K_{a2} > 100$，当作一元弱酸处理。

多元弱酸 $K_{a1} \gg K_{a2} \gg K_{a3}$，$K_{a1}/K_{a2} > 100$，当作一元弱酸处理。多元弱酸第二步质子传递平衡所得的共轭碱的浓度近似等于 K_{a2}，与酸的浓度关系不大。

$cK_{a1} \geqslant 20K_w, K_{a1}/K_{a2} > 100, c/K_{a1} \geqslant 500$，则

$$[H^+] = \sqrt{K_{a1} \cdot c}$$

两性物质 pH 求解：

两性物质溶液中的酸碱平衡相当复杂，只要求掌握近似计算结论。

（1）阳离子酸和阴离子碱组成的两性物质

$$[H^+] = \sqrt{K_a K'_a}$$

K_a 是阳离子酸的酸常数，K'_a 是阴离子碱的共轭酸的酸常数。

（2）两性阴离子

$$[H^+] = \sqrt{K_a K'_a}$$

K_a 是其自身的酸常数，K'_a 是其共轭酸的酸常数。

（3）氨基酸型两性物质

$$[H^+] = \sqrt{K_a K'_a}$$

K_a 是其自身的酸常数，K'_a 是其共轭酸的酸常数。

5. 平衡的移动（浓度的影响）

（1）稀释定律：若 $\alpha < 5\%$，则 $1 - \alpha \approx 1$。

$$\alpha = \sqrt{\frac{K_a}{c}}$$

温度一定时，解离度随溶液浓度减小而增大。

$$[H_3O^+] = c \cdot \alpha = \sqrt{K_a \cdot c}$$

（2）同离子效应：在弱酸或弱碱溶液中加入与弱酸或弱碱含有相同离子的强电解质，使得弱酸或弱碱解离度降低的现象，称为同离子效应。

（3）盐效应：在弱电解质溶液中加入不含共同离子的强电解质，引起弱电解质电离度略有增大的效应，称为盐效应。

$$HAc + H_2O \Longrightarrow H_3O^+ + Ac^-$$

离子强度 I 增大，离子的活度系数减小，而对分子活度系数的影响不大。要维持平衡，上述可逆反应则要向解离方向移动，从而使弱酸的解离度略有增大。产生同离子效应时，必然伴随有盐效应，但同离子效应的影响比盐效应要大得多。所以一般情况下，不考虑盐效应也不会产生显著影响。

思维导图

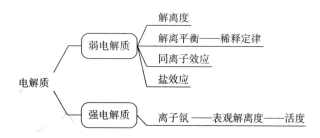

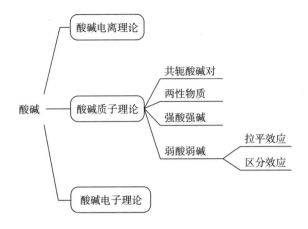

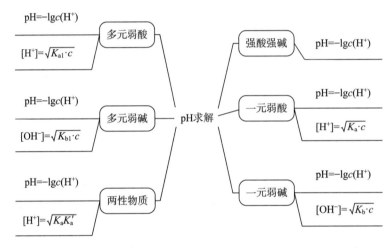

例题讲解

例 3-1 计算 25 ℃时，0.20 mol·L^{-1} 的某一元弱碱的 pH。已知该碱在 25 ℃时的 $K_b^{\ominus} = 1.85 \times 10^{-6}$。

解 因为 $\dfrac{c}{K_b^{\ominus}} = \dfrac{0.2}{1.85 \times 10^{-6}} = 1.08 \times 10^5 > 500$

所以可用简化式 $[OH^-] = \sqrt{K_b^{\ominus} \cdot c} = \sqrt{1.85 \times 10^{-6} \times 0.2} = 6.08 \times 10^{-4}$ (mol·L^{-1})

$pOH = -lg[OH^-] = -lg(6.08 \times 10^{-4}) = 3.22$

$pH = pK_w - pOH = 14 - 3.22 = 10.78$

例 3-2 求 0.100 mol·L^{-1} HAc 溶液的解离度 α。如果在 1.00 L 该溶液中加入固体 NaAc（不考虑溶液体积变化），使其浓度为 0.100 mol·L^{-1}，计算溶液的 $[H^+]$ 和解离度。（已知 HAc 的 $K_a = 1.74 \times 10^{-5}$）

解 （1）$\qquad\qquad\qquad HAc + H_2O \Longrightarrow H_3O^+ + Ac^-$

初始浓度/(mol·L^{-1})：$c = 0.100 \qquad\qquad 0 \qquad\quad 0$

平衡浓度/(mol·L^{-1})：$c - c\alpha \qquad\qquad c\alpha \qquad c\alpha$

$\alpha < 5\%, \alpha = \sqrt{\dfrac{K_a}{c}} = \sqrt{\dfrac{1.74 \times 10^{-5}}{0.100}} = 1.32 \times 10^{-2} = 1.32\%$

$[H^+] = \sqrt{K_a \cdot c} = \sqrt{1.74 \times 10^{-5} \times 0.100} = 1.32 \times 10^{-3}(\text{mol} \cdot L^{-1})$

(2) $\qquad\qquad\qquad HAc \;+\; H_2O \Longrightarrow H_3O^+ \;+\; Ac^-$

初始浓度/(mol·L^{-1})：$c = 0.100 \qquad\qquad\qquad 0 \qquad\qquad 0.100$

平衡浓度/(mol·L^{-1})：$0.100 - [H^+] \qquad\qquad [H^+] \qquad 0.100 + [H^+]$

$0.100 - [H^+] \approx 0.100, 0.100 + [H^+] \approx 0.100$

$K_a = \dfrac{[H^+] \cdot (0.100 + [H^+])}{0.100 - [H^+]} = [H^+]$

所以$[H^+] = 1.74 \times 10^{-5}$ mol·L^{-1}

$\alpha = \dfrac{[H^+]}{c_{HAc}} = \dfrac{1.74 \times 10^{-5}}{0.100} = 1.74 \times 10^{-4} = 0.017\ 4\%$

α 由 1.32% 降为 $0.017\ 4\%$，$[H^+]$ 约降低为原来的 $1/76$。

利用同离子效应可以控制溶液的 pH。

例 3 - 3　求 1.0×10^{-8} mol·L^{-1} HCl 溶液的 pH。

解　设水解离的 H^+ 浓度为 x mol·L^{-1}

$$H_2O + H_2O \Longrightarrow H_3O^+ \;+\; OH^-$$

解离平衡时浓度/(mol·L^{-1})：$\qquad\qquad x + 1.0 \times 10^{-8} \qquad x$

$K_w = x \cdot (x + 1.0 \times 10^{-8}) = x^2 + 1.0 \times 10^{-8} x$

$x = \dfrac{-1.0 \times 10^{-8} + \sqrt{(1.0 \times 10^{-8})^2 + 4 \times K_w}}{2}$

$x = 9.512 \times 10^{-8}(\text{mol} \cdot L^{-1})$

进而求出 pH = 6.97。

例 3 - 4　计算 0.20 mol·L^{-1} HCl 溶液和 0.20 mol·L^{-1} HAc 溶液等体积混合后溶液的 pH。

解　混合后 HCl 和 HAc 的物质的量浓度都为 0.10 mol·L^{-1}，HCl 全部解离产生的 $[H^+] = 0.10$ mol·L^{-1}，而 HAc 是弱电解质，设有 x mol·L^{-1} HAc 发生解离。

$$HAc + H_2O \Longrightarrow \quad H_3O^+ \;+\; Ac^-$$

初始浓度/(mol·L^{-1})：　0.10 　　　　0.10

平衡浓度/(mol·L^{-1})：$0.10 - x \approx 0.1 \quad 0.10 + x \approx 0.1 \quad x$

$K_a = \dfrac{[H_3O^+][Ac^-]}{[HAc]}$，即 $1.74 \times 10^{-5} = 0.10x/0.10$

$x = 1.74 \times 10^{-5}$ mol·L^{-1}

$[H^+] \approx 0.10$ mol·L^{-1}

pH = 1

例 3 - 5 根据酸碱质子理论,下列说法不正确的是 （   ）

    A. 酸碱反应的实质是两对共轭酸碱对之间的质子传递反应

    B. 共轭酸碱对中,共轭酸的酸性越强,则其共轭碱的碱性越弱

    C. 酸碱反应时,强酸反应后变为弱酸

    D. 两性物质既可以给出质子,也可以接受质子

    答案 C。根据酸碱质子理论,共轭酸和共轭碱之间,共轭酸越容易给出质子,其酸性越强,给出质子后生成的共轭碱就越难得到质子,表现为碱性越弱。酸碱反应的实质是两对共轭酸碱对之间的质子传递反应,在反应过程中,反应物中的酸给出质子后生成其共轭碱,反应物中的碱得到质子生成其共轭酸。

例 3 - 6 已知相同浓度的电解质 NaA、NaB、NaC、NaD 的水溶液 pH 依次增大,则相同浓度的下列稀酸溶液中解离度最大的是 （   ）

    A. HA   B. HB   C. HC   D. HD

    答案 A。首先,共轭酸碱对中共轭碱的碱性越强,其共轭酸的酸性越弱。反之,共轭碱的碱性越弱,则其共轭酸的酸性越强。其次,当酸的浓度相同时,解离度越大的酸酸性就越强,因此题中所问其实就是这 4 种酸之中酸性最强的是哪个。根据题意,同浓度的 NaA、NaB、NaC、NaD 水溶液的 pH 依次增大,因此它们的碱性是依次增强的,所以它们的共轭酸 HA、HB、HC、HD 的酸性就是依次减弱的。

例 3 - 7 在 $0.10\ mol \cdot L^{-1}$ 氨水溶液中加入下列哪种化合物后,溶液中 OH^- 的浓度将会增大(忽略溶液体积变化)？ （   ）

    A. 加入一定量 H_2O B. 加入一定量 NH_4Cl 晶体

    C. 加入一定量冰醋酸(HAc)   D. 加入一定量 NaCl 晶体

    答案 D。氨水中加入 H_2O 后,虽然根据稀释定律,$NH_3 \cdot H_2O$ 的解离度会增大,但是根据一元弱碱溶液中 $[OH^-]$ 的计算最简公式 $[OH^-]=\sqrt{cK_b}$ 可知,溶液浓度越低,溶液中 OH^- 浓度越低。氨水中加入 NH_4Cl,由于同离子效应,氨水的解离程度会降低,所以溶液中 OH^- 浓度降低;氨水中加入冰醋酸(HAc),HAc 会和氨水发生酸碱中和反应,从而造成溶液中 OH^- 浓度降低;氨水中加入 NaCl,由于盐效应,氨水的解离度会略有增大,因此溶液中 OH^- 浓度会增大。

例 3 - 8 $0.40\ mol \cdot L^{-1}$ HAc 溶液中的 H^+ 浓度是 $0.10\ mol \cdot L^{-1}$ HAc 溶液中 H^+ 浓度的 （   ）

    A. 1 倍   B. 2 倍   C. 1.4 倍   D. 4 倍

    答案 B。$\dfrac{0.40\ mol \cdot L^{-1}\ HAc\ 溶液中[H^+]}{0.10\ mol \cdot L^{-1}\ HAc\ 溶液中[H^+]}=\sqrt{K_a c_1}/\sqrt{K_a c_2}=\sqrt{c_1/c_2}=\sqrt{0.4/0.1}=2$,所以选 B。

例 3 - 9 下列化合物中各稀水溶液的 pH 与其配制浓度基本无关的是 （   ）

    A. NaOH   B. HAc   C. NaAc   D. NH_4Ac

答案　D。根据"两性物质溶液的 pH 与其起始浓度基本无关"可知，4 种化合物中 NH_4Ac 是两性物质，所以选择 D。

例 3-10　已知 H_2CO_3 的 $K_{a1}=4.47\times10^{-7}$，$K_{a2}=4.68\times10^{-11}$。将 $0.20\ mol\cdot L^{-1}\ Na_2CO_3$ 溶液与同浓度的 HCl 溶液等体积混合，则混合后所得溶液的 pH 约为　　　　　（　　）

A. 6.35　　　　　　B. 8.34　　　　　　C. 10.33　　　　　　D. 7.65

答案　B。要计算所得混合溶液的 pH，首先应正确判断两者混合后所得的反应产物。根据题意可知，参与反应的 Na_2CO_3 溶液和 HCl 溶液浓度相同、体积相同，因此两者物质的量也相同，所以反应产物为 HCO_3^-，这是一个两性物质，应该根据公式 $[H^+]=\sqrt{K_aK_a'}$ 来计算溶液的 pH。

例 3-11　常温下，$0.10\ mol\cdot L^{-1}\ HA$ 溶液的 pH 为 3.0，则同温下 $0.10\ mol\cdot L^{-1}\ NaA$ 溶液的 pH 为　　　　　　　　　（　　）

A. 11.0　　　　　　B. 10.0　　　　　　C. 9.0　　　　　　D. 8.0

答案　C。根据题意可以判断 HA 为一元弱酸，根据公式 $[H^+]=\sqrt{cK_a}$，先求出 HA 的 K_a：$1.0\times10^{-3}=\sqrt{0.10\times K_a}$，$K_a=1.0\times10^{-5}$。再根据 $K_aK_b=K_w$，得出 A^- 的 $K_b=1.0\times10^{-9}$，$[OH^-]=\sqrt{cK_b}=1.0\times10^{-5}$，$[H^+]=1.0\times10^{-9}$，pH=9.0。

练习题

一、判断题

1. 判断电解质或非电解质的依据是其水溶液是否导电。　　　　　　　　　（　　）

2. pH 求解公式为 $pH=-lgc(H^+)$，该公式只适用于强酸 pH 求解。　　　（　　）

3. 共轭酸碱对中，共轭酸的酸性越强，则其共轭碱的碱性越弱。　　　　（　　）

4. 根据酸碱质子理论，水既可以看作酸也可以看作碱。　　　　　　　　（　　）

5. 根据酸碱质子理论，氯化钠是两性物质。　　　　　　　　　　　　　（　　）

6. 水的离子积常数 $K_w=1.0\times10^{-14}$。　　　　　　　　　　　　　　（　　）

7. 弱酸溶液的 K_w 与强酸的 K_w 值不同。　　　　　　　　　　　　　（　　）

8. pH 小于 7 的溶液是酸性溶液。　　　　　　　　　　　　　　　　　（　　）

9. 氯化钠是强电解质，所以其表观解离度是 100%。　　　　　　　　　（　　）

10. 根据酸碱质子理论，NH_4^+ 只能是酸。　　　　　　　　　　　　　（　　）

11. 酸的强弱还与溶剂有关，HAc 在水中表现为弱酸，在液氨中表则表现为强酸。
　　　　　　　　　　　　　　　　　　　　　　　　　　　　　　　　（　　）

12. 酸碱质子理论只适用于水作溶剂的范围，不适用于气相或非水溶剂。（　　）

13. 溶液中 H^+ 的浓度越大，则酸性越强。　　　　　　　　　　　　　（　　）

14. HCO_3^- 是 H_2CO_3 的共轭碱。　　　　　　　　　　　　　　　　（　　）

15. 根据酸碱质子理论，水可以作碱。　　　　　　　　　　　　　　　　（　　）

16. 根据酸碱质子理论，氯离子（Cl^-）是碱。　　　　　　　　　　　　（　　）

17. 强酸的浓度越大，酸性越强。　　　　　　　　　　　　　　　　　　（　　）

18. 弱电解质的浓度越大，其解离度越大。 （ ）

19. PO_4^{3-} 的共轭酸是 H_3PO_4。 （ ）

20. 酸的强度越强，其共轭碱的碱性越弱。 （ ）

21. 一元弱酸的酸常数越大，其酸性越强。 （ ）

22. 根据稀释定律，弱酸的浓度越大，其解离度越小，所以浓度越大的弱酸酸度越小。

（ ）

23. 相同条件下，pH 相同的两个溶液其氢离子浓度一定相同。 （ ）

24. 同体积的 0.1 mol·L^{-1} 的 HAc 与 0.1 mol·L^{-1} 的 HCl 可以消耗相同体积的
0.1 mol·L^{-1} NaOH。 （ ）

二、单项选择题

1. 常温下 0.1 mol·L^{-1} NH_4Cl 溶液的 $[H^+]$ 是多少？$[K_b(NH_3)=1.79\times10^{-5})]$

（ ）

    A. 7.48×10^{-6} mol·L^{-1} B. 1.48×10^{-6} mol·L^{-1}

    C. 2.3×10^{-7} mol·L^{-1} D. 9.68×10^{-5} mol·L^{-1}

2. 正常成人胃液的 pH 为 1.4，婴儿胃液的 pH 为 5.0。成人胃液中的氢离子浓度是婴
儿胃液的多少倍？ （ ）

    A. 0.28   B. 3.60   C. 4.0×10^{-3} D. 4.0×10^3

3. 在 HAc 溶液中，加入下列哪种物质会使 HAc 的解离度降低？ （ ）

    A. NaCl   B. HCl

    C. KNO_3 D. $CaCl_2$

4. 强电解质溶液离子的有效浓度（即活度）总比理论浓度要小，其原因是存在 （ ）

    A. 同离子效应   B. 盐效应

    C. 离子氛   D. 解离度

5. 0.10 mol·L^{-1} 的 NaAc 溶液的 pH 为多少？$[K_a(HAc)=1.74\times10^{-5}]$ （ ）

    A. 5.12   B. 6.17   C. 8.88   D. 10.20

6. 已知 NH_4^+ 的 $pK_a=9.24$，则 NH_3 的 pK_b 为 （ ）

    A. 2.20   B. 4.76   C. 7.00   D. 14.00

7. 常温下，0.10 mol·L^{-1} NaA 溶液的 pH 为 9.0，则同温下 0.10 mol·L^{-1} HA 溶液
的 pH 为 （ ）

    A. 1.0   B. 3.0   C. 5.0   D. 7.0

8. 0.10 mol·L^{-1} HCl 溶液与 0.10 mol·L^{-1} NH_3·H_2O 等体积混合之后的 pH 等于
多少？（已知 NH_4^+ 的 $pK_a=9.24$） （ ）

    A. 5.28   B. 4.76   C. 7.00   D. 6.28

9. 根据酸碱质子理论，NH_4^+ 是 （ ）

    A. 酸   B. 碱   C. 两性物质   D. 盐

10. 0.10 mol·L^{-1} NH_4Ac 溶液的 pH 是多少？$[已知 K_b(NH_3)=1.79\times10^{-5}$，
$K_a(HAc)=1.74\times10^{-5}]$ （ ）

    A. 6.00   B. 9.25   C. 7.00   D. 4.75

11. 溶液的 pH 每增加一个单位,则溶液的[OH⁻]　　　　　　　　(　　)

    A. 增大一倍　　　　　　　　　　　B. 增大为原来的 10 倍

    C. 增大 0.1 mol·L⁻¹　　　　　　　D. 减小为原来的 $\frac{1}{10}$

12. 某一元弱酸的 $K_a=5.62\times10^{-6}$,则 0.01 mol·L⁻¹ 该酸的解离度是　(　　)

    A. 3.4%　　　　B. 9.2%　　　　C. 2.4%　　　　D. 10%

13. 同温度下,下列物质中解离度最小的是　　　　　　　　　　(　　)

    A. 0.1 mol·L⁻¹ HCl 溶液　　　　　B. 0.1 mol·L⁻¹ HAc 溶液

    C. 0.01 mol·L⁻¹ HAc 溶液　　　　D. 0.01 mol·L⁻¹ HCl 溶液

14. 向 HAc 溶液中加入以下哪种物质会产生同离子效应?　　　(　　)

    A. 氢氧化钠溶液　　　　　　　　　B. 氯化钠溶液

    C. 稀硫酸　　　　　　　　　　　　D. 氯化镁溶液

15. 以下关于 0.1 mol·L⁻¹ HCl 溶液和 0.1 mol·L⁻¹ HAc 溶液的说法正确的是

    　　　　　　　　　　　　　　　　　　　　　　　　　　(　　)

    A. 同温度下 pH 相同

    B. 同温度同体积的 0.1 mol·L⁻¹ HCl 溶液可以消耗更多等浓度的氢氧化钠溶液

    C. 同温度同体积的 0.1 mol·L⁻¹ HAc 溶液可以消耗更多等浓度的氢氧化钠溶液

    D. 同等条件下消耗的氢氧化钠的物质的量相同

16. 按酸碱质子理论,PO_4^{3-} 是　　　　　　　　　　　　　(　　)

    A. 酸,其共轭碱是 H_3PO_4　　　　B. 碱,其共轭酸是 H_3PO_4

    C. 碱,其共轭酸是 HPO_4^{2-}　　　D. 酸,其共轭碱是 $H_2PO_4^-$

17. 1 mol·L⁻¹ HAc 与 1 mol·L⁻¹ NaAc 等体积混合的[H⁺]计算式为　(　　)

    A. $[H^+]=K_a\cdot c$　　　　　　　B. $[H^+]=(K_w/K_a)\cdot c$

    C. $[H^+]=K_wK_a/c$　　　　　　　D. $[H^+]=K_ac_{酸}/c_{碱}$

18. 下列说法正确的是　　　　　　　　　　　　　　　　　　(　　)

    A. pK_a 越小,表明酸的酸性越强　B. 酸性越强则酸度就越大

    C. pH 越小说明该酸的酸性越强　　D. 酸的酸常数越大,该酸酸性越弱

19. 下列溶液中酸性最强的是　　　　　　　　　　　　　　　　(　　)

    A. 0.2 mol·L⁻¹ HAc　　　　　　　B. 0.1 mol·L⁻¹ HAc

    C. 0.1 mol·L⁻¹ HCl　　　　　　　D. 0.1 mol·L⁻¹ H_3PO_4

20. 浓度为 0.1 mol·L⁻¹、$K_a=1.0\times10^{-7}$ 的一元弱酸解离度为　　(　　)

    A. 1%　　　　B. 0.1%　　　　C. 10%　　　　D. 0.01%

三、简答题

1. 简述酸碱质子理论。

2. 简述稀释定律。

3. 简述同离子效应。

四、计算题

1. 计算常温下 $0.1\ mol \cdot L^{-1}$ HAc 溶液的 $[H^+]$。$(K_a = 1.74 \times 10^{-5})$

2. 计算常温下 $0.1\ mol \cdot L^{-1}$ NH_4Cl 溶液的 $[H^+]$。$(K_b = 1.79 \times 10^{-5})$

3. 分别计算 $0.10\ mol \cdot L^{-1}$ NaH_2PO_4 溶液及 Na_2HPO_4 溶液的 pH。
（已知 H_3PO_4 的 $pK_{a1} = 2.16, pK_{a2} = 7.21, pK_{a3} = 12.32$）

4. 甘氨酸 $(NH_3^+—CH_2—COO^-)$ 在水溶液中的质子传递平衡有两个：
$$NH_3^+—CH_2—COO^- + H_2O \Longrightarrow NH_2—CH_2—COO^- + H_3O^+ \quad (K_a = 1.56 \times 10^{-10})$$
$$NH_3^+—CH_2—COO^- + H_2O \Longrightarrow NH_3^+—CH_2—COOH + OH^- \quad (K_b = 2.24 \times 10^{-12})$$
求 $0.10\ mol \cdot L^{-1}$ 甘氨酸溶液的 $[H^+]$。

参考答案

一、判断题

1. ×。依据是水溶液或者熔融状态是否导电。

2. ×。公式 $pH=-\lg c(H^+)$ 适用于所有稀水溶液的 pH 求解。

3. √。共轭酸的酸性越强,则其共轭碱的碱性越弱。

4. √。水既可以接受质子也可以给出质子,所以水既可以看作酸也可以看作碱。

5. ×。根据酸碱质子理论,因为氯化钠既不能接受质子也不能给出质子,所以氯化钠不是两性物质。在酸碱质子理论中没有盐的概念。

6. ×。没有说明温度,水的离子积常数在常温下(25 ℃)是 $K_w=1.0\times10^{-14}$。

7. ×。K_w 是温度的函数,与酸碱没有关系,只要是稀水溶液且温度不变,K_w 值就不变。

8. ×。pH 小于 7 未必显酸性,要看温度,常温下的水溶液的 pH 小于 7 显酸性。

9. ×。由于离子氛的存在,即使强电解质其表观解离度也不是 100%。

10. √。NH_4^+ 只能给出质子,所以根据酸碱质子理论 NH_4^+ 只能是酸。

11. √。

12. ×。酸碱质子理论扩大了酸碱反应的范围,解释了在气相或非水溶剂中进行的酸碱反应。

13. ×。酸性指酸的强度,酸度指溶液中 H^+ 的浓度。

14. √。共轭酸碱只差一个质子。

15. √。根据酸碱质子理论,水可以接受质子变成水合氢离子,所以水可以作碱。

16. √。根据酸碱质子理论,氯离子可以接受质子变成氯化氢,所以氯离子可以作碱。

17. ×。酸性与浓度没有关系,酸性与酸的强弱有关。例如不同浓度的盐酸溶液酸性是一致的。

18. ×。浓度越大,解离度反而小。

19. ×。PO_4^{3-} 的共轭酸是 HPO_4^{2-}。

20. √。考查共轭酸碱的性质。例如:HCl 的共轭碱是氯离子,醋酸的共轭碱是醋酸根,盐酸的酸性比醋酸强,其共轭碱氯离子的碱性弱于醋酸根。

21. √。酸常数越大,表示解离出氢离子的能力越强,酸性越强。

22. ×。解离度和酸度没有直接关系,浓度大的弱酸虽然解离度较小,但是氢离子浓度依然比低浓度的弱酸大。

23. √。pH 本身就是氢离子浓度的负对数值,所以相同条件下氢离子浓度相同,pH 也相同。

24. √。本题错误率较高,需要注意同体积的 $0.1\ mol\cdot L^{-1}$ 的 HAc 与 $0.1\ mol\cdot L^{-1}$ 的 HCl 可以消耗相同体积的 $0.1\ mol\cdot L^{-1}$ NaOH 是因为根据勒夏特列原理平衡会移动。醋酸虽然是弱酸,但当解离出的氢离子被消耗之后,平衡会移动,继续解离出氢离子,直到解离完全。

二、单项选择题

1. A。$0.1\ mol\cdot L^{-1}$ 是 NH_4Cl 的浓度,这道题给的是碱常数,所以要先换算成酸常数,再根据$[H^+]=\sqrt{K_a c}$来计算。这类题特别需要注意题中的条件给的是酸的浓度还是碱的浓度,以及是酸常数还是碱常数。

2. D。根据$pH=-\lg c(H^+)$来求解。

3. B。根据同离子效应,加入氯化氢之后,氢离子增加,导致平衡左移,HAc 的解离度降低。

4. C。离子间通过静电力相互作用,在中心离子周围形成异性离子群,即离子氛,导致离子自由活动受到限制。

5. C。根据公式$K_a K_b=K_w$,求出$K_b=5.75\times10^{-10}$,$[OH^-]=\sqrt{K_b c}=7.58\times10^{-6}$,$[H^+]=1.32\times10^{-9}$,再求$pH=-\lg c(H^+)=8.88$。

6. B。

7. B。

8. A。首先看反应,$0.10\ mol\cdot L^{-1}$ HCl 溶液与$0.10\ mol\cdot L^{-1}$ $NH_3\cdot H_2O$ 等体积混合会发生 1∶1 的反应,产物是NH_4Cl,并且其浓度为$0.05\ mol\cdot L^{-1}$,然后根据NH_4^+的$pK_a=9.24$ 求出$K_a=5.62\times10^{-10}$,再根据$[H^+]=\sqrt{K_a c}=5.3\times10^{-6}$ 求出 pH=5.28。

9. A。根据酸碱质子理论,看其能否给出质子或接受质子,NH_4^+ 只能给出质子,所以NH_4^+ 只能是酸。

10. C。NH_4Ac 是阳离子酸和阴离子碱组成的两性物质,根据$[H^+]=\sqrt{K_a K_a'}$(K_a 是阳离子酸的酸常数,K_a' 是阴离子碱的共轭酸的酸常数)计算出$[H^+]$。再根据$pH=-\lg c(H^+)$计算出 pH 为 7.00。

11. B。根据$pH=-\lg c(H^+)$,pH 增加一个单位,$c(H^+)$变成原来的$\dfrac{1}{10}$,温度不变,氢离子浓度与氢氧根离子浓度乘积不变,$[OH^-]$变成原来的 10 倍。

12. C。根据稀释定律公式$\alpha=\sqrt{\dfrac{K_a}{c}}$可直接求得。

13. B。根据稀释定律,温度一定时,解离度随溶液浓度减小而增大。首先同浓度的强酸解离度肯定大于弱酸,然后弱酸的浓度越大解离度越小。

14. C。稀硫酸会产生大量氢离子,HAc 解离出氢离子和醋酸根,所以会产生同离子效应。

15. D。

16. C。按照酸碱质子理论,PO_4^{3-} 可以接受质子,所以是碱,其共轭酸比它多一个质子,所以共轭酸是HPO_4^{2-}。

17. D。

18. A。

19. C。

20. B。

三、简答题

1. 答:凡能给出质子H^+的物质称为酸,如HCl、H_3O^+、H_2O、HCO_3^- 等;凡能接受质子H^+的物质称为碱,如OH^-、Cl^-、H_2O、HCO_3^- 等。

酸、碱可以是阳离子、阴离子和中性分子。

酸碱质子理论①扩大了酸和碱的范围,没有盐的概念;②扩大了酸碱反应的范围,解释了在气相或非水溶剂中进行的酸碱反应;③将酸碱强度和质子传递反应结合起来,把酸或碱的性质和溶剂的性质联系起来。

2. 答:若 $\alpha < 5\%$,则 $1 - \alpha \approx 1$,$\alpha = \sqrt{\dfrac{K_a}{c}}$,温度一定时,解离度随溶液浓度减小而增大。

$$[H_3O^+] = c \cdot \alpha = \sqrt{K_a \cdot c}$$

3. 答:在弱酸或弱碱溶液中加入与弱酸或弱碱含有相同离子的强电解质,使得弱酸或弱碱解离度降低的现象称为同离子效应。

四、计算题

1. 解:$cK_a \geqslant 20K_w$,$c/K_a \geqslant 500$,$[H^+] = \sqrt{K_a \cdot c} = 1.74 \times 10^{-6}$

$[H^+] = 1.32 \times 10^{-3}\ mol \cdot L^{-1}$

2. 解:$K_a = \dfrac{K_w}{K_b} = 5.68 \times 10^{-10}$,$cK_a \geqslant 20K_w$,$c/K_a \geqslant 500$,

$[H^+] = \sqrt{K_a \cdot c} = 7.48 \times 10^{-6}\ mol \cdot L^{-1}$

3. 解:$pH_1 = \dfrac{1}{2}(pK_{a1} + pK_{a2}) = \dfrac{1}{2} \times (2.16 + 7.21) = 4.68$

$pH_2 = \dfrac{1}{2}(pK_{a2} + pK_{a3}) = \dfrac{1}{2} \times (7.21 + 12.32) = 9.76$

4. 解:$K'_a = \dfrac{K_w}{K_b} = \dfrac{1.00 \times 10^{-14}}{2.24 \times 10^{-12}} = 4.46 \times 10^{-3}$

$[H^+] = \sqrt{K_a K'_a} = \sqrt{1.56 \times 10^{-10} \times 4.46 \times 10^{-3}} = 8.34 \times 10^{-7}\ (mol \cdot L^{-1})$

第四章　缓冲溶液

内容概要

一、基本概念

1. 缓冲溶液：能够抵抗外来少量强酸、强碱或稍加稀释而保持其 pH 基本不变的溶液称为缓冲溶液。

2. 缓冲系/缓冲对：缓冲溶液一般由有足够浓度的一对共轭酸碱对组成，组成缓冲溶液的共轭酸碱对也称为缓冲系（缓冲对）。

3. 抗酸成分：缓冲系中的共轭碱称为缓冲溶液的抗酸成分。

4. 抗碱成分：缓冲系中的共轭酸称为缓冲溶液的抗碱成分。

5. 缓冲容量：单位体积缓冲溶液的 pH 改变 1（即 $\Delta pH=1$）时，所需加入一元强酸或一元强碱的物质的量。

6. 缓冲范围：同一缓冲系，总浓度一定时，缓冲比越远离 1，缓冲容量越小。当缓冲比大于 10：1 或小于 1：10 时，可认为缓冲溶液已基本失去缓冲能力。

二、缓冲溶液

1. 缓冲溶液的作用机制

缓冲溶液由共轭酸碱对组成，由于同离子效应，互为共轭酸碱对的缓冲系相互抑制了对方的解离，它们通过弱酸质子传递平衡的移动抵消外加的少量强酸或者强碱所引起的溶液氢离子浓度的变化。

2. 缓冲溶液的 pH 的计算

亨德森-哈塞尔巴尔赫（Henderson-Hasselbalch）方程式：

$$pH=pK_a+\lg\frac{[B^-]}{[HB]}=pK_a+\lg\frac{[共轭碱]}{[共轭酸]}$$

$[B^-]$ 与 $[HB]$ 的比值称为缓冲比，$[B^-]$ 与 $[HB]$ 之和称为缓冲溶液的总浓度。

公式的几种变形：

$$pH=pK_a+\lg\frac{[B^-]}{[HB]}=pK_a+\lg\frac{c(B^-)}{c(HB)}$$

$$pH=pK_a+\lg\frac{[B^-]}{[HB]}=pK_a+\lg\frac{n(B^-)}{n(HB)}$$

若用同样浓度的弱酸和其共轭碱来配制缓冲溶液，可用下列公式：

$$pH=pK_a+\lg\frac{[B^-]}{[HB]}=pK_a+\lg\frac{V(B^-)}{V(HB)}$$

推论：① 缓冲溶液的 pH 取决于缓冲系中弱酸的 pK_a，温度对其有影响。② 同一缓冲系的缓冲溶液，pH 随缓冲比的改变而改变，缓冲比等于 1 时，$pH=pK_a$。③ 缓冲溶液在稍加稀释时，pH 基本不变。只有当稀释到一定程度（溶液解离度和离子强度发生较大变化）

时,溶液 pH 才会发生变化。

3. 缓冲容量和缓冲范围

缓冲容量是衡量缓冲溶液的缓冲能力的物理量。

$$\beta = \frac{\Delta n}{V \mid \Delta \text{pH} \mid}$$

某一范围内的平均缓冲容量:

$$\beta = \frac{\text{d}n_{a(b)}}{V \mid \text{dpH} \mid}$$

缓冲溶液的瞬时缓冲容量:

$$\beta = \frac{\text{d}n_{a(b)}}{V \mid \text{dpH} \mid} = 2.303[\text{HB}][\text{B}^-]/c_{总}$$

对一定的缓冲溶液,在缓冲比一定时,总浓度越大,缓冲容量越大;总浓度一定时,缓冲比越接近 1∶1,缓冲容量越大。当 $\text{pH} = pK_a$,即缓冲比为 1∶1 时缓冲容量有极大值。

$$\beta_{极大} = 2.303 \times (c_{总}/2)(c_{总}/2)/c_{总} = 0.576c_{总}$$

结论:① 强酸、强碱溶液,浓度越大,缓冲容量越大。② 总浓度一定时,缓冲比为 1∶1 时,缓冲容量极大。③ 缓冲比一定时,总浓度越大缓冲容量越大。④ 不同的缓冲系,c 总相同,$\beta_{极大}$ 相同。

4. 缓冲范围

同一缓冲系,总浓度一定时,缓冲比越远离 1,缓冲容量越小。当缓冲比大于 10∶1 或小于 1∶10 时,可认为缓冲溶液已基本失去缓冲能力。

缓冲作用的有效区间:$\text{pH} = pK_a \pm 1$。

5. 缓冲溶液的配制

(1) 选择合适的缓冲系:pH 在 $pK_a \pm 1$ 范围内,pH 接近 pK_a,缓冲系的物质必须对主反应无干扰(稳定,无毒)。

(2) 生物医学中配制缓冲溶液的总浓度要适宜,一般为 $0.05 \sim 0.2 \text{ mol} \cdot \text{L}^{-1}$。

(3) 计算所需缓冲系各物质的量。

(4) 校正。

6. 标准缓冲溶液

表 4 - 1　标准缓冲溶液的 pH

溶液	浓度/ (mol·L⁻¹)	pH (25 ℃)	pH (30 ℃)	pH (35 ℃)
酒石酸氢钾(KHC₄H₄O₆)	饱和	3.56	3.55	3.55
邻苯二甲酸氢钾(KHC₈H₄O₄)	0.05	4.01	4.01	4.02
磷酸盐(KH₂PO₄ - Na₂HPO₄)	0.025 - 0.025	6.86	6.85	6.84
硼砂(Na₂B₄O₇·10H₂O)	0.01	9.18	9.14	9.10

用酸度计测溶液的 pH 时,必须先用标准缓冲溶液校正仪器(即定位)。

三、血液中的缓冲系

体内存在着多种生理缓冲系,使正常人血浆的 pH 保持在 7.35～7.45。碳酸缓冲系在血液中浓度最高,缓冲能力最大,在维持血液正常 pH 中发挥的作用最大。

血浆中最重要的缓冲对是 $CO_2(aq)$ - HCO_3^-。

$$pH = pK'_{a1} + \lg \frac{[HCO_3^-]}{[CO_2(aq)]} \quad (pK'_{a1} = 6.10)$$

25 ℃时,H_2CO_3 在纯水中 pK_a 为 6.35;37 ℃时,H_2CO_3 在血浆中经校正后 pK'_a 为 6.10。正常人血浆中 $[HCO_3^-]$ 和 $[CO_2(aq)]$ 分别为 $0.024\ mol \cdot L^{-1}$ 和 $0.001\ 2\ mol \cdot L^{-1}$。

正常人血浆 $pH = 6.10 + \lg(0.024/0.001\ 2) = 7.40$

人体内正常血浆中的缓冲系的缓冲比为 20:1,但是由于人体是一个"敞开系统",可由肺的呼吸作用和肾的生理功能获得补偿或调节。

思维导图

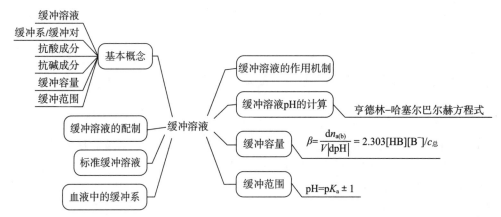

例题讲解

例 4-1 计算 $pH = 5.00$、总浓度为 $0.20\ mol \cdot L^{-1}$ 的 C_2H_5COOH(丙酸,用 HPr 表示)- C_2H_5COONa 缓冲溶液中 C_2H_5COOH 和 C_2H_5COONa 的物质的量浓度。若向 1 L 该缓冲溶液中加入 $0.010\ mol\ HCl$,溶液的 pH 等于多少?(已知 C_2H_5COOH 的 $pK_a = 4.87$)

分析 (1)用亨德森-哈塞尔巴尔赫方程式直接计算丙酸和丙酸钠的浓度。(2)加入 HCl 后,C_2H_5COOH 浓度增加,C_2H_5COONa 浓度减小。

解 (1)已知 C_2H_5COOH 的 $pK_a = 4.87$,设 $c(HPr) = x\ mol \cdot L^{-1}$。

则 $c(NaPr) = (0.20 - x) mol \cdot L^{-1}$

$$pH = pK_a + \lg \frac{c(Pr^-)}{c(HPr)} = 4.87 + \lg \frac{(0.20-x)mol \cdot L^{-1}}{x\ mol \cdot L^{-1}} = 5.00$$

解得 $x = 0.085$,即:

$$c(HPr) = 0.085\ mol \cdot L^{-1}$$

$$c(NaPr) = (0.20 - 0.085)\ mol \cdot L^{-1} = 0.115\ mol \cdot L^{-1}$$

(2)加入 $0.010\ mol\ HCl$ 后:

$$pH = pK_a + \lg \frac{n(Pr^-)}{n(HPr)} = 4.87 + \lg \frac{(0.115-0.010)mol}{(0.085+0.010)mol} = 4.91$$

例 4-2 柠檬酸(缩写为 H_3Cit)常用于配制供培养细菌的缓冲溶液。现有 500 mL 0.200 mol·L^{-1} 柠檬酸溶液,要配制 pH 为 5.00 的缓冲溶液,需加入 0.400 mol·L^{-1} 的 NaOH 溶液多少毫升?(已知柠檬酸的 $pK_{a1}=3.13$,$pK_{a2}=4.77$,$pK_{a3}=6.40$)

分析 配制 pH 为 5.00 的缓冲溶液,应选 NaH_2Cit-Na_2HCit 缓冲系,NaOH 先与 H_3Cit 完全反应生成 NaH_2Cit,再与 NaH_2Cit 部分反应生成 Na_2HCit。

解 柠檬酸的 $pK_{a2}=4.77$,设 H_3Cit 全部转化为 NaH_2Cit 需 NaOH 溶液 V_1 mL。

(1) $H_3Cit(aq)+NaOH(aq)\Longrightarrow NaH_2Cit(aq)+H_2O(l)$

0.400 mol·$L^{-1}\times V_1$ mL=0.200 mol·$L^{-1}\times$ 500 mL

解得 $V_1=250$

即将 H_3Cit 完全中和生成 NaH_2Cit,需 0.400 mol·L^{-1} NaOH 溶液 250 mL,生成 NaH_2Cit 0.200 mol·$L^{-1}\times$500 mL=100 mmol。

设 NaH_2Cit 部分转化为 Na_2HCit 需 NaOH 溶液 V_2 mL。

(2) $NaH_2Cit(aq)+NaOH(aq)\Longrightarrow Na_2HCit(aq)+H_2O(l)$

则 $n(Na_2HCit)=0.400V_2$ mmol,$n(NaH_2Cit)=(100-0.400V_2)$ mmol,

$$pH=pK_{a2}+\lg\frac{n(HCit^{2-})}{n(H_2Cit^-)}=4.77+\lg\frac{0.400V_2\,mmol}{(100-0.400V_2)mmol}=5.00$$

解得 $V_2=157$

共需加入 NaOH 溶液的体积为:

$$V_1\,mL+V_2\,mL=(250+157)mL=407\,mL$$

例 4-3 已知巴比妥酸 $(C_4H_4N_2O_3)$ 的 $pK_a=4.01$。今有 500 mL 总浓度为 0.200 mol·L^{-1}、pH 为 3.70 的巴比妥酸-巴比妥酸钠缓冲溶液,欲将溶液的 pH 调整到 4.20,需加入 NaOH 多少克?调整前后缓冲溶液的缓冲容量各为多少?

分析 用亨德森-哈塞尔巴尔赫方程式分别求出加入 NaOH 前后缓冲系中巴比妥酸及巴比妥酸钠的浓度,再求缓冲容量。

解 (1) 在 pH 为 3.70 的缓冲溶液中:

$$3.70=4.01+\lg\frac{0.200\,mol\cdot L^{-1}-c(C_4H_4N_2O_3)}{c(C_4H_4N_2O_3)}$$

解得 $c(C_4H_4N_2O_3)=0.134$ mol·L^{-1}

$c(NaC_4H_3N_2O_3)=(0.200-0.134)$ mol·L^{-1}=0.066 mol·L^{-1}

$$\beta=\frac{2.303\times0.134\,mol\cdot L^{-1}\times0.066\,mol\cdot L^{-1}}{(0.134+0.066)mol\cdot L^{-1}}=0.10\,mol\cdot L^{-1}$$

(2) 设将 pH 调整为 4.20 需加入固体 NaOH x g:

$$4.20=4.01+\lg\frac{0.066\,mol\cdot L^{-1}\times0.50L+\dfrac{x\,g}{40\,g\cdot mol^{-1}}}{0.134\,mol\cdot L^{-1}\times0.50\,L-\dfrac{x\,g}{40\,g\cdot mol^{-1}}}$$

解得 $m=1.1$

$$c(C_4H_4N_2O_3)=0.134\,mol\cdot L^{-1}-\frac{1.1\,g}{40\,g\cdot mol^{-1}\times0.50\,L}=0.079\,mol\cdot L^{-1}$$

$$c(NaC_4H_3N_2O_3) = 0.066\ mol \cdot L^{-1} + \frac{1.1\ g}{40\ g \cdot mol^{-1} \times 0.50\ L} = 0.121\ mol \cdot L^{-1}$$

$$\beta = \frac{2.303 \times 0.079\ mol \cdot L^{-1} \times 0.121\ mol \cdot L^{-1}}{(0.079 + 0.121)\ mol \cdot L^{-1}} = 0.11\ mol \cdot L^{-1}$$

例 4-4 用 $0.025\ mol \cdot L^{-1}$ 的 $H_2C_8H_4O_4$（邻苯二甲酸）溶液和 $0.10\ mol \cdot L^{-1}$ 的 NaOH 溶液配制 pH 为 5.60 的缓冲溶液 100 mL,求所需 $H_2C_8H_4O_4$ 溶液和 NaOH 溶液的体积比。

分析 NaOH 先与 $H_2C_8H_4O_4$ 反应生成 $NaHC_8H_4O_4$,再与 $NaHC_8H_4O_4$ 部分反应生成 $Na_2C_8H_4O_4$。(已知 $H_2C_8H_4O_4$ 的 $pK_{a1} = 2.94$,$pK_{a2} = 5.41$)

解 缓冲系为 $HC_8H_4O_4^- - C_8H_4O_4^{2-}$。设需 $H_2C_8H_4O_4$ 溶液 V_1 mL,需 NaOH 溶液的总体积为 V_2 mL,依题意,第一步反应需 NaOH 溶液的体积亦为 V_1 mL。对于较复杂的平衡体系,可用列表法找出平衡时各物质的量。

(1) $\qquad\qquad H_2C_8H_4O_4(aq) + NaOH(aq) \Longrightarrow HC_8H_4O_4^-(aq) + H_2O(l)$

起始量/(mmol)： $\quad +0.025V_1 \qquad\qquad +0.025V_1$

变化量/(mmol)： $\quad -0.025V_1 \qquad\qquad -0.025V_1 \qquad\qquad +0.025V_1$

平衡量/(mmol)： $\qquad\quad 0 \qquad\qquad\qquad\qquad 0 \qquad\qquad\qquad +0.025V_1$

(2) $\qquad\qquad HC_8H_4O_4^-(aq) \quad + \quad NaOH(aq) \Longrightarrow C_8H_4O_4^{2-}(aq) + H_2O(l)$

起始量/(mmol)： $\quad +0.025V_1 \qquad\qquad +(0.10V_2 - 0.025V_1)$

变化量/(mmol)： $-(0.10V_2 - 0.025V_1) \quad -(0.10V_2 - 0.025V_1) \quad +(0.10V_2 - 0.025V_1)$

平衡量/(mmol)： $[0.025V_1 - (0.10V_2 \qquad\qquad 0 \qquad\qquad\qquad (0.10V_2 - 0.025V_1)$

$\qquad\qquad\qquad - 0.025V_1)]$

$\qquad\qquad\qquad = (0.050V_1 - 0.10V_2)$

$$pH = pK_{a2} + \lg \frac{n(C_8H_4O_4^{2-})}{n(HC_8H_4O_4^-)} = 5.41 + \lg \frac{(0.10V_2 - 0.025V_1)\ mmol}{(0.050V_1 - 0.10V_2)\ mmol} = 5.60$$

解得 $\dfrac{V_1}{V_2} = 2.5$

练习题

一、判断题

1. 缓冲溶液就是能抵抗外来酸碱影响,保持溶液 pH 绝对不变的溶液。 （　）

2. 在一定范围内稀释缓冲溶液后,由于[共轭碱]与[共轭酸]的比值不变,故缓冲溶液的 pH 和缓冲容量均不变。 （　）

3. 可采用在某一元弱酸 HB 中加入适量 NaOH 的方法来配制缓冲溶液。 （　）

4. 总浓度越大,缓冲容量越大,缓冲溶液的缓冲能力越强。 （　）

5. 正常人体血浆中碳酸缓冲系的缓冲比为 20:1,所以该缓冲系无缓冲作用。 （　）

二、单项选择题

1. 下列混合溶液中,具有缓冲作用的是　　　　　　　　　　　　　　　　(　　)

 A. 50 mL $c(KH_2PO_4)=0.10$ mol $\cdot$ L^{-1} 的溶液＋50 mL $c(NaOH)=0.10$ mol $\cdot$ L^{-1} 的溶液

 B. 50 mL $c(HAc)=0.10$ mol $\cdot$ L^{-1} 的溶液＋25 mL $c(NaOH)=0.10$ mol $\cdot$ L^{-1} 的溶液

 C. 50 mL $c(NH_3)=0.10$ mol $\cdot$ L^{-1} 的溶液＋25 mL $c(HCl)=0.20$ mol $\cdot$ L^{-1} 的溶液

 D. 500 mL $c(NaHCO_3)=0.10$ mol $\cdot$ L^{-1} 的溶液＋5 mL CO_2 饱和水溶液(常温下 CO_2 的摩尔溶解度为 0.04 mol $\cdot$ L^{-1})

 E. 1 L 纯水中加入 $c(HAc)=0.01$ mol $\cdot$ L^{-1} 和 $c(NaAc)=0.01$ mol $\cdot$ L^{-1} 的溶液各 1 滴

2. 由相同浓度的 HB 溶液与 B^- 溶液等体积混合组成的缓冲溶液,若 B^- 的 $K_b=1.0\times10^{-10}$,则此缓冲溶液的 pH 为　　　　　　　　　　　　　　　　(　　)

 A. 4.0　　　　　　　B. 5.0　　　　　　　C. 7.0　　　　　　　D. 10.0

 E. 14.0

3. 用相同浓度的 HCl 溶液和 $NH_3 \cdot H_2O$ 溶液($pK_b=4.76$)配制 pH＝9.24 的缓冲溶液,HCl 溶液和 $NH_3 \cdot H_2O$ 溶液的体积比应为　　　　　　　　　　(　　)

 A. 1 : 1　　　　　　B. 1 : 2　　　　　　C. 2 : 1　　　　　　D. 3 : 1

 E. 1 : 3

4. 配制 pH＝9.30 的缓冲溶液,下列缓冲对中最合适的是　　　　　　　(　　)

 A. $NaHCO_3$ - Na_2CO_3(H_2CO_3 的 $pK_{a2}=10.33$)

 B. HAc - NaAc(HAc 的 $pK_a=4.756$)

 C. NH_4Cl - $NH_3 \cdot H_2O$($NH_3 \cdot H_2O$ 的 $pK_b=4.75$)

 D. Na_2HPO_4 - Na_3PO_4(H_3PO_4 的 $pK_{a3}=12.32$)

 E. C_2H_5COOH - C_2H_5COONa(C_2H_5COOH 的 $pK_a=4.87$)

5. 已知常温下 H_3PO_4 的 $pK_{a1}=2.16$,$pK_{a2}=7.21$,$pK_{a3}=12.32$。下列缓冲对中,最适合于配制 pH 为 2.0 的缓冲溶液的是　　　　　　　　　　　　(　　)

 A. H_3PO_4 - $H_2PO_4^-$　　　　　　　　　　B. $H_2PO_4^-$ - HPO_4^{2-}

 C. HPO_4^{2-} - PO_4^{3-}　　　　　　　　　　D. H_3PO_4 - PO_4^{3-}

 E. H_3PO_4 - HPO_4^{2-}

三、填空题

1. 缓冲容量的影响因素中,缓冲比对缓冲容量的影响是:对同一缓冲溶液,当总浓度相同时,缓冲比越接近于＿＿＿＿＿＿＿,缓冲容量越＿＿＿＿＿＿＿。

2. $NaHCO_3$ 和 Na_2CO_3 组成的缓冲溶液,抗酸成分是＿＿＿＿＿＿＿,抗碱成分是＿＿＿＿＿＿＿,计算该缓冲溶液 pH 的公式为＿＿＿＿＿＿＿＿＿＿＿＿。该缓冲系的有效缓冲范围是＿＿＿＿＿＿＿＿＿＿＿。(已知 H_2CO_3 的 $pK_{a1}=6.35$,$pK_{a2}=10.33$)

3. 影响缓冲容量的两个重要因素是＿＿＿＿＿＿＿和＿＿＿＿＿＿＿。

四、简答题

1. 什么是缓冲溶液？试以血液中的 $H_2CO_3 - HCO_3^-$ 缓冲系为例，说明缓冲作用的原理及其在医学上的重要意义。

2. 影响缓冲溶液的 pH 的因素有哪些？为什么说共轭酸的 pK_a 是主要因素？

五、计算题

1. 临床检验得知患者甲、乙、丙三人血浆中 HCO_3^- 和溶解态 $CO_2(aq)$ 的浓度如下：

甲：$[HCO_3^-] = 24.0 \text{ mmol} \cdot L^{-1}$，$[CO_2(aq)] = 1.20 \text{ mmol} \cdot L^{-1}$

乙：$[HCO_3^-] = 21.6 \text{ mmol} \cdot L^{-1}$，$[CO_2(aq)] = 1.35 \text{ mmol} \cdot L^{-1}$

丙：$[HCO_3^-] = 56.0 \text{ mmol} \cdot L^{-1}$，$[CO_2(aq)] = 1.40 \text{ mmol} \cdot L^{-1}$

已知血浆中校正后的 $pK'_{a1}(H_2CO_3) = 6.10$，试分别计算三位患者血浆的 pH，并判断谁酸中毒，谁碱中毒，谁正常。

2. 现有 (1) $0.10 \text{ mol} \cdot L^{-1}$ HCl 溶液、(2) $0.10 \text{ mol} \cdot L^{-1}$ HAc 溶液、(3) $0.10 \text{ mol} \cdot L^{-1}$ NaH_2PO_4 溶液各 50 mL，欲配制 pH = 7.00 的溶液，问需分别加入 $0.10 \text{ mol} \cdot L^{-1}$ NaOH 溶液多少毫升？配成的三种溶液有无缓冲作用？哪一种溶液缓冲能力最好？（已知 HAc 的 $pK_a = 4.756$；H_3PO_4 的 $pK_{a1} = 2.16$，$pK_{a2} = 7.21$，$pK_{a3} = 12.32$）

参考答案

一、判断题

1. ×。缓冲溶液是能够抵抗外来少量强酸、强碱或稍加稀释而保持其 pH 基本不变的溶液。

2. ×。缓冲溶液经过稀释以后共轭酸碱对的浓度发生了变化，所以缓冲容量也发生了变化。

3. √。

4. ×。缓冲能力与缓冲溶液的总浓度和缓冲比两个因素相关，抛开缓冲比只谈总浓度没有意义。

5. ×。人体内正常血浆中的缓冲系的缓冲比为 20∶1，由于人体是一个"敞开系统"，可由肺的呼吸作用和肾的生理功能获得补偿或调节。

二、单项选择题

1. B。根据题意，混合后，溶液中有 0.002 5 mol 的 HAc 和 0.002 5 mol 的 NaAc。

2. A。根据题意，$pH=pK_a$，$pK_a=pK_w-pK_b=4$。

3. B。根据题意，该缓冲溶液是由 $NH_3 \cdot H_2O$ 和 NH_4Cl 组成的，且缓冲比为 $1:1$。

4. C。配制缓冲溶液的时候，尽可能地让共轭酸的 pK_a 值接近缓冲溶液的 pH。

5. A。配制缓冲溶液的时候，尽可能地让共轭酸的 pK_a 值接近缓冲溶液的 pH。

三、填空题

1. 1，大 **2.** Na_2CO_3，$NaHCO_3$，$pH=pK_{a2}+lg\dfrac{[Na_2CO_3]}{[NaHCO_3]}$，$pH=9.33\sim11.33$

3. 总浓度，缓冲比

四、简答题

1. 答：能抵抗少量外来强酸、强碱而保持溶液 pH 基本不变的溶液称为缓冲溶液。

H_2CO_3-HCO_3^- 是血浆中最重要的缓冲系，二者之间存在如下质子转移平衡：

$$H_2CO_3 + H_2O \Longleftrightarrow HCO_3^- + H_3O^+$$

当体内酸性物质增加时，血液中大量存在的抗酸成分 HCO_3^- 与 H_3O^+ 结合，上述平衡向左移动，使 $[H_3O^+]$ 不发生明显的改变。同理，当体内碱性物质增加时，H_3O^+ 将质子传递给 OH^-，生成 H_2O，上述平衡向右移动，使大量存在的抗碱成分 H_2CO_3 解离，以补充被消耗的 H_3O^+，达到新的平衡时，$[H_3O^+]$ 也不发生明显的改变。虽然其缓冲比为 $20:1$，已超出体外缓冲溶液有效缓冲比（即 $10:1 \sim 1:10$）的范围，但碳酸缓冲系仍然是血液中的一个重要缓冲系。这是因为在体外的实验系统中，当缓冲作用发生后，因与 H_3O^+ 或 OH^- 结合而消耗了的 HCO_3^- 或 H_2CO_3 的浓度得不到补充和调节，抗酸或抗碱成分会被耗尽。而人体是一个"敞开系统"，当缓冲作用发生后，HCO_3^- 或 H_2CO_3 浓度的改变可由肺的呼吸作用和肾的生理功能获得补充和调节，使得血液中的 HCO_3^- 和 H_2CO_3 的浓度保持相对稳定。总之，血液中多种缓冲系的缓冲作用和肺、肾的调节作用使正常人血液的 pH 维持在 $7.35 \sim 7.45$ 的狭小范围内。

2. 答：影响缓冲溶液的 pH 的因素有共轭酸的 pK_a 和缓冲比。由于缓冲比处在对数项中，对 pH 的影响较小，故不是主要因素，所以共轭酸的 pK_a 是决定缓冲溶液 pH 的主要因素。

五、计算题

1. 解：患者甲血浆的 pH 为

$$pH=pK'_{a1}+lg\frac{[HCO_3^-]}{[CO_2(aq)]}=6.10+lg\frac{24.0\ mmol \cdot L^{-1}}{1.20\ mmol \cdot L^{-1}}=7.40$$

患者乙血浆的 pH 为

$$pH=6.10+lg\frac{21.6\ mmol \cdot L^{-1}}{1.35\ mmol \cdot L^{-1}}=7.30$$

患者丙血浆的 pH 为

$$pH=6.10+lg\frac{56.0\ mmol \cdot L^{-1}}{1.40\ mmol \cdot L^{-1}}=7.70$$

人体血浆的正常 pH 为 7.35～7.45，当 pH<7.35 时属于酸中毒，当 pH>7.45 时属于碱中毒。因此患者甲正常，患者乙酸中毒，患者丙碱中毒。

2. 解：(1) 当加入 50 mL 0.10 mol·L^{-1} NaOH 溶液时，NaOH 和 HCl 刚好完全反应生成 0.050 mol·L^{-1} 的 NaCl 溶液，pH=7.00，此时溶液无缓冲作用。

(2) 设在 HAc 中需加入 x L NaOH 才能形成 HAc－Ac^- 缓冲系，有

$$pH=pK_a+\lg\frac{n(Ac^-)}{n(HAc)}$$

$$7.00=4.756+\lg\frac{0.10\ mol\cdot L^{-1}\times x\ L}{0.10\ mol\cdot L^{-1}\times0.050\ L-0.10\ mol\cdot L^{-1}\times x\ L}$$

解得 $x=0.0497(L)=49.7(mL)$

此时缓冲比为 166，溶液的缓冲能力很小。

(3) 依题意，选择 $H_2PO_4^-$－HPO_4^{2-} 为缓冲对，需加入 y L NaOH，则

$$7.00=7.21+\lg\frac{n(HPO_4^{2-})}{n(H_2PO_4^-)}$$

$$7.00=7.21+\lg\frac{0.10\ mol\cdot L^{-1}\times y\ L}{0.10\ mol\cdot L^{-1}\times0.050\ L-0.10\ mol\cdot L^{-1}\times y\ L}$$

解得 $y=0.019\ 1(L)=19.1(mL)$

此时缓冲比为 0.62，溶液的缓冲能力较强。

第五章 难溶强电解质的多相离子平衡

内容概要

一、基本概念

1. 溶解度(S)：一定温度下,饱和溶液中每 100 g 水中所含的溶质的质量(g/100 g)；一定温度下,单位体积饱和溶液中所含的溶质的物质的量(mol·L^{-1})。

2. 难溶物/微溶物：在 $25℃$ 时溶解度 S 小于 0.01 g/100 g（H_2O）的物质称为难溶物或微溶物。

3. 多相离子平衡：固体难溶强电解质与溶液中离子间的平衡,也称为沉淀-溶解平衡。

4. 溶度积常数：一定温度下,难溶电解质的饱和溶液中各离子浓度幂次方的乘积为常数,该常数为溶度积常数,简称溶度积,用 K_{sp} 表示。

5. 离子积：表示任一条件下离子浓度幂的乘积,用 Q 表示。

6. 分步沉淀/分级沉淀：当溶液中含有数种可产生沉淀的离子,加入某沉淀剂和溶液中的几种离子都能产生沉淀时,溶液中的离子将按一定的顺序沉淀下来,这种先后沉淀的现象称为分步沉淀或分级沉淀。

7. 沉淀的转化：在含有某一沉淀的溶液中加入适当的试剂,使之转化为另一种沉淀的过程,称为沉淀的转化。

二、多相离子平衡与溶度积

1. 溶度积常数

难溶电解质的沉淀溶解平衡可表示为：

$$BaSO_4(s) \underset{沉淀}{\overset{溶解}{\rightleftharpoons}} Ba^{2+}(aq) + SO_4^{2-}(aq)$$

平衡时 $K_{sp} = [Ba^{2+}][SO_4^{2-}]$,反映了难溶强电解质在水中的溶解能力。溶度积常数与温度有关,与浓度无关。

2. 溶度积常数和溶解度的关系

溶度积常数和溶解度都可以用来表示物质的溶解能力,如果忽略难溶电解质的离子在水中的水解等副反应,它们之间可以通过以下关系互相换算。

沉淀溶解平衡时难溶强电解质 $A_aB_b(s)$ 的溶解度为 S mol·L^{-1}：

$$A_aB_b(s) \Longrightarrow aA^{n+}(aq) + bB^{m-}(aq)$$

平衡时溶解度/(mol·L^{-1})： S aS bS

$$K_{sp} = a^a \cdot b^b \cdot S^{a+b}$$

$$S = \sqrt[a+b]{\frac{K_{sp}}{a^a \cdot b^b}} \longrightarrow \begin{cases} AB : K_{sp} = S^2 \\ A_2B/AB_2 : K_{sp} = 4S^3 \\ A_3B/AB_3 : K_{sp} = 27S^4 \end{cases}$$

注意：溶解度 S 的单位必须用 mol·L^{-1} 表示,其他浓度单位需要先换算。

3. 多相离子平衡的移动

在难溶强电解质的饱和溶液中，加入与难溶强电解质含有相同离子的强电解质，其沉淀溶解平衡将发生移动，致使难溶强电解质的溶解度大大下降的现象，这称为同离子效应。加入强电解质增大了离子强度而使沉淀溶解度略微增大的效应称为盐效应。

4. 溶度积规则

离子积：表示任一条件下离子浓度幂的乘积，用 Q 表示。

$$A_aB_b(s) \rightleftharpoons aA^{n+}(aq) + bB^{m-}(aq)$$

$$Q = c_A{}^a c_B{}^b$$

Q 关系式适用于任意状态的溶液。

K_{sp} 表示难溶强电解质的饱和溶液中离子幂的乘积。在一定温度下，K_{sp} 为一常数，只是 Q 的一个特例。

（1）$Q = K_{sp}$ 表示溶液饱和，这时溶液中的沉淀与溶解达到动态平衡，既无沉淀析出又无沉淀溶解；

（2）$Q < K_{sp}$ 表示溶液不饱和，溶液中无沉淀析出，若加入难溶强电解质则晶体会继续溶解；

（3）$Q > K_{sp}$ 表示溶液过饱和，溶液中会有沉淀析出。

溶度积规则是判断沉淀生成和溶解的依据。

三、分步沉淀及沉淀的转化

1. 分步沉淀

当溶液中同时存在几种离子时，离子积首先达到溶度积的难溶电解质先生成沉淀，离子积后达到溶度积的难溶电解质后生成沉淀。对于同一类型的难溶电解质，溶度积差别越大，利用分步沉淀就可以分离得越完全。在定性分析中剩余离子浓度小于 10^{-5} mol·L^{-1}，在定量分析中剩余离子的浓度小于 10^{-6} mol·L^{-1}，就认为沉淀已经完全了。

2. 沉淀的转化

由一种沉淀转化为另一种沉淀的过程叫作沉淀转化。沉淀转化的方向通常是由难溶的电解质向更难溶的电解质转化。沉淀类型相同时，沉淀由溶度积常数大的向溶度积常数小的转化；沉淀类型不相同时，沉淀由溶解度大的向溶解度小的转化。

思维导图

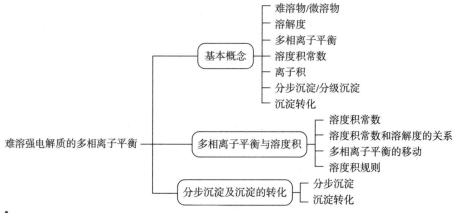

例题讲解

例 5 - 1 已知 $BaSO_4$ 的 $K_{sp}=1.08\times10^{-10}$，现将 10 mL 0.20 mol·$L^{-1}$ $BaCl_2$ 溶液与 30 mL 0.01 mol·L^{-1} Na_2SO_4 溶液混合，待沉淀完全后，溶液中 $[Ba^{2+}][SO_4^{2-}]$ 的值 ( )

    A. 大于 1.08×10^{-10} B. 等于 1.08×10^{-10}

    C. 小于 1.08×10^{-10} D. 无法确定

答案 B。根据题意，两溶液混合后生成 $BaSO_4$ 沉淀。当沉淀完全后，溶液中各离子的浓度不再增加也不再减少，沉淀的量也不再改变，此时体系达到沉淀溶解平衡状态，因此溶液达到饱和，所以溶液中 $[Ba^{2+}][SO_4^{2-}]$ 应该等于 $BaSO_4$ 的溶度积。

例 5 - 2 温度一定时，向含有固体 $CaCO_3$ 的水溶液中再加入适量的纯水，当系统又达沉淀溶解平衡时，下列发生变化的是 ( )

    A. $K_{sp}(CaCO_3)$ B. $CaCO_3$ 的浓度

    C. $CaCO_3$ 的溶解度   D. $CaCO_3$ 的质量

答案 D。溶度积的大小与物质本性和温度有关，所以当温度一定时，$CaCO_3$ 的溶度积不会改变。溶解度定义为在一定温度下，物质在 1 L 饱和溶液中溶解的物质的量，因此温度一定时，$CaCO_3$ 的溶解度也不会改变。含有固体 $CaCO_3$ 的水溶液处于沉淀溶解平衡状态时，溶液中 $CaCO_3$ 的浓度就等于其溶解度，当加入水后，溶液中离子浓度降低，平衡向右移动，当再一次达到沉淀溶解平衡时，溶液又达到同一温度下的饱和状态，此时溶液中 $CaCO_3$ 的浓度依然等于其溶解度，所以温度一定时，溶液中 $CaCO_3$ 的浓度也不变。

    对于 $CaCO_3(s)\Longrightarrow Ca^{2+}(aq)+CO_3^{2-}(aq)$ 这个沉淀溶解平衡而言，当加入水后，溶液中 Ca^{2+} 和 CO_3^{2-} 的浓度会降低，平衡会向右移动，这就意味着反应中有 $CaCO_3$ 固体继续溶解了。因此当达到新的沉淀溶解平衡状态时，$CaCO_3$ 的质量减小。

例 5 - 3 温度一定时，在 $Mg(OH)_2$ 饱和溶液中加入一些 $MgCl_2$ 晶体（忽略溶液体积变化），系统又达到沉淀溶解平衡时，下列没有变化的是 ( )

    A. $Mg(OH)_2$ 的 K_{sp} B. $[Mg^{2+}]$

    C. $Mg(OH)_2$ 的溶解度   D. 溶液的 pH

答案 A。溶度积的大小与物质本性和温度有关，所以当温度一定时，$Mg(OH)_2$ 的溶度积 K_{sp} 不会改变。由于在溶液中加入了 $MgCl_2$ 晶体，$MgCl_2$ 是强电解质且易溶于水，因此溶液中 $[Mg^{2+}]$ 会发生变化。加入的 $MgCl_2$ 对 $Mg(OH)_2$ 产生同离子效应，从而使得 $Mg(OH)_2$ 的溶解度降低。当 $Mg(OH)_2$ 的溶解度降低时，溶液中氢氧根离子的浓度也随之降低，所以溶液的 pH 也是会改变的。

例 5－4 已知 AgCl 的 $K_{sp}=1.77\times10^{-10}$，AgBr 的 $K_{sp}=5.35\times10^{-13}$，$Ag_2SO_3$ 的 $K_{sp}=1.50\times10^{-14}$，$Ag_3AsO_4$ 的 $K_{sp}=1.03\times10^{-22}$，下列化合物在水中溶解度最小的是

（　　）

    A. AgCl   B. AgBr   C. Ag_2SO_3 D. Ag_3AsO_4

    答案 B。AgCl 和 AgBr 是结构类型相同的难溶强电解质，因此可以直接根据溶度积判断其在水中溶解能力的大小，由于 AgBr 的溶度积更小，所以 AgBr 的溶解度小于 AgCl。其余两个化合物与 AgBr 结构类型不相同，因此必须分别计算出三者的溶解度，然后才能比较。

    AgBr 的溶解度：$S(AgBr)=\sqrt{K_{sp}}=\sqrt{5.35\times10^{-13}}=7.31\times10^{-7}(mol\cdot L^{-1})$

    Ag_2SO_3 的溶解度：$S(Ag_2SO_3)=\sqrt[3]{\dfrac{K_{sp}}{4}}=\sqrt[3]{\dfrac{1.50\times10^{-14}}{4}}=1.55\times10^{-5}(mol\cdot L^{-1})$

    Ag_3AsO_4 的溶解度：$S(Ag_3AsO_4)=\sqrt[4]{\dfrac{K_{sp}}{27}}=\sqrt[4]{\dfrac{1.03\times10^{-22}}{27}}=1.40\times10^{-6}(mol\cdot L^{-1})$

    所以 AgBr 的溶解度最小。

例 5－5 已知 $Mg(OH)_2$ 的 $K_{sp}=5.61\times10^{-12}$，$NH_3$ 的 $pK_b=4.75$，$Mg(OH)_2$ 在含有 $0.10\ mol\cdot L^{-1}\ NH_3$ 与 $0.20\ mol\cdot L^{-1}\ NH_4Cl$ 的混合溶液中的溶解度是多少？

    解 题中 NH_3 和 NH_4Cl 组成了一个缓冲溶液，根据亨德森-哈塞尔巴尔赫方程式首先求出该溶液的 pH：

$$pH=pK_a+\lg\frac{[NH_3]}{[NH_4^+]}=(14-4.75)+\lg\frac{0.10}{0.20}=8.95$$

    因此溶液中 OH^- 的浓度为 $c(OH^-)=8.9\times10^{-6}\ mol\cdot L^{-1}$

    要求 $Mg(OH)_2$ 的溶解度，那么溶液中 Mg^{2+} 和 OH^- 的离子积应该等于 $Mg(OH)_2$ 的溶度积，即 $K_{sp}=[Mg^{2+}][OH^-]^2$。此时溶液中 OH^- 的浓度为 $8.9\times10^{-6}\ mol\cdot L^{-1}$，溶液中 Mg^{2+} 的浓度为：

$$[Mg^{2+}]=\frac{K_{sp}}{[OH^-]^2}=\frac{5.61\times10^{-12}}{(8.9\times10^{-6})^2}=0.071(mol\cdot L^{-1})$$

    溶液中的 Mg^{2+} 是由 $Mg(OH)_2$ 在该溶液中溶解并解离生成的，因此 $Mg(OH)_2$ 在该溶液中的溶解度在数值上就等于溶液中 Mg^{2+} 的平衡浓度 $0.071\ mol\cdot L^{-1}$。

例 5－6 向浓度均为 $0.10\ mol\cdot L^{-1}$ 的 Zn^{2+} 和 Fe^{3+} 的混合溶液中滴加 $0.10\ mol\cdot L^{-1}$ 的 NaOH 溶液，已知 $Zn(OH)_2$ 的 $K_{sp}=3.10\times10^{-17}$，$Fe(OH)_3$ 的 $K_{sp}=2.79\times10^{-39}$，当 Zn^{2+} 开始沉淀时，溶液中 Fe^{3+} 是否沉淀完全？

    解 首先根据溶液各离子的浓度及其溶度积，分别计算出使其开始产生沉淀所需 NaOH 溶液的浓度。

    $Zn(OH)_2$ 开始沉淀时，$c_1(OH^-)=\sqrt{\dfrac{K_{sp,Zn(OH)_2}}{c_{Zn^{2+}}}}=\sqrt{\dfrac{3.10\times10^{-17}}{0.10}}$

$$=1.76\times10^{-8}(mol\cdot L^{-1})$$

$Fe(OH)_3$ 开始沉淀时,$c_2(OH^-)=\sqrt[3]{\dfrac{K_{sp,Fe(OH)_3}}{c_{Fe^{3+}}}}=\sqrt[3]{\dfrac{2.79\times10^{-39}}{0.1}}$

$$=3.03\times10^{-13}(mol\cdot L^{-1})$$

显然,溶液中加入 $NaOH$ 时,$Fe(OH)_3$ 先沉淀。当 $Zn(OH)_2$ 开始沉淀时,溶液中 Fe^{3+} 的浓度为

$$c(Fe^{3+})=\frac{K_{sp,Fe(OH)_3}}{c_{OH^-}^3}=\frac{2.79\times10^{-39}}{(1.76\times10^{-8})^3}=5.12\times10^{-16}(mol\cdot L^{-1})\ll1\times10^{-5}$$

所以当 Zn^{2+} 开始沉淀时,溶液中 Fe^{3+} 已经沉淀完全。

练习题

一、单项选择题

1. 在 100 mL 0.01 mol·L⁻¹ KCl 溶液中加入 1 mL 0.01 mol·L⁻¹ 的 $AgNO_3$ 溶液,下列说法正确的是(已知 AgCl 的 $K_{sp}=1.8\times10^{-10}$) ( )

A. 有 AgCl 沉淀析出   B. 无 AgCl 沉淀析出

C. 无法确定   D. 有沉淀但不是 AgCl

2. 已知 $CuSO_4$ 溶液分别与 Na_2CO_3 溶液、Na_2S 溶液的反应情况如下:

(1) $CuSO_4+Na_2CO_3$

主要:$Cu^{2+}+CO_3^{2-}+H_2O=\!\!=Cu(OH)_2\downarrow+CO_2\uparrow$

次要:$Cu^{2+}+CO_3^{2-}=\!\!=CuCO_3\downarrow$

(2) $CuSO_4+Na_2S$

主要:$Cu^{2+}+S^{2-}=\!\!=CuS\downarrow$

次要:$Cu^{2+}+S^{2-}+2H_2O=\!\!=Cu(OH)_2\downarrow+H_2S\uparrow$

下列几种物质的溶解度大小的比较中,正确的是 ( )

A. $CuS<Cu(OH)_2<CuCO_3$ B. $CuS>Cu(OH)_2>CuCO_3$

C. $Cu(OH)_2>CuCO_3>CuS$ D. $Cu(OH)_2<CuCO_3<CuS$

3. 常温下,Ag_2SO_4、$AgCl$、AgI 的溶度积常数依次为 $K_{sp}(Ag_2SO_4)=7.7\times10^{-5}$、$K_{sp}(AgCl)=1.8\times10^{-10}$、$K_{sp}(AgI)=8.3\times10^{-17}$。下列有关说法中,错误的是 ( )

A. 常温下,Ag_2SO_4、$AgCl$、AgI 在水中的溶解能力依次减弱

B. 在 AgCl 饱和溶液中加入 NaI 固体,有 AgI 沉淀生成

C. Ag_2SO_4、$AgCl$、AgI 的溶度积常数之比等于它们饱和溶液的物质的量浓度之比

D. 在 Ag_2SO_4 饱和溶液中加入 Na_2SO_4 固体有 Ag_2SO_4 沉淀析出

4. 自然界地表层原生铜的硫化物经氧化、淋滤作用后变成 $CuSO_4$ 溶液,向地下深层渗透,遇到难溶的 ZnS 或 PbS,慢慢转变为铜蓝(CuS)。下列分析正确的是 ( )

A. CuS 的溶解度大于 PbS 的溶解度

B. 原生铜的硫化物具有还原性,而铜蓝没有还原性

C. $CuSO_4$ 与 ZnS 反应的离子方程式是 $Cu^{2+}+S^{2-}=\!\!=CuS\downarrow$

D. 整个过程涉及的反应类型有氧化还原反应和复分解反应

5. 下表为有关化合物的 pK_{sp}，$pK_{sp}=-\lg K_{sp}$。某同学设计实验如下：① 向 $AgNO_3$ 溶液中加入适量 NaX 溶液，得到沉淀 AgX；②向①中加 NaY，则沉淀转化为 AgY；③向②中加入 NaZ，沉淀又转化为 AgZ。则表中 a、b、c 的大小关系为 （ ）

相关化合物	AgX	AgY	AgZ
pK_{sp}	a	b	c

A. $a>b>c$ B. $a<b<c$ C. $c<a<b$ D. $a+b=c$

6. 已知 298 K 时，$Mg(OH)_2$ 的溶度积常数 $K_{sp}=5.6\times10^{-12}$，取适量的 $MgCl_2$ 溶液，加入一定量的烧碱溶液达到沉淀溶解平衡，测得 $pH=13.0$，则下列说法不正确的是 （ ）

A. 所得溶液中的 $c(H^+)=1.0\times10^{-13}$ $mol\cdot L^{-1}$

B. 所得溶液中由水电离产生的 $c(H^+)=10^{-13}$ $mol\cdot L^{-1}$

C. 所加的烧碱溶液 $pH=13.0$

D. 所得溶液中的 $c(Mg^{2+})=5.6\times10^{-10}$ $mol\cdot L^{-1}$

7. 某温度时，Ag_2SO_4 在水中的沉淀溶解曲线如下图所示。该温度下，下列说法正确的是 （ ）

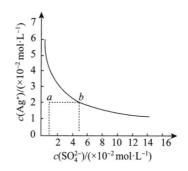

A. 含有大量 SO_4^{2-} 的溶液中肯定不存在 Ag^+

B. 0.02 $mol\cdot L^{-1}$ 的 $AgNO_3$ 溶液与 0.2 $mol\cdot L^{-1}$ 的 Na_2SO_4 溶液等体积混合不会生成沉淀

C. Ag_2SO_4 的溶度积常数 (K_{sp}) 为 1×10^{-3}

D. a 点表示 Ag_2SO_4 的不饱和溶液，蒸发可以使溶液由 a 点变到 b 点

二、计算题

已知 AgAc 的 $K_{sp}=1.94\times10^{-3}$，Ag_2SO_4 的 $K_{sp}=1.20\times10^{-5}$，将 0.10 mol AgAc 晶体加入 1.0 L Na_2SO_4 溶液中（忽略溶液体积变化）。欲使 AgAc 完全转化为 Ag_2SO_4，Na_2SO_4 溶液的初始浓度应为多少？

参考答案

一、单项选择题

1. A。根据溶度积规则,计算得出 $Q > K_{sp}$,表示溶液过饱和,溶液中会有沉淀析出。

2. A。根据题意,$CuCO_3$ 是 $Cu(OH)_2$ 的次要产物,说明在同一溶液中,先析出 $Cu(OH)_2$,说明 $CuCO_3$ 的溶解度大于 $Cu(OH)_2$,同理,$Cu(OH)_2$ 的溶解度大于 CuS。

3. C。根据题意,Ag_2SO_4 与 $AgCl$、AgI 是不同类型的难溶强电解质。

4. D。根据题意,原生铜的硫化物经过氧化、淋滤作用变成 $CuSO_4$,所以有氧化还原反应,$CuSO_4$ 转变为 CuS 是复分解反应。

5. B。根据题意,$K_{sp}(AgZ) < K_{sp}(AgY) < K_{sp}(AgX)$,所以 $pK_{sp}(AgZ) > pK_{sp}(AgY) > pK_{sp}(AgX)$。

6. C。根据题意,不确定 $MgCl_2$ 的物质的量浓度,所以不能确定加入的烧碱的物质的量浓度。

7. B。由图可知,$0.02\ mol \cdot L^{-1}$ 的 $AgNO_3$ 溶液与 $0.2\ mol \cdot L^{-1}$ 的 Na_2SO_4 溶液等体积混合不会生成沉淀。

二、计算题

解:根据题意,可以写出该转化反应式:

$$2AgAc(s) + SO_4^{2-}(aq) = 2Ac^-(aq) + Ag_2SO_4(s)$$

首先可以计算出该反应的平衡常数:

$$K = \frac{[Ac^-]^2}{[SO_4^{2-}]} = \frac{[Ac^-]^2[Ag^+]^2}{[SO_4^{2-}][Ag^+]^2} = \frac{K_{sp,AgAc}^2}{K_{sp,Ag_2SO_4}} = \frac{(1.94 \times 10^{-3})^2}{1.20 \times 10^{-5}} = 0.314$$

当转化反应完全结束,溶液中 $AgAc$ 完全溶解,因此溶液中 Ac^- 的平衡浓度为 $0.10\ mol \cdot L^{-1}$,那么此时溶液中 SO_4^{2-} 的平衡浓度为:

$$[SO_4^{2-}] = \frac{[Ac^-]^2}{K} = \frac{0.10^2}{0.314} = 0.032 (mol \cdot L^{-1})$$

所谓平衡浓度是指当反应达到平衡状态(反应结束)以后,各离子仍然存留在溶液中的浓度,这部分反应物的离子可以看作"没有参与反应",因此题中要求的 Na_2SO_4 溶液初始浓度必须还要加上用于转化 $AgAc$ 固体的那部分 Na_2SO_4 的浓度,设为 x。

$$2AgAc(s) + SO_4^{2-}(aq) = 2Ac^-(aq) + Ag_2SO_4(s)$$

$$0.10\ mol \cdot L^{-1} \qquad x$$

根据反应式,$1\ L$ 溶液中转化 $0.10\ mol$ 的 $AgAc$,需要 Na_2SO_4 的浓度为 $0.050\ mol \cdot L^{-1}$。

所以 Na_2SO_4 溶液的初始浓度为 $0.050 + 0.032 = 0.082 (mol \cdot L^{-1})$。

第六章 胶体和乳状液

内容概要

一、基本概念

1. 分散系：一种或几种物质分散在另一种物质中所形成的系统称为分散系。

2. 分散相：被分散的物质。

3. 分散介质：容纳分散相的物质。

4. 溶胶：直径在 $1\sim100$ nm 的难溶分散相粒子分散于分散介质中所形成的多相系统。

5. 正溶胶：胶粒带正电荷的溶胶称正溶胶。

6. 负溶胶：胶粒带负电荷的溶胶称负溶胶。

7. 聚沉值：使一定量溶胶在一定时间内完全聚沉所需电解质的最低浓度，注意浓度单位为 $mmol \cdot L^{-1}$。

8. 高分子化合物溶液：高分子化合物在液态的分散介质中形成的单相分子、离子分散系称为高分子化合物溶液。

9. 表面现象：一个相的表面分子和内部分子性质的差异以及由此引发的界面上的一系列现象。

10. 表面张力：在恒温恒压下，沿着液体表面作用于单位长度表面上的作用力，称为表面张力，用 σ（$N \cdot m^{-1}$）表示。

11. 吸附：物质在相界面上的浓度自动发生变化的过程。

12. 表面活性剂：在系统中加入某些物质可使相间的表面张力急剧降低，这种物质叫作表面活性剂。

13. 乳状液：将一种液体分散在另一种与之不相溶的液体中，形成分散系统的过程称为乳化作用，得到的分散系称为乳状液。

二、分散系

分散系可以分为均相和非均相两类。按分散相粒子的直径，又可以分为真溶液（<1 nm）、胶体分散系（$1\sim100$ nm）和粗分散系（>100 nm）三类。溶胶根据分散介质的聚集状态，可以分为气溶胶、液溶胶和固溶胶三类。

表 6-1 分散系根据分散相粒子大小分类

分散相粒子直径	分散系类型	分散相粒子	性质	实例
<1 nm	溶液	小分子或离子	均相、稳定系统，分散相粒子扩散快	NaCl 水溶液等

续表

分散相粒子直径	分散系类型		分散相粒子	性质	实例
1~100 nm	胶体分散系	溶胶	胶粒	非均相、亚稳定系统,分散相粒子扩散较慢	Fe(OH)₃ 溶胶等
		高分子溶液	高分子	均相、稳定系统,分散相粒子扩散慢	蛋白质溶液等
		微乳液	纳米粒子	非均相、亚稳定系统,分散相粒子扩散较慢	药物微乳制剂等
>100 nm	粗分散系		粗分散粒子	非均相、不稳定系统,易聚沉或分层	泥浆等

三、溶胶

溶胶是胶体分散系的典型代表。溶胶的分散相是由大量原子、离子或分子组成的聚集体,在分散相与分散介质之间存在着相界面,形成高度分散的多相亚稳定系统。溶胶和沉淀不同,例如 Fe(OH)₃ 溶胶是透明红褐色液体,不是沉淀,Fe(OH)₃ 溶胶的分散相粒子是若干个 Fe(OH)₃ 分子的聚集体,直径在 1~100 nm 范围之内,一旦发生浑浊或沉淀就表明溶胶被破坏了。

溶胶的制备方法有分散法和凝聚法。

1. 溶胶的性质:光学性质——丁铎尔(Dyndall)现象,动力学性质——布朗运动,电学性质——电泳和电渗。

电泳实验说明溶胶粒子是带电的,由电泳的方向可以判断胶粒所带电荷的性质。胶粒带正电荷的溶胶称正溶胶(大多数金属氢氧化物、金属氧化物溶胶,硫、硒、碳等非金属溶胶),胶粒带负电荷的溶胶称负溶胶(硅酸溶胶,金、银、铂等金属溶胶及大多数金属硫化物溶胶)。特例:一些溶胶的胶粒在不同制备条件下带不同种类的电荷,如 AgI 溶胶。

2. 胶粒带电的原因:胶粒在形成过程中,胶核优先吸附与其组成相似的离子,使胶粒带电;胶核表面分子的解离使胶粒带电(图 6-1)。

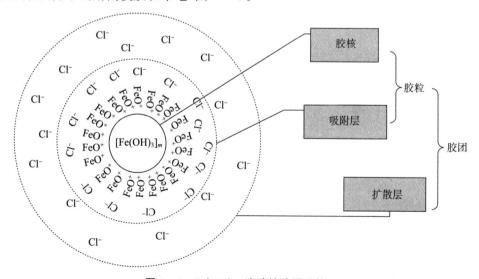

图 6-1　Fe(OH)₃ 溶胶的胶团结构图

3. $Fe(OH)_3$ 溶胶的胶团结构式

$$\{[Fe(OH)]_m \cdot nFeO^+ \cdot (n-x)Cl^-\}^{x+} \cdot xCl^-$$

改变两种反应物的用量,可制备胶粒带有不同电荷的卤化银溶胶。

4. 溶胶的相对稳定性和聚沉

溶胶具有相对稳定性的原因有三个:① 胶粒的静电排斥作用(主要因素);② 水化膜的保护作用(吸附层和扩散层中离子的溶剂化);③ 布朗运动(克服重力作用而不易沉降)。

5. 溶胶的聚沉方法

(1) 电解质对溶胶的聚沉作用:

① 电解质的加入破坏了溶胶的双电层结构;

② 反离子价数愈高,聚沉能力愈大。

(2) 加热聚沉(热运动破坏吸附层和离子的溶剂化作用导致聚沉)。

(3) 溶胶的相互聚沉作用。

四、高分子溶液

高分子化合物指相对分子质量大于 1×10^4 的化合物,高分子化合物在液态的分散介质中形成的单相分子、离子分散系统称为高分子化合物溶液。高分子化合物溶液的分散粒径在 $1 \sim 100$ nm 的胶体分散系范围内,所以也有一些与胶体分散系共有的性质。

表 6 - 2　高分子化合物溶液和溶胶的性质比较

性质	高分子化合物溶液	溶胶
分散相颗粒特征	粒径 $1 \sim 100$ nm,单个水合分子均匀分散	粒径 $1 \sim 100$ nm,胶团由胶核与吸附层、扩散层组成
丁铎尔现象	无	有
均一性	单相系统	多相系统
热力学稳定性	稳定系统	不稳定系统
通透性	不能透过半透膜	不能透过半透膜

高分子化合物周围有一层水合膜是高分子溶液稳定的主要原因。

1. 高分子溶液对溶胶的保护作用

高分子化合物分子将溶胶胶粒包裹起来,在胶粒表面形成保护膜,削弱了胶粒聚集的可能性。例如人体结石的形成,血浆中 $MgCO_3$、$Ca_3(PO_4)_2$ 等微溶性无机盐浓度比水中高近 5 倍,是因为它们在血液中以溶胶形式存在,血液中的蛋白质对其起保护作用。当发生某些疾病时,血液中蛋白质减少,微溶性盐类便沉淀出来,在某些器官内形成结石。

2. 凝胶

在一定条件下,使高分子或溶胶粒子相互聚合连接的线形或分枝结构相互交联,形成立体空间网状结构,溶剂小分子充满网状结构的空隙,失去流动性而成为半固体状的凝胶。

凝胶的分类:

冻胶:液体含量较高,如鱼冻、肉冻、血块。干胶:液体含量较低,如明胶、半透膜。

五、表面现象和表面活性剂

一个相的表面分子和内部分子性质的差异以及由此引发的界面上的一系列现象称为

表面现象,任何两相界面上的分子与相内部分子所处的环境均不一样。

1. 表面张力和表面能

在恒温恒压下,沿着液体表面作用于单位长度表面上的作用力,称为表面张力,用 σ（$N \cdot m^{-1}$）表示。表面张力可以看成是液体表面收缩作用在单位长度的力。表面张力是分子间相互作用的结果,不同物质分子间的作用力不同,表面张力也不同。一定温度和压力下,多相系统表面张力越大,系统越不稳定,有自发降低表面张力的趋势。

2. 吸附现象

固体表面的吸附:固体表面积无法自动变小,常常吸附其他物质以降低表面能。液体表面的吸附:液体表面会因为溶质的加入而产生吸附,液体的表面张力因此发生相应的变化。

3. 表面活性剂

表面活性剂分子结构上的特征:既含有亲水的极性基团,如—OH、—COOH、—NH$_2$、—SH、—SO$_3$H 等;又含有疏水的非极性基团,如一些直链的或带侧链的有机烃基。

将一种液体分散在另一种与之不相溶的液体中,形成分散系统的过程称为乳化作用,得到的分散系称为乳状液(emulsion)。一相是水,另一相统称为油。乳状液的类型有两类:油分散在介质水中形成水包油型(O/W)乳状液,水分散在油介质中形成油包水型(W/O)乳状液。

思维导图

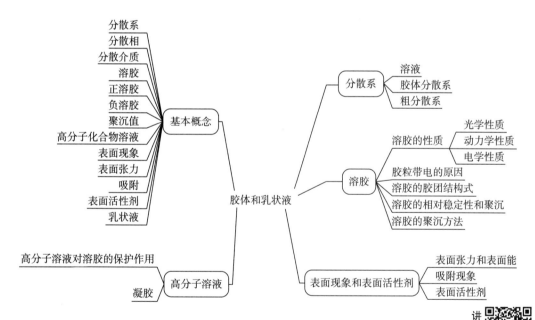

例题讲解

例 6 - 1 由 AgNO$_3$（过量）和 KCl 制备 AgCl 溶胶,下列说法错误的是　　　　（　　）

    A. 胶核是 AgCl

    B. 胶核吸附的离子是 Ag$^+$

    C. 电场中胶粒向正极运动

D. 进入吸附层的反离子越多,溶胶越不稳定

答案　C。因为形成了正溶胶,胶粒向负极运动。

例6-2　将 $0.01 \text{ mol} \cdot \text{L}^{-1}$ $AgNO_3$ 溶液与 $0.10 \text{ mol} \cdot \text{L}^{-1}$ KI 溶液等体积混合制备 AgI 溶胶,使之发生聚沉时,所需电解质体积最少的是(浓度均为 $0.1 \text{ mol} \cdot \text{L}^{-1}$)（　　）

A. K_2SO_4　　　　　　　　　　　　　　B. $Al(NO_3)_3$

C. $MgCl_2$　　　　　　　　　　　　　　D. $K_3[Fe(CN)_6]$

E. NaCl

答案　B。对于负溶胶,正离子起聚沉作用,且带的电荷越高,聚沉值越小。

例6-3　为什么溶胶是热力学不稳定系统,同时溶胶又具有动力学稳定性?

答　一方面,溶胶是高度分散的多相分散系统,高度分散性使得溶胶的比表面大,所以表面能也大,它们有自动聚集形成大颗粒而减少表面积的趋势,即聚结不稳定性,因而是热力学不稳定系统。另一方面,溶胶的胶粒存在剧烈的布朗运动,可使其本身不易发生沉降,是溶胶的一个稳定因素;同时带有相同电荷的胶粒间存在着静电斥力,而且胶团的水合双电层膜犹如一层弹性膜,阻碍胶粒相互碰撞合并变大,因此溶胶具有动力学稳定性。

例6-4　什么是表面活性剂? 试从其结构特点说明它能降低溶液表面张力的原因。

答　在水中加入某些溶质可使水的表面张力降低,这种使水的表面张力降低的物质叫作表面活性物质(表面活性剂)。这种物质大都由一个亲水基团(—O)和一个疏水基团(—R)组成,且疏水基团大于亲水基团。当溶于水溶液中时,由于表面活性剂的两亲性,它就有集中在溶液表面(或集中在不相混溶的两种液体的界面,或集中在液体和固体的接触面)的倾向,从而降低了表面张力。

练习题

一、判断题

1. 溶胶是均相系统,在热力学上是稳定的。（　　）
2. 有无丁铎尔现象是溶胶和分子分散系统的主要区别之一。（　　）
3. 丁铎尔现象是溶胶粒子对入射光的折射作用引起的。（　　）
4. 在溶胶中加入电解质对电泳没有影响。（　　）
5. 溶胶粒子因带有相同符号的电荷而相互排斥,因而在一定时间内能稳定存在。（　　）
6. 同号离子对溶胶的聚沉起主要作用。（　　）

二、单项选择题

1. 下列分散系统中丁铎尔现象最明显的是（　　）

A. 空气　　　　B. 蔗糖水溶液　　　　C. 大分子溶液　　　　D. 硅胶溶胶

2. 向碘化银正溶胶中滴加过量的 KI 溶液,则所生成的新溶胶在外加直流电场中的移动方向为（　　）

A. 向正极移动　　　　B. 向负极移动　　　　C. 不移动

3. 将 12 cm^3 0.02 $mol \cdot dm^{-3}$ 的 NaCl 溶液和 100 cm^3 0.005 $mol \cdot dm^{-3}$ 的 $AgNO_3$ 溶液混合以制备 AgCl 溶胶,胶粒所带电荷的符号为　　　　　　　　(　　)

    A. 正　　　　　　　　　　B. 负　　　　　　　　　　C. 不带电

4. 下面属于溶胶光学性质的是　　　　　　　　　　　　　　　　　　　(　　)

    A. 唐南(Donnan)平衡　　　　　　B. 丁铎尔现象　　　　　　C. 电泳

5. 溶胶有三个最基本的特征,下列不属其中的是　　　　　　　　　　　(　　)

    A. 高度分散性　　　　　　　　　　　　　B. 多相性

    C. 动力学稳定性　　　　　　　　　　　　D. 热力学不稳定性

6. 丁铎尔现象是光发生了什么的结果?　　　　　　　　　　　　　　　(　　)

    A. 散射　　　　　　　　B. 反射　　　　　　　　C. 折射　　　　　　　　D. 透射

7. 外加直流电场于胶体溶液,向某一电极做定向运动的是　　　　　　　(　　)

    A. 胶核　　　　　　　　B. 胶粒　　　　　　　　C. 胶团　　　　　　　　D. 扩散层

8. 对于有过量的 KI 存在的 AgI 溶胶,下列电解质中聚沉能力最强的是　(　　)

    A. NaCl　　　　　　　　B. $K_4[Fe(CN)_6]$　　　C. $MgSO_4$　　　　D. $FeCl_3$

9. 下列各电解质对某溶胶的聚沉值分别为$[KNO_3]=50$,$[KAc]=110$,$[MgSO_4]=$ 0.81,$[Al(NO_3)_3]=0.095$(单位:$mol \cdot dm^{-3}$),该胶粒的带电情况是　(　　)

    A. 带负电　　　　　　　　B. 带正电　　　　　　　C. 不带电　　　　D. 不能确定

10. 下列性质中既不属于溶胶动力学性质又不属于电学性质的是　　　　(　　)

    A. 沉降平衡　　　　B. 布朗运动　　　　C. 沉降电势　　　　D. 电导

11. 在 $Fe(OH)_3$、As_2S_3、$Al(OH)_3$ 和 AgI(含过量 $AgNO_3$)四种溶胶中,有一种不能与其他溶胶混合,否则会引起聚沉。该种溶胶是　　　　　　　　　(　　)

    A. $Fe(OH)_3$　　　　　　　　　　　　B. As_2S_3

    C. $Al(OH)_3$　　　　　　　　　　　　D. AgI(含过量 $AgNO_3$)

12. 下列电解质对某溶胶的聚沉值分别为 $c(NaNO_3)=300$,$c(Na_2SO_4)=295$,$c(MgCl_2)=25$,$c(AlCl_3)=0.5$(单位:$mol \cdot dm^{-3}$),可确定该溶液中粒子带电情况为　　　　　　　　　　　　　　　　　　　　　　　　　　　　(　　)

    A. 不带电　　　　　　　B. 带正电　　　　　　　C. 带负电　　　　D. 不能确定

13. 用 NH_4VO_3 和浓盐酸作用,可制得棕色 V_2O_5 溶液,其胶团结构是$[(V_2O_5)_m \cdot nVO_3^- \cdot (n-x)NH_4^+]^{x-} \cdot xNH_4^+$,下面各电解质对此溶胶的聚沉能力次序是

    　　　　　　　　　　　　　　　　　　　　　　　　　　　　　　　　(　　)

    A. $MgSO_4>AlCl_3>K_3Fe(CN)_6$　　　　B. $K_3Fe(CN)_6>MgSO_4>AlCl_3$

    C. $K_3Fe(CN)_6>AlCl_3>MgSO_4$　　　　D. $AlCl_3>MgSO_4>K_3Fe(CN)_6$

三、填空题

1. 溶胶(憎液溶胶)的三个主要特征是＿＿＿＿＿＿＿,＿＿＿＿＿＿＿,＿＿＿＿＿＿＿。

2. 氢氧化铁溶胶显红色,由于胶体粒子吸附正电荷,当把直流电源的两极插入该溶胶时,在＿＿＿＿＿极附近颜色逐渐变深,这是＿＿＿＿＿现象的结果。

3. 电解质使溶胶发生聚沉时,起作用的是与胶体粒子带电符号相＿＿＿＿＿的离子。离子价数越高,其聚沉能力越＿＿＿＿＿,聚沉值越＿＿＿＿＿。离子价数相同时,对于正离子,

离子半径越小,聚沉值越_____,负离子的情形与正离子相_____。(填"同""反""小"或"大")

4. 胶体粒子在电场中的运动现象称为_____;胶体粒子不动,而分散介质在电场中运动的现象称为_____。

5. 胶体分散系统的粒子直径为_____,属于胶体分散系统的有①_____、②_____。

6. 大分子溶液(亲液胶体)的主要特征是_____。

7. 当入射光的波长_____于胶体粒子的直径时,则可出现丁铎尔现象。

8. 使溶胶完全聚沉所需_____电解质的量,称为电解质对溶胶的_____。

四、简答题

1. 如何理解溶胶是动力学上稳定而热力学上不稳定的系统?

2. 为什么晴天的天空呈蓝色,晚霞呈红色?

3. 憎液溶胶是热力学上的不稳定系统,为什么它能在相当长的时间内存在?

4. 为什么在新生成的 $Fe(OH)_3$ 沉淀中加入少量的稀 $FeCl_3$ 溶液,沉淀会溶解,而再加入一定量的硫酸盐溶液,又会析出沉淀?

参考答案

一、判断题

1. ×。溶胶是多相系统。

2. √。

3. ×。丁铎尔现象是溶胶粒子对入射光的散射作用引起的。

4. ×。电解质对溶胶有聚沉作用。

5. √。

6. ×。异号离子对溶胶的聚沉起主要作用。

二、单项选择题

1. D。丁铎尔现象是溶胶粒子对入射光的散射作用引起的。

2. A。根据题意,新生成的溶胶是负溶胶,所以移动方向是向正极移动。

3. A。根据题意可知，Ag^+ 是过量的，所以是负溶胶。

4. B。

5. C。

6. A。丁铎尔现象是溶胶粒子对入射光的散射作用引起的。

7. B。做定向运动的是胶粒。

8. D。由于 KI 过量，所以 AgI 溶胶是负溶胶，因此，带正电荷数最高的电解质的聚沉能力最强。

9. A。聚沉值越小，聚沉能力越强，从而确定聚沉值最小的电解质中电荷数高的离子是反离子，因此 Al^{3+} 是反离子，所以该胶粒带负电。

10. D。

11. B。正负溶胶混合会引起溶胶的聚沉。

12. C。参考第 9 题。

13. D。根据题意可知，该溶胶是负溶胶，因此电解质中正离子的电荷数越高，该电解质的聚沉能力越大。

三、填空题

1. 高度分散，热力学不稳定，多相系统　2. 负，电泳　3. 反，大，小，大，反　4. 电泳，电渗　5. 1～100 nm，溶胶，高分子溶液　6. 高度分散，热力学稳定，均相系统　7. 大　8. 最少，聚沉值

四、简答题

1. 答：溶胶的布朗运动、扩散作用及胶粒表面的双电层结构及粒子溶剂化膜造成溶胶具有动力学稳定性。但由于溶胶是高度分散的非均相体系，具有很大的表面自由能，因此有自发聚沉以降低体系能量的趋势，因此溶胶是热力学的不稳定体系。

2. 答：分散在空气中的尘埃和雾滴等粒子，半径在 $10^{-9} \sim 10^{-6}$ m 之间，构成胶体分散系统。分散相粒子对光产生散射作用，根据瑞利公式，散射光的强度与入射光波长的四次方成反比，因此入射光的波长越短，则散射越强。如果入射光为白光，则大气中波长较短的蓝色和紫色光散射作用最强，而波长较长的红色光散射较弱，主要产生透射，所以晴朗的天空呈现蓝色是离子对太阳光散射的结果，而晚霞呈现红色则是透射光的颜色。

3. 答：溶胶能稳定存在的原因有三：① 胶体粒子较小，有较强的布朗运动，能阻止其在重力作用下的沉降，即具有动力稳定性；② 胶粒表面具有双电层结构，当胶粒相互接近时，同性电荷的静电斥力及离子氛的重叠区过剩离子产生的渗透压阻碍胶粒的凝结，即具有凝结稳定性；③ 由于带电离子都是溶剂化的，在胶粒表面形成一层溶剂化膜，溶剂化膜有一定的弹性，其中的溶剂有较高的浓度，使之成为胶粒相互接近时的机械障碍，具有聚结稳定性是溶胶能稳定存在的最重要因素。

4. 答：在新生成的 $Fe(OH)_3$ 沉淀中加入少量的稀 $FeCl_3$ 溶液，$Fe(OH)_3$ 固体表面优先吸附溶液中的 Fe^{3+} 而形成双电层的胶粒，使沉淀分散为溶胶。此现象称为胶溶作用，加入的 $FeCl_3$ 是稳定剂，胶粒表面带正电荷。当再加入一定量的硫酸盐时，带负电荷的 SO_4^{2-} 进入紧密层或溶剂层，双电层的厚度变薄，ζ 电位降低，致使溶胶失去稳定性而聚沉。

第七章　化学热力学基础

内容概要

一、基本概念

1. 系统:作为研究对象的那部分物质。

2. 环境:系统以外与之相联系的那部分物质。

3. 三类系统

敞开系统(open system):与环境间有物质交换,有能量交换。

封闭系统(closed system):与环境间无物质交换,有能量交换。

隔离系统(isolated system):与环境间无物质交换,无能量交换。

4. 状态与状态函数

(1) 状态与状态函数

系统的性质:决定系统状态的物理量(如 p,V,T,C_p,m)。

系统的状态:热力学用系统所有的性质来描述它所处的状态,当系统所有性质都有确定值时,则系统处于一定的状态。

状态函数:系统处于平衡态时的热力学性质(如 U、H、p、V、T 等)是系统状态的单值函数,故称为状态函数。

状态函数特点:

① 状态改变,状态函数值至少有一个改变。

② 异途同归,值变相等;周而复始,其值不变。

③ 定量、组成不变的均相流体系统,任一状态函数是另外两个状态函数的函数,如 $V=f(T,p)$。

④ 状态函数具有全微分特性:$\oint \mathrm{d}Z = 0$。

(2) 状态函数的分类——广度量和强度量

按状态函数的数值是否与物质的数量有关,可将其分为两类:广度量(或称广度性质)和强度量(或称强度性质)。

5. 热力学平衡

当系统的诸性质不随时间而改变,系统就处于热力学平衡态,它包括下列几个平衡:

(1) 热平衡(heat equilibrium):系统各部分 T 相同。

(2) 力平衡(force equilibrium):系统各部分 p 相同。

(3) 相平衡(phase equilibrium):系统中各相的性质和数量不随时间变化。

(4) 化学平衡(chemical equilibrium):系统组成不随时间变化。

热力学研究的对象就是处于平衡态的系统。

6. 热力学能

热力学能（thermodynamic energy）以前称为内能（internal energy），它是指系统内部能量的总和，包括分子运动的平动能、分子内的转动能、振动能、电子能、核能以及各种粒子之间的相互作用位能等。热力学能是状态函数，用符号 U 表示。理想气体分子间没有相互作用力，因而不存在分子间相互作用的势能，其热力学能只是分子的平动、转动、分子内部各原子间的振动、电子的运动、核的运动的能量等，而这些能量均只取决于温度。

7. 热力学第一定律：能量可以从一种形式转化为另一种形式，能量的总量在转化过程中保持不变。或者说第一类永动机是不可能造成的。热力学第一定律表达的是能量守恒。公式表达：$\Delta U = Q + W$。

8. 热力学第二定律：热不能自动从低温物体传给高温物体而不产生其他变化。或者表述为不可能从单一热源吸热使之全部对外做功而不产生其他变化（第二类永动机是不可能造成的）。

9. 可逆过程：系统经过某一过程从状态一变到状态二之后，如果能使体系和环境都恢复到原来的状态而未留下任何永久性的变化，则该过程称为热力学可逆过程。

（1）可逆过程是以无限小的变化进行的，体系始终无限接近于平衡态。

（2）体系在可逆过程中做最大功，环境在可逆过程中做最小功，即可逆过程效率最高。

（3）循与过程原来途径相反方向进行，可使体系和环境完全恢复原状态。

10. 盖斯定律：在恒容或恒压过程中，化学反应的热仅与始末状态有关，而与具体途径无关。

二、热和功

热和功是能量传递或交换的两种形式。

1. 热（heat）：系统质点的无序运动而传递的能量称为热，用符号 Q 表示。Q 的取号：体系吸热，$Q > 0$；体系放热，$Q < 0$。

2. 功（work）：系统质点的有序运动与环境之间传递的能量都称为功，用符号 W 表示。W 的取号：系统对环境做功，$W < 0$；环境对体系做功，$W > 0$。

化学热力学中将功分为两种，即体积功（W）和非体积功（W'），经常遇到的是体积功。

三、焓与焓变

对于某封闭系统，在非体积功为零的条件下，热力学第一定律可写成：

$$dU = \delta Q + p_e dV$$

对于恒容过程，体积功为零，则 $\delta Q = dU$。

在非体积功为零且恒压（$p_1 = p_2 = p_e$）的条件下，热力学第一定律式可写成：

$$\Delta U = U_2 - U_1 = Q_p - p_e(V_2 - V_1)$$

由于 U、p、V 均是状态函数，因此（$U + pV$）也是状态函数，在热力学上定义为焓（enthalpy），用 H 表示，即

$$H = U + pV$$

焓变（ΔH）是生成物与反应物的焓值差，它表示的是系统发生一个过程的焓的增量。

$$\Delta H = \Delta U + \Delta(pV)$$

在恒压条件下，焓变在数值上等于恒压反应热，即 $\Delta H = Q_p$。

1. 摩尔反应焓

在恒定 T、恒定 p 及反应各组分组成不变的情况下,若进行微量反应进度 $d\xi$ 引起反应焓的变化为 dH,则折合为进行单位反应进度引起的焓变即为该条件下的摩尔反应焓:

$$\Delta_r H_m = \frac{dH}{d\xi} = \sum v_B H_B$$

2. 标准摩尔反应焓

反应中的各个组分均处在温度 T 的标准态下,其摩尔反应焓就称为该温度下的标准摩尔反应焓。标准摩尔反应焓只是温度的函数。

$$\Delta_r H_m^{\ominus}(T) = \sum v_B H_m^{\ominus}(T) = f(T)$$

四、化学反应的热效应

封闭系统中发生某化学反应,当产物的温度与反应物的温度相同时,体系所吸收或放出的热量称为该化学反应的热效应,亦称为反应热。

(1) 恒容热效应:反应在等容下进行所产生的热效应。公式表达:$Q_v = \Delta_r U$。

(2) 恒压热效应:反应在等压下进行所产生的热效应。公式表达:$Q_p = \Delta_r H$。

两者关系:$Q_p = Q_v + \Delta n RT$

五、反应进度

设某反应在反应的起始时和反应进行到 t 时刻时各物质的量为:

$$aA \ + \ dD \ =\!=\!= \ gG \ + \ hH$$

| $t=0$ | $n_A(0)$ | $n_D(0)$ | $n_G(0)$ | $n_H(0)$ |
| $t=t$ | n_A | n_D | n_G | n_H |

公式表达:$\xi = \dfrac{\Delta n_B}{v_B} = \dfrac{n_B - n_B(0)}{v_B}$,$\xi$ 称为反应进度。

$$d\xi = \frac{dn_B}{v_B} = \frac{dn_A}{-a} = \frac{dn_D}{-d} = \frac{dn_G}{g} = \frac{dn_H}{h}$$

ξ 的物理意义:$\xi = 1$ 时恰好表示消耗了 a mol A、d mol D,生成 g mol G 和 h mol H,即发生了一个单位的反应。

物质的变化量可用反应进度表示,它的大小可表达反应进行的程度。

六、熵和熵判据

1. 熵:任意可逆过程的热温商的值决定于始终状态,而与可逆途径无关。具有这种性质的量只能与系统某一状态函数的变量相对应。1854 年克劳修斯(Clausius)称该状态函数为"熵"(entropy),用符号 S 表示。熵是广度性质的状态函数,具有加和性。

$$dS = \left(\frac{\delta Q}{T}\right)_r$$

2. 熵增加原理:孤立系统中自发过程的方向总是朝着熵值增大的方向进行,直到在该条件下系统熵值达到最大为止,此时孤立系统达平衡态。

熵增加原理用于孤立系统,可判别过程的方向和限度。

$$\Delta S_{孤立} = \Delta S_{系统} + \Delta S_{环境} \geqslant 0$$

">"号表示自发过程,"="号表示可逆过程,"<"号表示不可能发生的过程。

3. 熵函数的物理意义

它是大量粒子构成系统微观状态数的一种度量。系统的熵值小,表示所处状态的微观状态数小,混乱程度低;系统的熵值大,表示所处状态微观状态数大,混乱程度高。孤立系统中,从熵值小(混乱程度小)的状态向熵值大(混乱程度大)的状态变化,直到达到在该条件下系统熵值最大的状态为止,这就是自发变化方向。

4. 热力学第三定律: 在 0 K 时,任何纯物质完整晶体(只有一种排列方式)的熵值等于零。

5. 规定熵: 规定在 0 K 时完整晶体的熵值为零,从 0 K 到温度 T 进行积分,这样求得的熵值称为规定熵。

6. 标准摩尔熵: 指 1 mol 物质在标准状态下的摩尔熵。

7. 熵判据

(1) 孤立系统与环境无功、无热交换

$\Delta S_{U,V} > 0$ 为自发过程;$\Delta S_{U,V} = 0$ 为可逆过程,系统处于平衡态;$\Delta S_{U,V} < 0$ 为不可能发生的过程。

(2) 非孤立系统

$\Delta S_{系统} + \Delta S_{环境} > 0$,自发过程;$\Delta S_{系统} + \Delta S_{环境} = 0$,可逆过程,系统处于平衡态;$\Delta S_{系统} + \Delta S_{环境} < 0$,不可能发生的过程。

七、吉布斯自由能和吉布斯自由能判据

1. 吉布斯自由能

吉布斯自由能是系统的状态函数,其 ΔG 只由系统的始终态决定,而与变化过程无关。

$$G \stackrel{\text{def}}{=\!=} H - TS$$

意义:封闭系统在等温等压条件下,系统吉布斯自由能的减小等于可逆过程所做非体积功(W')。若发生不可逆过程,系统吉布斯自由能的减少大于系统所做的非体积功。在等温、等压和 $W' = 0$ 的条件下,封闭系统自发过程总是朝着吉布斯自由能减少的方向进行,直至吉布斯自由能降到极小值(最小吉布斯自由能原理),系统达到平衡。

2. 吉布斯自由能判据

在等温、等压且不做非体积功的情况下:

$\Delta G_{T,p,W'=0} < 0$ 为自发过程;$\Delta G_{T,p,W'=0} = 0$ 为可逆过程,系统处于平衡态;$\Delta G_{T,p,W'=0} > 0$ 为不可能发生的过程。

八、化学平衡

1. 可逆反应: 在同一条件下,既能按反应方程式向某一方向进行同时又能向相反方向进行的反应称为可逆反应。

2. 化学平衡: 在一定条件下,当一个化学反应正向和逆向的反应速率相等,反应体系的组成不再发生变化时,称体系达到了化学平衡。

(1) 化学平衡是动态平衡:反应达到平衡并不意味着反应停止,而是正反应速率等于逆反应速率。

(2) 化学平衡是相对平衡:相对平衡是指当条件发生改变,平衡会移动,进而达到另一条件下的平衡状态。

3. 平衡常数：对某一可逆反应，在一定温度下，无论反应物的起始浓度如何，反应达到平衡状态后，生成物与反应物浓度系数次方的比是一个常数，称为化学平衡常数，用 K 表示。

注意：平衡常数是温度的函数，与浓度无关，在涉及平衡的计算中，温度不变，平衡常数是一个定值，我们常用这个隐藏条件来列方程求未知。

4. 标准平衡常数：是根据标准热力学函数计算得到的平衡常数，又称热力学平衡常数，用 $K^{\ominus}$ 表示。

(1) 每一个可逆反应都有自己的特征平衡常数。

(2) K、$K^{\ominus}$ 越大，表示正反应进行的程度越大，正反应产率越高。

(3) K、$K^{\ominus}$ 是温度的函数，温度一定时，K、$K^{\ominus}$ 与浓度无关。

5. 平衡常数的书写

以如下反应为例：

$$a\mathrm{A}+b\mathrm{B} \Longrightarrow d\mathrm{D}+e\mathrm{E}$$

如果该反应是气相反应，则平衡常数表达式为 $K_p = \dfrac{p_{\mathrm{D}}^{d} \cdot p_{\mathrm{E}}^{e}}{p_{\mathrm{A}}^{a} \cdot p_{\mathrm{B}}^{b}}$。

如果该反应体系是溶液，则平衡常数表达式为 $K_c = \dfrac{[\mathrm{D}]^{d}[\mathrm{E}]^{e}}{[\mathrm{A}]^{a}[\mathrm{B}]^{b}}$。

如果该反应是气相反应，则标准平衡常数表达式为 $K_p^{\ominus} = \dfrac{\left(\dfrac{p_{\mathrm{D}}}{p^{\ominus}}\right)^{d} \cdot \left(\dfrac{p_{\mathrm{E}}}{p^{\ominus}}\right)^{e}}{\left(\dfrac{p_{\mathrm{A}}}{p^{\ominus}}\right)^{a} \cdot \left(\dfrac{p_{\mathrm{B}}}{p^{\ominus}}\right)^{b}}$。

如果该反应体系是溶液，则标准平衡常数表达式为 $K_c^{\ominus} = \dfrac{\left(\dfrac{[\mathrm{D}]}{c^{\ominus}}\right)^{d} \cdot \left(\dfrac{[\mathrm{E}]}{c^{\ominus}}\right)^{e}}{\left(\dfrac{[\mathrm{A}]}{c^{\ominus}}\right)^{a} \cdot \left(\dfrac{[\mathrm{B}]}{c^{\ominus}}\right)^{b}}$。

6. 平衡常数的注意事项

(1) 反应体系中的纯固体、纯液体或稀溶液中的水均不写入标准平衡常数表达式中，既有气体又有液体的反应方程，气体用分压，溶液用浓度。

(2) 平衡常数表达式必须与反应方程式相对应，即使同一反应方程，书写方向不同（逆反应），平衡常数表达式也不同。

(3) 正、逆反应的标准平衡常数数值互为倒数。

(4) 平衡常数只体现反应进行的程度，而不能预示到达平衡所需的时间。

(5) 注意 K 和 k 的区别：K 是平衡常数，表示可进行的程度；k 是反应速率常数，表示反应快慢程度。K 属于热力学范畴，k 属于动力学范畴。

7. 标准摩尔反应吉布斯自由能与标准平衡常数的关系

$$\Delta_{\mathrm{r}}G_{\mathrm{m}}^{\ominus} = -RT\ln K^{\ominus}$$

8. 范特霍夫方程

(1) 不定积分式：$\ln K^{\ominus} = -\dfrac{\Delta_{\mathrm{r}}H_{\mathrm{m}}^{\ominus}}{R}\dfrac{1}{T} + C$。

（2）定积分式：$\ln \dfrac{K_2^{\ominus}}{K_1^{\ominus}} = -\dfrac{\Delta_r H_m^{\ominus}}{R}\left(\dfrac{1}{T_2} - \dfrac{1}{T_1}\right)$。

九、化学平衡移动

1. 平衡移动：外界条件改变，使可逆反应从一种平衡状态向另一种平衡状态转变的过程，叫作化学平衡的移动。

2. 勒夏特列平衡移动原理：如果改变平衡状态的任一条件，如浓度、压力、温度，平衡则向减弱这个改变的方向移动。

3. 浓度对化学平衡的影响

$$Q_c = \dfrac{\left(\dfrac{c_D}{c^{\ominus}}\right)^d \cdot \left(\dfrac{c_E}{c^{\ominus}}\right)^e}{\left(\dfrac{c_A}{c^{\ominus}}\right)^a \cdot \left(\dfrac{c_B}{c^{\ominus}}\right)^b}$$

（1）降低产物浓度或增加反应物浓度，则 $Q_c < K^{\ominus}$，反应向正反应方向移动。

（2）增加产物浓度或降低反应物浓度，则 $Q_c > K^{\ominus}$，反应向逆反应方向移动。

4. 压强对化学平衡的影响

（1）压强对固相或液相的平衡没有影响。

（2）反应前后计量系数相同的气相反应，压强对其平衡也没有影响。

（3）反应前后计量系数不同的气相反应，压强对其平衡的影响与改变反应体系中某物质浓度情况相似。

$$Q_p = \dfrac{\left(\dfrac{p_D}{p^{\ominus}}\right)^d \cdot \left(\dfrac{p_E}{p^{\ominus}}\right)^e}{\left(\dfrac{p_A}{p^{\ominus}}\right)^a \cdot \left(\dfrac{p_B}{p^{\ominus}}\right)^b}$$

① 降低产物压强或增加反应物压强，则 $Q_p < K^{\ominus}$，反应向正反应方向移动。

② 增加产物压强或降低反应物压强，则 $Q_p > K^{\ominus}$，反应向逆反应方向移动。

（4）恒容条件下充入稀有气体等不参与反应的气体，使总压强增大，平衡不移动。这里气体可按浓度考虑，也就是这种情况下，体积不变，气体的物质的量不变、浓度不变，平衡不移动。

（5）如果是容积增大或减小导致的总压强减小或增大，根据勒夏特列平衡移动原理：

① 增大压强，平衡向计量系数减小的方向移动。

② 减小压强，平衡向计量系数增加的方向移动。

5. 温度对化学平衡的影响

改变反应的浓度或压强致使化学平衡移动的原因在于改变了体系的 Q 值，使反应体系偏离平衡态，从而引起化学平衡移动。这种改变不会引起平衡常数 K 的改变。改变反应温度致使化学平衡移动的原因在于改变了反应的平衡常数 K，从而引起化学平衡移动。

（1）升高温度，平衡向吸热方向移动。

（2）降低温度，平衡向放热方向移动。

思维导图

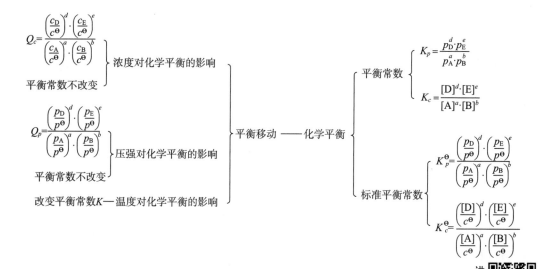

例题讲解

例 7-1 分别写出热力学三大定律的表述。

答 热力学第一定律是能量守恒定律。热力学第二定律有几种表述方式:克劳修斯表述为热量可以自发地从温度高的物体传递到温度低的物体,但不可能自发地从温度低的物体传递到温度高的物体;开尔文-普朗克表述为不可能从单一热源吸取热量,并将这热量完全变为功,而不产生其他影响;熵增表述为孤立系统的熵永不减小。热力学第三定律通常表述为绝对零度时,所有纯物质的完美晶体的熵值为零,或者绝对零度($T=0$ K)不可达到。

例 7-2 在一个 10 L 的密闭容器中,一氧化碳与水蒸气混合加热时,存在以下平衡:

$$CO(g) \;+\; H_2O(g) \rightleftharpoons CO_2(g) + H_2(g)$$

在 800 ℃时,若 $K_c=1$,用 2 mol CO 及 2 mol H_2O 互相混合,加热到 800 ℃,求平衡时各种气体的浓度以及 CO 转化为 CO_2 的百分率。

解

	$CO(g)$	$+$	$H_2O(g) \rightleftharpoons$	$CO_2(g)$	$+$	$H_2(g)$

初始浓度/(mol·L^{-1}): 0.2　　　　0.2　　　　0　　　0

平衡浓度/(mol·L^{-1}): 0.2-x　　　0.2-x　　　x　　　x

$K_c = x^2/(0.2-x)^2 = 1$

解得 $x = [CO_2] = 0.1$ mol·$L^{-1} = [H_2] = [CO] = [H_2O]$

转化率 $\alpha = (0.1/0.2) \times 100\% = 50\%$

例 7-3 已知 1 L 理想气体在 298 K 时,压力为 151 kPa,经等温可逆膨胀,最后体积变为 10 L,计算该过程的 W、ΔH、ΔU、ΔS。

解 $W = -nRT \ln \dfrac{V_2}{V_1} = -p_1 V_1 \ln \dfrac{V_2}{V_1} = -151 \times 1 \times \ln 10 = -348(J)$

因为等温，所以 $\Delta U=0, \Delta H=0$。

$$\Delta S = nR\ln\frac{V_2}{V_1} = \frac{Q_R}{T} = \frac{348}{298} = 1.17(\mathrm{J \cdot K^{-1}})$$

例 7-4 请讨论冷冻干燥技术在制药工艺上的应用。

答 某些生物制品或抗生素等在水溶液中不稳定又不易制得结晶，在制备粉针注射剂时，先将盛有这类药物水溶液的敞口安瓿瓶快速深度冷冻，使水短时间内全部凝结成为冰，同时将系统的压力降至冰的饱和蒸气压以下，使冰升华除去溶剂，封口后便成为可长时间储存的粉针剂。

例 7-5 求 $0.10 \ \mathrm{mol \cdot L^{-1}}$ HCl 和 $0.10 \ \mathrm{mol \cdot L^{-1}}$ H_2S 混合溶液中 S^{2-} 的浓度。

解

$$H_2S \Longrightarrow 2H^+ + S^{2-}$$

$$K = \frac{[H^+]^2[S^{2-}]}{[H_2S]} = 1.0 \times 10^{-19}$$

$$1.0 \times 10^{-19} = \frac{0.10^2 \times [S^{2-}]}{0.1}$$

解得 $[S^{2-}] = 1.0 \times 10^{-18} \ \mathrm{mol \cdot L^{-1}}$

例 7-6 已知反应 $H_2O(g) + CO(g) \Longrightarrow H_2(g) + CO_2(g)$ 在 673 K 时的平衡常数为 9.94。(1) 若 CO 和 H_2O 的起始浓度分别为 $2 \ \mathrm{mol \cdot dm^{-3}}$，计算 $CO(g)$ 在 673 K 时的最大转化率。(2) H_2O 的起始浓度变为 $4 \ \mathrm{mol \cdot L^{-1}}$，CO 的最大转化率为多少？

解 (1) 设平衡时有 $x \ \mathrm{mol \cdot L^{-1}}$ CO 参加了反应。

$$CO(g) + H_2O(g) \Longrightarrow CO_2(g) + H_2(g)$$

初始浓度/$(\mathrm{mol \cdot L^{-1}})$：2.0 　　 2.0 　　 0 　　 0

平衡浓度/$(\mathrm{mol \cdot L^{-1}})$：2.0-x 　 2.0-x 　 x 　　 x

$$K_c^\ominus = \frac{x^2}{(2.0-x)^2} = 9.94$$

解得 $x = 1.52 \ \mathrm{mol \cdot L^{-1}}$

CO 的最大转化率为 $(1.52 / 2.0) \times 100\% = 76\%$

(2) 设平衡时有 $y \ \mathrm{mol \cdot L^{-1}}$ CO 参加了反应。

$$CO(g) + H_2O(g) \Longrightarrow CO_2(g) + H_2(g)$$

起始浓度/$(\mathrm{mol \cdot L^{-1}})$：2.0 　　 4.0 　　 0 　　 0

平衡浓度/$(\mathrm{mol \cdot L^{-1}})$：2.0-y 　 4.0-y 　 y 　　 y

$$K_c^\ominus = \frac{y^2}{(2.0-y)(4.0-y)} = 9.94$$

解得 $y = 1.84 \ \mathrm{mol \cdot L^{-1}}$

CO 的最大转化率为 $(1.84 / 2.0) \times 100\% = 92\%$

例 7-7 已知反应 $N_2(g) + 3H_2(g) \rightleftharpoons 2NH_3(g)$，$\Delta_r H_m^\ominus = -92.2 \text{ kJ} \cdot \text{mol}^{-1}$。298 K 时 $K_{p1}^\ominus = 6.0 \times 10^5$，求 673 K 时 $K_{p2}^\ominus$。

解　$\lg \dfrac{K_{p2}^\ominus}{K_{p1}^\ominus} = \dfrac{\Delta_r H_m^\ominus}{2.303R} \left(\dfrac{T_2 - T_1}{T_1 T_2} \right)$

$\lg \dfrac{K_{p2}^\ominus}{6.0 \times 10^5} = \dfrac{-92.2 \times 10^3 \times (673 - 298)}{2.303 \times 8.314 \times 673 \times 298} = -9.0$

解得 $K_{p2}^\ominus = 6.0 \times 10^{-4}$

练习题

一、判断题

1. 温度一定的时候，平衡常数是一个定值。　　　　　　　　　　（　　）

2. 平衡常数 K 和反应速率常数 k 都是表达反应速率快慢的参数。（　　）

3. 系统的混乱度增加，则其熵值减小。　　　　　　　　　　　　（　　）

4. 处于标准状态的 $CO(g)$ 的标准燃烧热为零。　　　　　　　　（　　）

5. 1 mol 理想气体从同一始态经过不同的循环途径后回到初始状态，其热力学能不变。

　　　　　　　　　　　　　　　　　　　　　　　　　　　　　（　　）

6. 吉布斯自由能判据适用于理想气体的任意过程。　　　　　　　（　　）

7. 热力学第一定律只适用于恒压过程。　　　　　　　　　　　　（　　）

8. 恒容条件下，合成氨反应中加入惰性气体会使平衡向生成氨气方向移动，增大转化率。　　　　　　　　　　　　　　　　　　　　　　　（　　）

9. 可逆过程熵值不变。　　　　　　　　　　　　　　　　　　　（　　）

10. 理想气体绝热可逆膨胀 $\Delta S = 0$。　　　　　　　　　　　　（　　）

11. 若某反应的 $\Delta_r G_m > 0$，可以通过选用合适的催化剂使反应得以进行。（　　）

12. 对于放热反应，升高温度对逆反应有利，同时可使正反应速率降低。（　　）

13. 对于气相反应，恒温恒压下平衡常数不变，所以加入惰性气体后平衡一定不发生移动。　　　　　　　　　　　　　　　　　　　　　　（　　）

二、单项选择题

1. 关于平衡常数，下列说法正确的是　　　　　　　　　　　　（　　）

　　A. 平衡常数是温度的函数

　　B. 反应物浓度增大，反应速率增大，平衡常数增大

　　C. 平衡发生移动，平衡常数必然改变

　　D. 化学反应系数加倍，平衡常数相应加倍

2. 下列过程中，$\Delta U = 0$ 的是　　　　　　　　　　　　　　（　　）

　　A. 气体节流膨胀过程

　　B. 封闭系统的任何可逆过程

　　C. 封闭系统的任何循环过程

　　D. 在密闭的刚性容器中进行的化学反应

3. ΔH 是体系的 　　　　　　　　　　　　　　　　　（　　）

　　A. 反应热　　　　　　B. 吸收的热量　　　C. 焓的变化　　　D. 生成热

4. 1 mol 双原子理想气体的等压热容 C_p 是 　　　　　　　　　　　（　　）

　　A. 1.5R　　　　　　B. 2.5R　　　　　　C. 3.5R　　　　　D. 2R

5. 将 1 mol $H_2O(l)$（100 ℃, 101.325 kPa）置于密闭真空容器中,蒸发为同温同压的水

　　蒸气并达平衡,该过程的 ΔG 　　　　　　　　　　　　　　（　　）

　　A. 大于 0　　　　　　　　　　　　B. 小于 0

　　C. 等于 0　　　　　　　　　　　　D. 不能确定

6. 在体系温度恒定的变化中,体系与环境之间 　　　　　　　　　　　（　　）

　　A. 一定产生热交换　　　　　　　　B. 一定不产生热交换

　　C. 不一定产生热交换　　　　　　　D. 温度恒定与热交换无关

7. 下列说法中,哪一种不正确? 　　　　　　　　　　　　　　　　（　　）

　　A. 焓是体系能与环境进行交换的能量

　　B. 焓是人为定义的一种具有能量量纲的热力学量

　　C. 焓是体系状态函数

　　D. 焓只有在某些特定条件下才与体系吸热相等

8. 在 100 ℃ 和 25 ℃ 之间工作的热机,其最大效率为 　　　　　　　（　　）

　　A. 100%　　　　　　B. 75%　　　　　　C. 25%　　　　　D. 20%

9. 关于化学平衡,下列说法正确的是 　　　　　　　　　　　　　　（　　）

　　A. 化学反应平衡意味着反应停止

　　B. 化学平衡是一种动态平衡,各组分浓度不再改变

　　C. 使用催化剂,转化率升高,但平衡常数不变

　　D. 恒温下平衡常数不变,则平衡一定不发生移动

10. 孤立系统处于平衡态时,熵值 　　　　　　　　　　　　　　　　（　　）

　　A. 最小　　　　　　　　　　　　　B. 不能确定

　　C. 最大　　　　　　　　　　　　　D. 为零

11. 系统经历一个不可逆循环之后 　　　　　　　　　　　　　　　　（　　）

　　A. 系统的熵增加　　　　　　　　　B. 环境的熵增加

　　C. 环境的内能减小　　　　　　　　D. 系统吸收的热量大于对外做的功

12. 水在 101.3 kPa、273 K 时结冰,则 　　　　　　　　　　　　　（　　）

　　A. $\Delta U=0$　　　　　　B. $\Delta H=0$　　　　　C. $\Delta S=0$　　　　D. $\Delta G=0$

13. 一定温度下进行理想气相反应,其平衡常数 K_p 有什么特点? 　　　（　　）

　　A. 为定值　　　　　　　　　　　　B. 先增大后减小

　　C. 随压力而变　　　　　　　　　　D. 与反应器容积有关

14. 对于放热反应 $2A(g)+B(g)\Longleftrightarrow C(g)$,当反应达到平衡时,可通过下列哪种方法使

　　平衡向右移动? 　　　　　　　　　　　　　　　　　　　　　　（　　）

　　A. 降温和减压　　　　　　　　　　B. 升温和增压

　　C. 升温和减压　　　　　　　　　　D. 降温和增压

三、计算题

1. 某系统从环境吸收了 200 J 的热量,热力学能增加了 100 J,判断系统对环境做正功还是负功? 计算功的大小。

2. 在一定压力 p 和温度为 298.2 K 的条件下,1 mol $C_2H_5OH(l)$ 完全燃烧时所做的功是多少?(设体系中气体服从理想气体行为)

参考答案

一、判断题

1. √ 2. × 3. × 4. × 5. √ 6. × 7. √ 8. × 9. × 10. √ 11. ×
12. × 13. ×

二、单项选择题

1. A。平衡常数是温度的函数,反应物浓度不影响平衡常数大小。平衡发生移动并不意味着平衡常数发生改变,一定条件下平衡移动最终还是要达到平衡状态。

2. C。热力学能是一个状态函数,重新回到起点则热力学能改变量为 0,所以封闭系统循环过程热力学能改变量为 0。

3. C。

4. C。

5. C。此过程是可逆的,可逆过程的吉布斯自由能改变量为 0。

6. C。根据热力学第一定律来解。

7. A。$H=U+pV$,焓是由两部分组成的,包含热力学能和体积功,不仅是体系能与环境进行交换的热量。

8. D。根据第二热力学定律:效率 $=1-(25+273)/(100+273)=0.2=20\%$。

9. B。化学平衡是动态平衡,平衡状态下组分浓度不发生变化,因为生成和消耗是同时进行并且速率相等的。平衡常数和平衡移动无关,条件改变,平衡有可能发生移动,但平衡常数是温度的函数,温度不变则平衡常数不变。

10. C。根据熵判据来解。

11. B。

12. D。这是标准状态下的可逆过程。

13. A。理想气相反应,其平衡常数 K_p 是温度的函数。

14. D。对于放热反应,降温平衡向右移动。对于生成物气体分子数小于反应物气体分子数的反应,增压平衡向右移动。

三、计算题:

1. 解:$\Delta U=Q+W$,则 $W=\Delta U-Q=100 \text{ J}-200 \text{ J}=-100 \text{ J}$,所以系统对环境做正功,

大小为 100 J。

2. 解:反应方程为 $C_2H_5OH(l) + 3O_2(g) \longrightarrow 2CO_2(g) + 3H_2O(l)$

这是等温等压下的化学反应,故:

$$W = -p(V_2 - V_1)$$

$$V_1 = \frac{n_1 RT}{p} = \frac{3RT}{p}, V_2 = \frac{n_2 RT}{p} = \frac{2RT}{p}$$

$$W = -p\left(\frac{2RT}{p} - \frac{3RT}{p}\right) = -(2-3) \times RT = RT = 8.314 \times 298.2 = 2\ 479(J)$$

第八章　化学反应速率

内容概要

一、基本概念

1. 化学反应速率：表示化学反应进行快慢程度的标量，用单位时间内反应物浓度的减少或生成物浓度的增加来表示。

2. 反应进度：反应系统中任一物质的物质的量变化除以反应式中该物质的化学计量数。

3. 基元反应：由反应物微粒(分子、原子、离子或自由基等)一步直接生成产物的简单反应称为基元反应。

4. 复杂反应：由多个基元反应组成的反应称为复杂反应。

5. 质量作用定律：在恒温下，基元反应的反应速率正比于各反应物浓度幂的乘积，其中反应物浓度幂的指数即为基元反应方程式中该反应物化学计量数的绝对值。

6. 反应分子数：在基元反应过程中参加实际反应的粒子(分子、原子、离子或自由基等)的数目，反应分子数是整数。

7. 反应级数：速率表达式 $r = kc_A^\alpha c_B^\beta$ 中各反应物浓度项的指数的代数和称为该反应的反应级数。反应级数可以是正数、负数、分数或零。

8. 活化分子：具有较大动能并能够发生有效碰撞的分子称为活化分子。

9. 活化能：活化分子具有的最低能量与反应物分子的平均能量之差为活化能。

二、化学反应速率的表示方法

1. 平均反应速率

平均反应速率表示在一段时间(Δt)内反应物或者生成物浓度的变化，单位为 $mol \cdot L^{-1} \cdot min^{-1}$ 或 $mol \cdot L^{-1} \cdot s^{-1}$。

$$\bar{r} = -\frac{\Delta c_{反应物}}{\Delta t} \quad 或 \quad \bar{r} = \frac{\Delta c_{生成物}}{\Delta t}$$

2. 瞬时反应速率

瞬时反应速率是指缩短时间间隔，令 Δt 趋近于零时的反应速率，单位为 $mol \cdot L^{-1} \cdot min^{-1}$ 或 $mol \cdot L^{-1} \cdot s^{-1}$。

$$r = \lim \frac{-\Delta c}{\Delta t} = -\frac{dc_{反应物}}{dt} \quad 或 \quad r = \lim \frac{\Delta c}{\Delta t} = \frac{dc_{生成物}}{dt}$$

3. 反应进度

对于反应 $aA + bB \longrightarrow gG + hH$

$t = 0$ 时：$\quad n_{A_0} \quad\quad n_{B_0} \quad\quad n_{G_0} \quad\quad n_{H_0}$

$t = t$ 时：$\quad n_A \quad\quad n_B \quad\quad n_G \quad\quad n_H$

则反应进行到 t 时刻的反应进度定义为：

$$\xi = \frac{\Delta n_B}{r_B} = \frac{n_A - n_{A_0}}{-a} = \frac{n_B - n_{B_0}}{-b} = \frac{n_G - n_{G_0}}{g} = \frac{n_H - n_{H_0}}{h}$$

一定条件下,反应时间 t 时,反应进度 ξ 随时间 t 的变化率有唯一的定值。

三、浓度与反应速率的关系

1. 基元反应

对于基元反应 $a A + b B \longrightarrow g G + h H$,一定温度下,其反应速率与各反应物浓度的幂次方乘积成正比,即质量作用定律适用于基元反应。

$$r = k c_A^a c_B^b$$

式中,k 表示反应速率常数,a 表示反应物 A 的反应级数,b 表示反应物 B 的反应级数。

2. 复杂反应

质量作用定律不一定适用于于复杂反应,如 $a A + b B \longrightarrow g G + h H$,其反应速率 $r = k c_A^\alpha c_B^\beta$。

式中,k 表示反应速率常数,其数值与反应物本性、温度、催化剂有关,与浓度无关,相同条件下,k 越大,反应速率越快;α 表示反应物 A 的反应级数,不一定等于 A 的化学计量数 a;β 表示反应物 B 的反应级数,不一定等于 B 的化学计量数 b。

总反应级数 $n = \alpha + \beta$。若 $n = 0$,为零级反应,若 $n = 1$ 为一级反应,依此类推。其值可以是正数、负数、分数。下面将对特殊的零级反应、一级反应、二级反应进行讨论。

3. 零级反应

零级反应是指在一定温度下,反应速率与反应浓度无关的反应,如反应:

$$A \longrightarrow B$$

$$r = -\frac{dc_A}{dt} = k$$

定积分得
$$c_0 - c = kt$$

以浓度对时间作图,得到的直线斜率为 $-k$,k 的量纲为[浓度]·[时间]$^{-1}$。半衰期即反应物浓度消耗一半($c = c_0/2$)所用的时间 $t_{1/2}$。

$$t_{1/2} = \frac{c_0}{2k}$$

4. 一级反应

一级反应是指在一定温度下,反应速率与反应物浓度一次方成正比的反应,如反应:

$$A \longrightarrow B$$

$$r = -\frac{dc_A}{dt} = k c_A$$

定积分得 $\ln \dfrac{c_0}{c} = kt$ 或 $\ln c_0 - \ln c = kt$。

反应物浓度的对数 $\ln c$ 与时间 t 呈直线关系,直线斜率为 $-k$。k 的量纲为[时间]$^{-1}$,与浓度无关。半衰期 $t_{1/2}$ 与 k 成反比,与反应物的起始浓度无关。

$$\ln \frac{c_0}{c_0/2} = kt_{1/2}, \text{即 } t_{1/2} = \frac{\ln 2}{k} = \frac{0.693}{k}$$

5. 二级反应

二级反应是指在一定温度下,反应速率与反应物浓度的二次方成正比的反应,如反应:

(1) $2A \longrightarrow B$;

(2) $A + B \longrightarrow C$, $c_A = c_B$ 时,数学处理与(1)相同。

$$r = -\frac{dc_A}{dt} = kc_A^2$$

定积分得

$$\frac{1}{c} - \frac{1}{c_0} = kt$$

反应物浓度的倒数$(1/c_0)$与时间t呈直线关系,直线斜率为k。k的量纲为[浓度]$^{-1}$·[时间]$^{-1}$。半衰期$t_{1/2}$与k成反比,与反应物初始浓度成反比。

$$\frac{1}{c_0/2} - \frac{1}{c_0} = kt_{1/2}, \quad 即 \quad t_{1/2} = \frac{1}{kc_0}$$

6. 上述三种反应类型归纳

表 8 - 1　零级反应、一级反应、二级反应特征

反应级数	速率方程	积分方程	直线关系	斜率	k 的量纲	半衰期
零级	$r = -\dfrac{dc_A}{dt} = k$	$c_0 - c = kt$	c 对 t	$-k$	[浓度]·[时间]$^{-1}$	$t_{1/2} = \dfrac{c_0}{2k}$
一级	$r = -\dfrac{dc_A}{dt} = kc_A$	$\ln\dfrac{c_0}{c} = kt$	$\ln c$ 对 t	$-k$	[时间]$^{-1}$	$t_{1/2} = \dfrac{\ln 2}{k}$
二级	$r = -\dfrac{dc_A}{dt} = kc_A^2$	$\dfrac{1}{c} - \dfrac{1}{c_0} = kt$	$1/c$ 对 t	k	[浓度]$^{-1}$·[时间]$^{-1}$	$t_{1/2} = \dfrac{1}{kc_0}$

四、影响化学反应速率的内在因素——活化能

碰撞理论:发生化学反应的前提是反应物的分子必须互相碰撞,不发生化学反应的碰撞称为弹性碰撞,能够发生反应的碰撞称为有效碰撞。化学反应速率就由这些分子间有效碰撞的次数所决定。有效碰撞的条件:① 碰撞的两分子具有足够的能量;② 碰撞的两分子具有正确的碰撞方向。具有较高动能、能够发生有效碰撞的分子称为活化分子。活化分子所具有的最低能量与分子的平均能量之差称为活化能。一般来讲,不同反应的活化能不同。活化能越大,活化分子数越少,能发生有效碰撞的次数越少,反应速率越慢。反之,活化能小的化学反应,活化分子数越多,反应速率越快。

过渡态理论:由反应物分子变成生成物分子,中间一定要经过一个过渡态,而形成这个过渡态必须吸收一定的活化能,这个过渡态就称为活化络合物。活化络合物与反应物分子平均能量之差称为活化能。活化能可以被想象为一个能垒,能垒越高,越过能垒的分子数越少,反应速率就越慢;反之反应速率越快。如图8-1所示,活化络合物 $A + BC$ 为反应物,A ---- B ---- C 为络合物,$AB + C$ 为产物,E_a 为活化能,即反应所需的能垒。

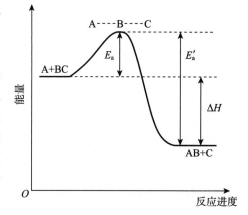

图 8 - 1　反应过程的能量变化

五、温度、活化能与反应速率的影响

温度对化学反应速率的影响表现在速率常数随温度的变化上。对大多数的反应而言,

速率常数增加,反应速率加快。根据碰撞理论,温度升高,分子的动能增加,更多的分子变成活化分子,因而反应速率加快。1889 年,阿仑尼乌斯提出了速率常数 k 与反应温度 T 之间的关系式:

$$k = A\mathrm{e}^{-\frac{E_\mathrm{a}}{RT}} \text{ 或 } \ln k = -\frac{E_\mathrm{a}}{RT} + \ln A$$

式中,A 表示常数,指数前因子或频率因子;E_a 表示反应活化能(J·mol^{-1});R 表示摩尔气体常数(8.314 J mol^{-1}·K^{-1});T 表示热力学温度(K)。

对于某一给定反应,活化能 E_a、R 和 A 是常数,温度 T 越高,k 越大,反应速率越快。

当温度一定时,如反应的 A 值相近,E_a 越大,k 值越小,反应速率越慢。

对于某一反应,$\ln k$ 与 $1/T$ 呈直线关系,直线斜率为 $-E_\mathrm{a}/R$,故 E_a 越大,直线斜率越小。

设某反应在温度 T_1 时反应速率为 k_1,而在温度 T_2 时反应速率为 k_2,又知 E_a 及 A 不随温度改变而改变,则有

$$\ln k_1 = -\frac{E_\mathrm{a}}{RT_1} + \ln A$$

$$\ln k_2 = -\frac{E_\mathrm{a}}{RT_2} + \ln A$$

两式相减得 $\ln \dfrac{k_1}{k_2} = -\dfrac{E_\mathrm{a}}{R}\left(\dfrac{1}{T_1} - \dfrac{1}{T_2}\right)$

利用这一关系通过 T_1、k_1、T_2、k_2 确定反应的活化能 E_a,并计算出 T_3 温度下的反应速率常数 k_3。

思维导图

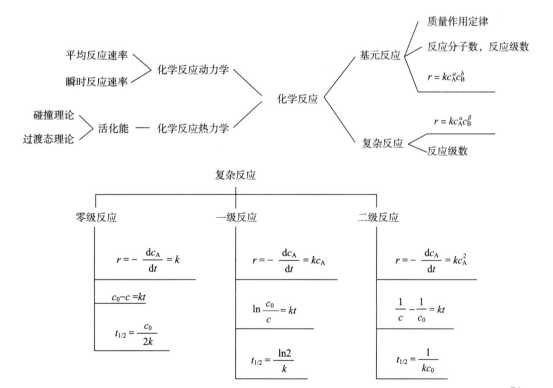

例题讲解

例 8-1 什么叫质量作用定律？在应用该定律时应注意什么？

答 在恒温下,基元反应的反应速率正比于各反应物浓度幂的乘积,其中反应物浓度幂的指数为基元反应方程式中该反应物化学计量数的绝对值。应用时应注意:质量作用定律只适用于基元反应,反应中的固体、纯液体或溶剂浓度不写入反应速率方程式。

例 8-2 如何通过反应速率常数的量纲判断简单反应的级数？

答 零级反应 k 的量纲为[浓度]·[时间]$^{-1}$,如 k 的单位为 mol·L^{-1}·min^{-1} 或 mol·L^{-1}·s^{-1},就可以判断该反应是零级反应;一级反应 k 的量纲为[时间]$^{-1}$,一级反应速率常数量纲与浓度无关,如 k 的单位为 d^{-1},该反应为一级反应;二级反应的量纲为[浓度]$^{-1}$·[时间]$^{-1}$,如 k 的单位为 L·mol^{-1}·min^{-1},该反应为二级反应。

例 8-3 简述碰撞理论和过渡态理论的异同和优缺点。

答 见下表。

类目		碰撞理论	过渡态理论
相同点		活化能越大,反应速率越快	活化能越大,反应速率越快
不同点	活化能定义	分子具有的最低能量与反应物分子平均能量的差值	络合物具有的能量比反应物分子平均能量高出的额外能量
	分子结构	忽略	考虑
	能量种类	动能	势能
	进程	有效碰撞即发生反应	先形成络合物
优点		对阿仑尼乌斯公式中的指数项、指前因子和阈能都赋予了较明确的物理意义,能够解释一些实验事实	原则上提供了一种计算反应速率的方法,只要知道分子的某些基本物理性质,如振动频率、质量、核间距离等,即可求出反应的反应速率常数
缺点		把分子看成没有结构的钢球,模型过于简单,使理论的准确度有一定的局限性	引进的平衡假设和速控步骤假设并不符合所有的实验事实;对复杂的多原子反应,绘制势能面有困难,使理论的应用受到一定的限制

例 8-4 某药在体内的分解速率常数为 0.02 月$^{-1}$,已知其分解 30% 即属失效,求该药的半衰期和保质期。

解 根据 k 的量纲可知该反应为一级反应。

$$t_{1/2} = \frac{\ln 2}{k} = \frac{0.693}{0.02} = 34.7 \text{ 月}$$

将 $c = (1-30\%)c_0$ 代入公式 $\ln \frac{c_0}{c} = kt$:

$\ln \frac{c_0}{0.7c_0} = 0.02\,t$,解得 $t = 18$ 月。

所以该药物的半衰期为 34.7 个月,保质期为 18 个月。

例 8-5　乙酸乙酯在 298 K 时的皂化反应为二级反应:$CH_3COOC_2H_5 + NaOH \Longrightarrow$ $CH_3COONa+C_2H_5OH$。若乙酸乙酯与氢氧化钠的起始浓度均为 $0.01 \ mol \cdot L^{-1}$,反应 20 min 以后,碱的浓度消耗掉 $0.005 \ 66 \ mol \cdot L^{-1}$。试求:(1) 反应的速率常数;(2) 反应的半衰期。

解　(1) 该反应属于二级反应,$\dfrac{1}{c} - \dfrac{1}{c_0} = kt$,$c_0 = 0.01 \ mol \cdot L^{-1}$,$c = 0.01 - 0.005 \ 66 =$ $0.004 \ 34 (mol \cdot L^{-1})$,$t = 20 \ min$,代入得 $k = 6.52 \ L \cdot mol^{-1} \cdot min^{-1}$,注意 k 的量纲。

(2) 半衰期:$t_{1/2} = \dfrac{1}{kc_0} = \dfrac{1}{6.52 \times 0.01} = 15.3 (min)$

例 8-6　338 K 时 N_2O_5 气相分解的速率常数为 $0.29 \ min^{-1}$,活化能为 $103.3 \ kJ \cdot mol^{-1}$,求 353 K 时的速率常数 k 及半衰期 $t_{1/2}$。

解　根据公式 $\ln \dfrac{k_1}{k_2} = -\dfrac{E_a}{R} \left(\dfrac{1}{T_1} - \dfrac{1}{T_2} \right)$,$T_1 = 338 \ K$,$k_1 = 0.29 \ min^{-1}$,$E_a = 103.3 \ kJ \cdot mol^{-1}$,$T_2 = 353 \ K$,解得 $k_2 = 1.392 \ min^{-1}$。

由反应速率常数量纲可知该反应属于一级反应,故:

$$t_{1/2} = \frac{\ln 2}{k_2} = \frac{0.693}{1.392} = 0.497 (min)$$

练习题

一、判断题

1. 一级反应反应速率常数的量纲为 [时间]$^{-1}$。　　　　　　　　　　　　　　( )
2. 反应速率常数 k 是温度的函数,与浓度无关。　　　　　　　　　　　　　( )
3. 催化剂改变了反应途径,降低了活化能,可同时加快正、逆反应速率。　　　( )
4. 催化剂不具有选择性。　　　　　　　　　　　　　　　　　　　　　　　( )
5. 反应分子数就是反应级数。　　　　　　　　　　　　　　　　　　　　　( )

二、单项选择题

1. 某温度下气体 $A(g) \longrightarrow B(g)$,分解的速率常数为 $0.29 \ min^{-1}$,该反应是　( )

   A. 一级反应　　　　　　　　　　　　B. 零级反应

   C. 二级反应　　　　　　　　　　　　D. 不能确定

2. 由实验测得在不同温度下,反应 $S_2O_8^{2-} + 2I^- \Longrightarrow 2SO_4^{2-} + I_2$ 的速率的表达式为

$$-\frac{dc_{S_2O_8^{2-}}}{dt} = kc_{S_2O_8^{2-}} c_{I_2}$$,该反应属于　　　　　　　　　　　　　( )

   A. 零级反应　　　　　B. 一级反应　　　　　C. 二级反应　　　　　D. 不能确定

3. 某反应 $A + 2B \Longrightarrow C$ 的速率 $r = kc_A c_B$,则该反应　　　　　　　　　( )

   A. 反应分子数为 2　　　　　　　　　B. 反应分子数为 3

   C. 反应级数为 2　　　　　　　　　　D. 反应级数为 3

4. 有关碰撞理论,下列说法中不正确的是 （ ）

    A. 升高温度,活化分子百分数增大,发生有效碰撞的概率增大,反应速率增大

    B. 增大反应物浓度,单位体积内活化分子数增多,发生有效碰撞的概率增大,反应速率增大

    C. 具有足够能量的分子相互碰撞就一定能发生化学反应

    D. 催化剂能降低反应的活化能,提高活化分子百分数,使发生有效碰撞的概率增大,反应速率增大

5. 有关反应 $N_2(g)+3H_2(g)\longrightarrow 2NH_3(g)$,加入了铁触媒作为催化剂,大大提高了合成氨生产效率。下列有关催化剂的叙述不正确的是 （ ）

    A. 改变了反应途径   B. 降低了反应活化能

    C. 改变了化学平衡   D. 加快了反应速率

6. 某反应 $A\longrightarrow B$,如果反应物 A 的浓度减少一半,它的半衰期也缩短一半,则该反应的速率常数的量纲为 （ ）

    A. ［浓度］·［时间］$^{-1}$ B. ［时间］$^{-1}$

    C. ［浓度］$^{-1}$·［时间］$^{-1}$ D. ［浓度］

7. 某放射性元素的半衰期为 8 h,则初始浓度为 c_0 的该放射性元素经历 16 h 后浓度变为 （ ）

    A. c_0 B. $2c_0$ C. $1/2c_0$ D. $1/4c_0$

8. 二级反应的半衰期与初始浓度的关系为 （ ）

    A. 无关   B. 与初始浓度成正比

    C. 与初始浓度成反比   D. 与初始浓度平方成正比

9. 已知 330 K 下,某反应速率常数 $k=0.69\ min^{-1}$,其半衰期为 （ ）

    A. 1 min   B. 0.69 min

    C. 1/0.69 min   D. ln 0.69 min

10. 某反应,无论反应物初始浓度为多少,反应时间和温度相同时,反应物消耗的浓度为定值,此反应为 （ ）

    A. 一级反应   B. 零级反应

    C. 负级数反应   D. 二级反应

11. 下列说法正确的是 （ ）

    A. 对于一级反应,其半衰期与反应物的初始浓度有关

    B. 对于二级反应,其半衰期与反应物的初始浓度有关

    C. 半衰期是指完成该反应所需时间的 50%

    D. 任何复杂反应都可以由速率方程式写出反应级数

12. 对于反应级数,下列说法正确的是 （ ）

    A. 只有基元反应的级数是正整数

    B. 反应级数不会小于零

    C. 反应级数可以通过实验测定

    D. 复杂反应的级数无法通过实验测定

三、计算题

1. 环丁烯异构反应在 423 K 时反应速率常数 $k=2.0\times10^{-4}$ s^{-1},气态环丁烯的初始浓度为 2×10^{-3} $mol\cdot L^{-1}$。求:

（1）初始时的反应速率;

（2）该反应的半衰期;

（3）20 min 后环丁烯的浓度。

2. 乙烷裂解制取乙烯的反应如下:$C_2H_6\longrightarrow C_2H_4+H_2$。已知 1 073 K 时的速率常数为 $k=$ 3.43 s^{-1},当乙烷转化率为 50% 和 75% 时分别需要多长时间?

3. 氯乙烷的水解反应为

$$CH_3CH_2Cl+NaOH\longrightarrow CH_3CH_2OH+NaCl$$
  （A）   （B）

已知该反应速率方程为 $-\dfrac{dc_A}{dt}=kc_Ac_B$,315 K 时的反应速率常数为 $k=5.12$ $L\cdot mol^{-1}\cdot h^{-1}$, $c_A=c_B=1.2$ $mol\cdot L^{-1}$,氯乙烷水解 99.5% 可以认为该反应已完全转化。求:

（1）该反应的半衰期 $t_{1/2}$;

（2）氯乙烷完全转化所需的时间。

4. 阿司匹林的水解反应是一级反应,100 ℃时的反应速率常数为 7.92 d^{-1},若反应的活化能为 56.5 $kJ\cdot mol^{-1}$,试计算 17 ℃时阿司匹林水解 30% 所需的时间。

参考答案

一、判断题

1. √。一级反应速率常数量纲为时间的倒数。

2. √。反应速率常数与反应的类型和反应的温度有关,与反应的起始浓度无关。

3. √。催化剂改变了反应途径,降低活化能,加快正、逆反应速率,不改变反应平衡。

4. ×。催化剂具有选择性,如酶催化具有专一性。

5. ×。对于基元反应,反应分子数等于反应级数;对于复杂反应,没有反应分子数的概念。复杂反应级数由实验测定,可以是分数、整数和负数。

二、单项选择题

1. A。速率常数 0.29 min^{-1} 的单位为时间的倒数,该反应为一级反应。

2. C。根据速率表达式 $-\dfrac{dc_{S_2O_8^{2-}}}{dt}=kc_{S_2O_8^{2-}}c_{I_2}$ 可以得出该反应为二级反应。

3. C。根据 $r=kc_Ac_B$,该反应是二级反应。反应分子数是针对基元反应来讲的,题中并未说明该反应是复杂反应还是基元反应。

4. C。根据碰撞理论,当碰撞的分子具有足够能量而且方向和角度合适时才能发生有效碰撞。

5. C。催化剂的加入改变了反应途径,降低了活化能,提高了反应速率,但是不改变反应的平衡。

6. A。浓度减半,半衰期减半,说明半衰期和浓度成正比,该反应特征符合零级反应半衰期公式 $t_{1/2}=\dfrac{c_0}{2k}$,所以其 $c_0-c=kt$,k 的量纲为[浓度]·[时间]$^{-1}$。

7. D。初始浓度为 c_0,16 h 经历了两个半衰期,一个半衰期浓度变为原来的 1/2,第二个半衰期浓度变为原来的 1/4。

8. C。根据二级反应半衰期公式 $t_{1/2}=\dfrac{1}{kc_0}$,可以得出半衰期与浓度成反比。

9. A。根据 $k=0.69$ min^{-1} 可知该反应是一级反应,故 $t_{1/2}=\dfrac{\ln 2}{k}=$ 0.693/0.69 $min^{-1}=1$ min。

10. B。某反应,无论反应物初始浓度为多少,反应时间和温度相同时,反应物消耗的浓度为定值,这是零级反应的特点。

11. B。半衰期是反应物初始浓度消耗 50% 所需的时间,一级反应的半衰期与反应物初始浓度无关。

12. C。基元反应的反应级数是整数,复杂反应的反应级数可以是整数、分数、负数,反应级数可以通过实验测得。

三、计算题

1. 解:(1) 由反应速率常数的单位可知该反应为一级反应。
$$r=kc_0=4.0\times10^{-7}mol \cdot L^{-1} \cdot s^{-1}$$
(2) $t_{1/2}=\ln 2/k=0.693/(2.0\times10^{-4})=3.45\times10^3(s)$

(3) 根据公式 $\ln\dfrac{c_0}{c}=kt$,代入 $c_0=2\times10^{-3}$ mol·L^{-1},$k=2.0\times10^{-4}$ s^{-1},$t=1\ 200$ s,求得 $c=1.6\times10^{-3}$ mol·L^{-1}。

2. 解:(1) 由反应速率常数的单位可知该反应为一级反应。
当乙烷转化率为 50% 时所需时间即半衰期:$t_{1/2}=\ln 2/k=0.69/3.43=0.2(s)$
(2) 当乙烷转化率为 75% 时,$c=0.25c_0$。

根据公式 $\ln\dfrac{c_0}{c}=kt$,代入得 $\ln\dfrac{c_0}{0.25c_0}=3.43t$,得 $t=0.4$ s。

3. 解:(1) 由速率方程可知该反应是二级反应,且 $c_A=c_B=c_0=1.2$ mol·L^{-1}。

$$t_{1/2} = \frac{1}{kc_0} = \frac{1}{5.12 \times 1.2} = 0.16(h)$$

（2）根据二级反应公式 $\frac{1}{c} - \frac{1}{c_0} = kt$，$c = (1 - 99.5\%)c_0 = 0.006 \text{ mol} \cdot \text{L}^{-1}$，求得 $t = 32.4$ h。

4. 解：根据公式 $\ln \frac{k_1}{k_2} = -\frac{E_a}{R} \left(\frac{1}{T_1} - \frac{1}{T_2} \right)$，$k_1 = 7.92 \text{ d}^{-1}$，$T_1 = 373.15$ K，$T_2 = 290.15$ K，$E_a = 56.5 \times 10^3 \text{ J} \cdot \text{mol}^{-1}$，$R = 8.314 \text{ J} \cdot \text{mol}^{-1} \cdot \text{K}^{-1}$，求得 $k_2 = 0.0433 \text{ d}^{-1}$。

根据一级反应公式 $\ln \frac{c_0}{c} = k_2 t$，$k_2 = 0.0433 \text{ d}^{-1}$，$c = 0.7c_0$，得 $t = 8.24$ d。

第九章　电极电位

内容概要

一、基本概念

1. 氧化还原反应是指有电子得失或偏移、元素原子氧化值发生变化的反应。

2. 原电池是指将化学能转化成电能的装置。

3. 原电池中放出电子的电极是负极，接受电子的电极是正极。

4. 氧化值是指该元素原子的表观电荷数。

二、电极组成及类型

1. 金属-金属离子电极

将金属板插入该金属的盐溶液中构成的电极。例如：银电极。

电极组成式：$Ag^+(c)\mid Ag(s)$

电极反应：$Ag^+ + e^- \rightleftharpoons Ag$

2. 金属-金属难溶电解质-阴离子电极

将金属表面涂渍上该金属难溶电解质的固体，然后浸入与该电解质具有相同阴离子的溶液中构成的电极。例如：氯化银电极。

电极组成式：$Cl^-\mid AgCl(s),Ag(s)$

电极反应：$AgCl + e^- \rightleftharpoons Ag + Cl^-$

3. 氧化还原电极

将惰性极板浸入含有同一元素的两种不同氧化值的离子的溶液中构成的电极。例如：将铂片(Pt)插入 Fe^{3+} 及 Fe^{2+} 的溶液。

电极组成式：$Fe^{3+}(c_1),Fe^{2+}(c_2)\mid Pt(s)$

电极反应：$Fe^{3+} + e^- \rightleftharpoons Fe^{2+}$

4. 气体电极

将气体物质通入含有相应离子的溶液中，并用惰性金属作导电极板构成的电极。例如：氢电极。

电极组成式：$H^+(c)\mid H_2(p),Pt(s)$

电极反应：$2H^+ + 2e^- \rightleftharpoons H_2$

三、电池的书写

（1）两个电极组合起来构成原电池。

（2）负极在左，正极在右，离子在中间，导体在外侧。

（3）"（－）"表示负极、"（＋）"表示正极，紧靠金属导电极板书写。

（4）电极和溶液的相界面用"|"表示，两个半电池之间的盐桥用"‖"表示，同一组中的不同物质间用","表示。

（5）当溶液浓度为 $1\ mol\cdot L^{-1}$ 时可不标注。

例如：$Zn + Cu^{2+} \rightleftharpoons Zn^{2+} + Cu$

负极反应：$Zn - 2e^- \rightleftharpoons Zn^{2+}$。电极组成式：$Zn^{2+}(c) \mid Zn(s)$

正极反应：$Cu^{2+} + 2e^- \rightleftharpoons Cu$。电极组成式：$Cu^{2+}(c) \mid Cu(s)$

电池组成式：$(-) Zn(s) \mid Zn^{2+}(c_1) \parallel Cu^{2+}(c_2) \mid Cu(s) (+)$

四、电极电位

电极电位用 φ 表示，具体表示为"$\varphi_{(氧化型/还原型)}$"，单位为伏特（V）。电极电位的绝对值无法测定，通常以标准氢电极的电极电位（规定为 0）为参比测定其相对值。

1. 标准氢电极（SHE）

电极组成式：$H^+(c) \mid H_2(p)$，$Pt(s)$

将镀有一层铂黑的金属铂片浸入 $[H^+] = 1\ mol \cdot L^{-1}$ 的盐酸溶液中，不断通入分压为 $100\ kPa$ 的高纯氢气，使铂黑电极吸附 H_2 至饱和，并与溶液中的 H^+ 建立平衡：$2H^+ + 2e^- \rightleftharpoons H_2$。这时铂片就好像是用氢制成的电极一样。

IUPAC 规定，在 $298.15\ K$，H_2 分压为 $100\ kPa$，$a(H^+) = 1$ 时，标准氢电极 $\varphi^\ominus = 0\ V$。

2. 标准电极电位的测定

可将待测电极与标准氢电极组成电池：$(-)$标准氢电极 $\parallel$ 待测电极$(+)$。测定其电池的电动势，求出待测电极的标准电极电位。

以铜标准电极电位的测定为例，将标准铜电极与标准氢电极组成原电池：$(-)Pt(s)$，$H_2(100\ kPa) \mid H^+(1\ mol \cdot L^{-1}) \parallel Cu^{2+}(1\ mol \cdot L^{-1}) \mid Cu(s)(+)$。测得电池电动势为 $0.341\ 9\ V$，$E^\ominus = \varphi^\ominus(Cu^{2+}/Cu) - \varphi^\ominus(SHE) = \varphi^\ominus(Cu^{2+}/Cu) = 0.341\ 9\ V$。

3. 标准电极电位表

电极反应各物质都处于标准态（热力学上的标准态指溶液浓度为 $1\ mol \cdot L^{-1}$，电极中的气体分压为 $100\ kPa$，推荐温度为 $298.15\ K$）时的电极电位，称为该电极的标准电极电位，用符号 $\varphi^\ominus$ 表示。

（1）标准电极电位是相对于 $\varphi^\ominus(SHE) = 0\ V$ 测得的相对数值。

（2）$\varphi^\ominus$ 为强度性质，反映了氧化还原电对得失电子的倾向。

（3）$\varphi^\ominus$ 与反应计量系数无关，无加和性，与反应式的书写方向无关。

（4）$\varphi^\ominus$ 越大，氧化还原电对中氧化型物质越易得到电子，氧化能力越强。

（5）$\varphi^\ominus$ 越小，氧化还原电对中还原型物质越易失去电子，还原能力越强。

（6）$\varphi^\ominus$ 最强的还原剂是 Li，$\varphi^\ominus$ 最强的氧化剂是 F_2。

（7）$\varphi^\ominus$ 不适用于非水体系及高温下的固相反应。

五、能斯特方程

标准电极电位在标准状态下测定。在非标准状态下可根据能斯特方程来计算。

$$a\,Ox + n\,e^- \rightleftharpoons b\,Red$$

$$\varphi(Ox/Red) = \varphi^\ominus(Ox/Red) + \frac{RT}{nF} \ln \frac{c^a(Ox)}{c^b(Red)}$$

式中，R 表示摩尔气体常数 $8.314\ J \cdot mol^{-1} \cdot K^{-1}$；$F$ 表示法拉第常数 $96\ 485\ C \cdot mol^{-1}$，$T$ 表示热力学温度，单位为 K；n 表示电极反应中转移电子数。

当 $T = 298.15\ K$ 时，代入相关常数值可以得到：

$$\varphi(Ox/Red) = \varphi^{\ominus}(Ox/Red) + \frac{0.059\ 2}{n}\lg\frac{c^a(Ox)}{c^b(Red)}$$

在应用能斯特方程时应注意：

(1) 氧化型、还原型物质为固体或纯液体时，认为其浓度为常数 1，不写入能斯特方程。

(2) 氧化型、还原型物质为气体时，则用相对分压即 $p/p^{\ominus}$ 代入能斯特方程。

(3) 当有 H^+、OH^-、Cl^- 等介质参与电极反应时，浓度必须代入能斯特方程。

反应式中介质处于氧化型一侧，则当作氧化型处理；介质处于还原型一侧，则当作还原型处理。

当氧化还原电对中还原型物质浓度降低或氧化型物质浓度增大时，φ 将增大，氧化型物质氧化能力增强，还原型物质还原能力减弱。当氧化还原电对中氧化型物质浓度降低或还原型物质浓度增大时，φ 将减小，还原型物质还原能力增强，氧化型物质氧化能力减弱。

六、氧化还原平衡

等温等压下自由能的变化(ΔG)<0 是化学反应(包括氧化还原反应)自发进行的条件。等温等压条件下，系统自由能的减少等于体系做的最大有用功(对于电池，为电功)。

$$\Delta_r G_m = -W'_{max} = -nFE_{池}$$

在标准状态下，$\Delta_r G_m^{\ominus} = -nFE_{池}^{\ominus}$

$\Delta_r G_m < 0$，$E > 0$，反应正向自发进行。

$\Delta_r G_m > 0$，$E < 0$，反应逆向自发进行。

$\Delta_r G_m = 0$，$E = 0$，反应达到平衡。

$\lg K^{\ominus} = \dfrac{nE_{池}^{\ominus}}{0.059\ 2}$，氧化还原反应自发进行的方向和程度可以用平衡常数 $K^{\ominus}$ 的大小来衡量。

七、影响电极电势的因素

$$E_{池} = E_{池}^{\ominus} - \frac{RT}{nF}\ln\frac{(c_{Red_1})^g \cdot (c_{Ox_2})^h}{(c_{Ox_1})^a \cdot (c_{Red_2})^b}$$

$$\varphi_{正} = \varphi_{正}^{\ominus} + \frac{RT}{nF}\ln\frac{(c_{Ox_1})^a}{(c_{Red_1})^g}$$

$$\varphi_{负} = \varphi_{负}^{\ominus} + \frac{RT}{nF}\ln\frac{(c_{Ox_2})^h}{(c_{Red_2})^b}$$

$$E(Ox/Red) = E^{\ominus}(Ox/Red) + \frac{RT}{nF}\ln\frac{c^a(Ox)}{c^b(Red)}。$$

浓度、酸度、沉淀剂和难电离的物质对电极电势都有影响。

八、电极电势和电池电动势的应用

(1) 判断氧化还原反应中氧化剂和还原剂的相对强弱(非标准态下)。

(2) 判断氧化还原反应自发进行的方向(非标准态下)。

九、电位法测定溶液的 pH

1. 常用参比电极包括饱和甘汞电极、氯化银电极、pH 指示电极。

2. 元素电势图及其应用

将元素的不同氧化型按氧化值从高到低顺序排列,各氧化型之间用直线连接起来,在直线上方标明两氧化型之间转换的标准电极电势值,即构成该元素的标准电极电势图,简称元素电势图(element potential diagram)。

$$E^{\ominus} = \frac{n_1 E_1^{\ominus} + n_2 E_2^{\ominus} + n_3 E_3^{\ominus} + n_4 E_4^{\ominus}}{n} = \frac{n_1 E_1^{\ominus} + n_2 E_2^{\ominus} + n_3 E_3^{\ominus} + n_4 E_4^{\ominus}}{n_1 + n_2 + n_3 + n_4}$$

思维导图

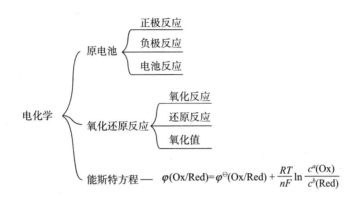

电化学
- 原电池
  - 正极反应
  - 负极反应
  - 电池反应
- 氧化还原反应
  - 氧化反应
  - 还原反应
  - 氧化值
- 能斯特方程 —— $\varphi(\text{Ox/Red}) = \varphi^{\ominus}(\text{Ox/Red}) + \dfrac{RT}{nF} \ln \dfrac{c^a(\text{Ox})}{c^b(\text{Red})}$

讲解视频

例题讲解

例 9-1 写出下画线元素的氧化值。

(1) $H_2\underline{O}_2$　　(2) $K\underline{O}_2$　　(3) $Ca\underline{H}_2$　　(4) $\underline{S}O_4^{2-}$　　(5) $\underline{Mn}O_4^{-}$

答 (1) -1　　(2) $-1/2$　　(3) -1　　(4) $+6$　　(5) $+7$

例 9-2 将反应 $2Fe^{2+}(1.0\ \text{mol} \cdot \text{L}^{-1}) + Cl_2(100\ \text{kPa}) \longrightarrow 2Fe^{3+}(0.10\ \text{mol} \cdot \text{L}^{-1}) + 2Cl^{-}(2.0\ \text{mol} \cdot \text{L}^{-1})$ 设计成原电池,并写出电极组成式、电池组成式。

答 正极反应:$Cl_2 + 2e^- \rightleftharpoons 2Cl^-$。电极组成式:$Pt(s), Cl_2(100\ \text{kPa}) \mid Cl^-(2.0\ \text{mol} \cdot \text{L}^{-1})$
负极反应:$2Fe^{2+} - 2e^- \rightleftharpoons 2Fe^{3+}$。电极组成式:$Pt(s) \mid Fe^{2+}(1.0\ \text{mol} \cdot \text{L}^{-1}), Fe^{3+}(0.10\ \text{mol} \cdot \text{L}^{-1})$
电池组成式:$(-)\ Pt(s) \mid Fe^{2+}(1.0\ \text{mol} \cdot \text{L}^{-1}), Fe^{3+}(0.10\ \text{mol} \cdot \text{L}^{-1}) \parallel Cl^-(2.0\ \text{mol} \cdot \text{L}^{-1}) \mid Cl_2(100\ \text{kPa}), Pt(s)\ (+)$

例 9-3 根据原电池符号,书写正负极反应和电池反应。

$(-)Pt(s), H_2(100\ \text{kPa}) \mid H^+(0.10\ \text{mo} \cdot \text{L}^{-1}) \parallel Cl^-(0.10\ \text{mol} \cdot \text{L}^{-1}) \mid Hg_2Cl_2(s), Hg(+)$

答 负极反应:$H_2 - 2e^- \rightleftharpoons 2H^+$

正极反应:$Hg_2Cl_2 + 2e^- \rightleftharpoons 2Hg + 2Cl^-$

电池反应:$Hg_2Cl_2 + H_2 \Longrightarrow 2Hg + 2HCl$

例 9 - 4 已知 $Fe^{3+} + e^- \rightleftharpoons Fe^{2+}$ $\varphi^{\ominus} = 0.771$ V

$Cu^{2+} + 2e^- \rightleftharpoons Cu$ $\varphi^{\ominus} = 0.34$ V

$Fe^{2+} + 2e^- \rightleftharpoons Fe$ $\varphi^{\ominus} = -0.44$ V

$Al^{3+} + 3e^- \rightleftharpoons Al$ $\varphi^{\ominus} = -1.66$ V

则最强的还原剂是   (   )

A. Fe^{2+} B. Fe   C. Cu   D. Al

答案 D。$\varphi^{\ominus}$ 越小,氧化还原电对中还原型物质越易失去电子,还原能力越强,故选 D。

例 9 - 5 已知 $\varphi^{\ominus}(Fe^{3+}/Fe^{2+}) = 0.771$ V,$\varphi^{\ominus}(I_2/I^-) = 0.5355$ V,试判断在标准状态下,反应 $2Fe^{2+} + I_2 \rightleftharpoons 2Fe^{3+} + 2I^-$ 自发进行的方向。

答 若 $E > 0$,反应正向进行;若 $E < 0$,反应逆向进行。

将反应方程式设计成电池 $2Fe^{2+} + I_2 \rightleftharpoons 2Fe^{3+} + 2I^-$

正极反应:$I_2 + 2e^- \rightleftharpoons 2I^-$ $\varphi^{\ominus}_+ = 0.5355$ V

负极反应:$Fe^{2+} - e^- \rightleftharpoons Fe^{3+}$ $\varphi^{\ominus}_- = 0.771$ V

$E = \varphi^{\ominus}_+ - \varphi^{\ominus}_- = 0.5355 - 0.771 = -0.2355(V) < 0$

所以该反应逆向进行。

例 9 - 6 试计算 298 K 时,$Zn^{2+}(0.01 \text{ mol} \cdot L^{-1})/Zn$ 的电极电位。[已知 $\varphi^{\ominus}(Zn^{2+}/Zn) = -0.7628$ V]

解 $\varphi = \varphi^{\ominus}(Zn^{2+}/Zn) + \dfrac{0.0592}{2} \lg \dfrac{c(Zn^{2+})}{1} = -0.7628 + \dfrac{0.0592}{2} \lg \dfrac{0.01}{1} = -0.822(V)$

例 9 - 7 $MnO_4^- + 8H^+ + 5e^- \rightleftharpoons Mn^{2+} + 4H_2O$,$\varphi^{\ominus} = 1.507$ V。若 MnO_4^-、Mn^{2+} 仍为标准状态,求 298.15 K、pH=6 时此电极的电极电位。

解 $\varphi(MnO_4^-/Mn^{2+}) = \varphi^{\ominus}(MnO_4^-/Mn^{2+}) + \dfrac{0.0592}{5} \lg \dfrac{c(MnO_4^-)c^8(H^+)}{c(Mn^{2+})}$

$= 1.507 + \dfrac{0.0592}{5} \lg c^8(H^+) = 1.507 - \dfrac{0.0592}{5} pH = 0.939(V)$

例 9 - 8 在标准银电极溶液中加入 NaCl,并维持[Cl^-]为 1 mol·L^{-1},求此时的电极电位。[已知 $\varphi^{\ominus}(Ag^+/Ag) = 0.7996$ V,$K_{sp}(AgCl) = 1.77 \times 10^{-10}$]

解 设 $[Ag^+] = x$ mol·L^{-1}。

$AgCl \rightleftharpoons Ag^+ + Cl^-$

           x 1

$K_{sp}(AgCl) = x \cdot 1 = 1.77 \times 10^{-10}$,解得 $x = 1.77 \times 10^{-10}$。

$\varphi(Ag^+/Ag) = \varphi^{\ominus}(Ag^+/Ag) + \dfrac{0.0592}{n} \lg \dfrac{[Ag^+]}{Ag} = 0.7996 + 0.0592 \lg(1.77 \times 10^{-10}) = 0.2223(V)$

例 9-9 在标准氢电极溶液中加入 NaAc,并维持 $[Ac^-]=1\ mol\cdot L^{-1}$,$p(H_2)=100\ kPa$,求此时的电极电位。(已知 $pK_a=4.75$)

解 $HAc \rightleftharpoons H^+ + Ac^-$

$\qquad\qquad\quad 1 \qquad\quad 1$

由 $K_a=\dfrac{[H^+][Ac^-]}{[HAc]}=[H^+]$,可知 $pK_a=pH$

$\varphi(H^+/H_2)=\varphi^{\ominus}(H^+/H_2)+\dfrac{0.059\,2}{2}\lg\dfrac{[H^+]^2}{p(H_2)/p^{\ominus}}=0+0.059\,2\lg[H^+]$

$\qquad\qquad\quad =-0.059\,2\ pH=-0.281(V)$

例 9-10 求 298.15 K 时,$KMnO_4$ 在稀硫酸溶液中与 $H_2C_2O_4$ 反应 $5H_2C_2O_4+2MnO_4^-+6H^+=\!=\!=10CO_2+2Mn^{2+}+8H_2O$ 的平衡常数 $K^{\ominus}$。[酸性条件下 $\varphi^{\ominus}(MnO_4^-/Mn^{2+})=1.507\ V$,$\varphi^{\ominus}(CO_2/H_2C_2O_4)=-0.49\ V$]

解 $\lg K^{\ominus}=\dfrac{nE^{\ominus}}{0.059\,2}=\dfrac{n(\varphi_+^{\ominus}-\varphi_-^{\ominus})}{0.059\,2}=\dfrac{10\times(1.507+0.49)}{0.059\,2}=337.331$

解得 $K^{\ominus}=10^{337}$

练习题

一、填空题

1. 原电池是将_____能转化成_____能的装置。

2. 将化学反应 $Ag^+(c_1)+Cl^-(c_2)=\!=\!=AgCl(s)$ 设计为电池,写出电池的表达式:__

_____。

3. 将氧化还原反应 $Sn^{2+}(c_1)+2Fe^{3+}(c_2)=\!=\!=Sn^{4+}(c_3)+2Fe^{2+}(c_4)$ 设计为电池:____

_____。

二、单项选择题

1. 电极反应 $Pb^{2+}+2e^-=\!=\!=Pb$,$\varphi^{\ominus}=-0.126\,2\ V$,则 ( )

A. Pb^{2+} 浓度增大时,φ 增大 　　　　　　B. Pb^{2+} 浓度增大时,φ 减小

C. 金属铅的量增大时,φ 增大 　　　　　　D. 金属铅的量增大时,φ 减小

2. 已知 $\varphi^{\ominus}(Fe^{3+}/Fe^{2+})=0.77\ V$,$\varphi^{\ominus}(Fe^{2+}/Fe)=-0.41\ V$,$\varphi^{\ominus}(Sn^{4+}/Sn^{2+})=0.15\ V$,$\varphi^{\ominus}(Sn^{2+}/Sn)=-0.14\ V$。在标准状态下,下列几种物质中相对最强的还原剂是 ( )

A. Fe^{2+} 　　　　　B. Sn 　　　　　C. Fe 　　　　　D. Sn^{2+}

3. 已知 $\varphi^{\ominus}(Sn^{2+}/Sn)=-0.137\,5\ V$,$\varphi^{\ominus}(Fe^{3+}/Fe^{2+})=0.771\ V$,$\varphi^{\ominus}(Hg^{2+}/Hg_2^{2+})=0.920\ V$,$\varphi^{\ominus}(Br_2/Br^-)=1.066\ V$,从理论上判断,下列反应不能自发进行的是

( )

A. $2Fe^{2+}+2Hg^{2+}=\!=\!=2Fe^{3+}+Hg_2^{2+}$

B. $Sn+Br_2=\!=\!=2Br^-+Sn^{2+}$

C. $2Hg^{2+}+2Br^-=\!=\!=Hg_2^{2+}+Br_2$

D. $2Fe^{2+}+Br_2=\!=\!=2Fe^{3+}+2Br^-$

4. 已知 $\varphi^{\ominus}(Cl_2/Cl^-)=1.36\ V$,在下列电极反应中,标准电极电势为 $+1.36\ V$ 的是

（　　）

  A. $Cl_2+2e^-\rightleftharpoons 2Cl^-$ B. $2Cl^--2e^-\rightleftharpoons Cl_2$

  C. $1/2\ Cl_2+e^-\rightleftharpoons Cl^-$ D. 以上都对

5. 根据能斯特方程,下列电极反应中,有关离子浓度减小时,电极电势增大的是（　　）

  A. $Sn^{4+}+2e^-\rightleftharpoons Sn^{2+}$ B. $Cl_2+2e^-\rightleftharpoons 2Cl^-$

  C. $Fe-2e^-\rightleftharpoons Fe^{2+}$ D. $2H^++2e^-\rightleftharpoons H_2$

6. 铜电极反应为 $Cu^{2+}+2e^-\rightleftharpoons Cu$。通入 H_2S 气体时,该电极电势 （　　）

  A. 增大   B. 减小   C. 不变   D. 无法判断

7. 随着 pH 的增大,下列电极反应所对应的电极电势减小的是 （　　）

  A. $2H^++2e^-\rightleftharpoons H_2$ B. $Cl_2+2e^-\rightleftharpoons 2Cl^-$

  C. $Fe-2e^-\rightleftharpoons Fe^{2+}$ D. $AgCl+e^-\rightleftharpoons Ag^++Cl^-$

8. 已知 $K_{sp}(AgI)<K_{sp}(AgBr)<K_{sp}(AgCl)$,则电极反应 $Ag^++e^-\rightleftharpoons Ag$ 中加入同浓度的阴离子,电极电势下降最大的是 （　　）

  A. I^- B. Br^- C. Cl^- D. 无法比较

三、判断题

1. 标准电极电势和标准平衡常数一样,都与反应方程式的化学计量数有关。 （　　）

2. 电池标准电动势越大,氧化还原能力越强,反应速率越大。 （　　）

3. 氧化还原反应总是自发由较强氧化剂与较强还原剂相互作用,向生成较弱氧化剂和较弱还原剂的方向进行。 （　　）

4. 经测定,标准氢电极的标准电极电势为 $0\ V$。 （　　）

四、简答题

写出下列化合物下画线的元素的氧化值:

(1) $\underline{S}O_3$ (2) $Na_2\underline{O}_2$ (3) $Na_2\underline{S}_2O_3$ (4) $K\underline{Mn}O_4$ (5) $K_2\underline{Cr}_2O_7$

五、计算题

1. 试计算 $298\ K$ 时,$Zn^{2+}(0.01\ mol\cdot L^{-1})/Zn$ 的电极电势。[已知 $\varphi^{\ominus}(Zn^{2+}/Zn)=-0.762\ 8\ V$]

2. 试计算 $298\ K$、$[Fe^{3+}]=1\ mol\cdot L^{-1}$、$[Fe^{2+}]=0.000\ 1\ mol\cdot L^{-1}$ 时,Fe^{3+}/Fe^{2+} 的电极电势。[已知 $\varphi^{\ominus}(Fe^{3+}/Fe^{2+})=0.771\ V$]

3. 计算在 298 K 时,反应 $Ce^{4+} + Fe^{2+} \Longrightarrow Fe^{3+} + Ce^{3+}$ 的 $K^{\ominus}$。[已知 $\varphi^{\ominus}(Fe^{3+}/Fe^{2+}) = 0.771 \text{ V}, \varphi^{\ominus}(Ce^{4+}/Ce^{3+}) = 1.61 \text{ V}$]

4. 已知在酸性条件下,有原电池 $(-) Pt(s) \mid Sn^{4+}(0.1 \text{ mol} \cdot L^{-1})$, $Sn^{2+}(0.01 \text{ mol} \cdot L^{-1}) \parallel Ag^{+}(0.001 \text{ mol} \cdot L^{-1}) \mid Ag(s)(+)$。已知 $\varphi^{\ominus}(Sn^{4+}/Sn^{2+}) = 0.154 \text{ V}, \varphi^{\ominus}(Ag^{+}/Ag) = 0.799 \text{ V}$。

(1) 写出此原电池的电极反应和电池反应;

(2) 求此原电池的 $E^{\ominus}$ 及标准平衡常数 $K^{\ominus}$;

(3) 求此电池的 E。

参考答案

一、填空题

1. 化学,电

2. 正极:$Ag^{+} + e^{-} \Longrightarrow Ag$。电极组成式:$Ag(s) \mid Ag^{+}(c_1)$

负极:$Ag - e^{-} + Cl^{-} \Longrightarrow AgCl$。电极组成式:$Ag(s), AgCl(s) \mid Cl^{-}(c_2)$

电池组成式:$(-)Ag(s), AgCl(s) \mid Cl^{-}(c_2) \parallel Ag^{+}(c_1) \mid Ag(s)(+)$

3. 正极:$Fe^{3+} + e^{-} \Longrightarrow Fe^{2+}$。电极组成式:$Pt(s) \mid Fe^{3+}(c_2), Fe^{2+}(c_4)$

负极:$Sn^{2+} - 2e^{-} \Longrightarrow Sn^{4+}$。电极组成式:$Pt(s) \mid Sn^{2+}(c_1), Sn^{4+}(c_3)$

电池组成式:$(-)Pt(s) \mid Sn^{2+}(c_1), Sn^{4+}(c_3) \parallel Fe^{3+}(c_2), Fe^{2+}(c_4) \mid Pt(s)(+)$

二、单项选择题

1. A。根据能斯特方程,氧化型物质的浓度越高,电极电势越高,所以 Pb^{2+} 浓度越高,电极电势越高。纯固体浓度看作1,浓度不变。

2. C。标准态下电极电势越高,说明氧化型物质的氧化性越强;标准态下电极电势越低,说明还原型物质的还原性越强。

3. C。假设反应能够正向进行,$2Hg^{2+} + 2Br^{-} \Longrightarrow Hg_2^{2+} + Br_2$,根据负极氧化、正极还原可以判定负极电对为 Br_2/Br^{-},正极电对为 Hg^{2+}/Hg_2^{2+},电池的电动势为 $E = \varphi_{+}^{\ominus} - \varphi_{-}^{\ominus} = 0.920 - 1.066 = -0.146(V) < 0$,所以反应不能正向进行,假设错误。

4. D。标准电极电势 $\varphi^{\ominus}(Cl_2/Cl^{-}) = 1.36 \text{ V}$,与反应方程式化学计量数无关。

5. B。根据能斯特方程,氧化型物质的浓度增加,电极电势增加,还原型物质的浓度减小,电极电势也增加。根据 $2Cl^{-} - 2e^{-} \Longrightarrow Cl_2$,氧化型物质是 Cl_2,还原型物质是 $2Cl^{-}$,减小 Cl^{-} 离子的浓度即减小了还原型物质的浓度,电极电势增加。

6. B。通入的 H_2S 气体与 Cu^{2+} 反应生成 CuS 沉淀,减小了 Cu^{2+} 的浓度,根据能斯特方程,电极电势将降低。

7. A。pH 增大,氢离子浓度减小,根据能斯特方程,氢电极电势将降低。选项 B、C、D 的电极反应不涉及氢离子。

8. A。K_{sp} 值越小,说明同浓度条件下银离子沉淀越完全,银离子浓度越小,电极电势越小。

三、判断题

1. ×。标准电极电势与化学计量数无关。

2. ×。电池标准电势越大,氧化还原能力越强,但反应速率不一定越大。

3. √。氧化还原反应中总是存在如下关系:强氧化剂＋强还原剂 $\longrightarrow$ 弱氧化剂＋弱还原剂。

4. ×。为了测定其他电极电势,所以人为规定标准氢电极的标准电极电势为 0 V。

四、简答题

(1) ＋6　(2) －1　(3) ＋2　(4) ＋7　(5) ＋6

五、计算题

1. 解:$\varphi(Zn^{2+}/Zn) = \varphi^{\ominus}(Zn^{2+}/Zn) + \dfrac{0.059\,2}{2}\lg\dfrac{[Zn^{2+}]}{1}$

$= -0.762\,8 + \dfrac{0.059\,2}{2}\lg 0.01 = -0.882(V)$

2. 解:$\varphi(Fe^{3+}/Fe^{2+}) = \varphi^{\ominus}(Fe^{3+}/Fe^{2+}) + \dfrac{0.059\,2}{1}\lg\dfrac{[Fe^{3+}]}{[Fe^{2+}]}$

$= 0.771 + 0.059\,2\lg\dfrac{1}{0.000\,1} = 1.01(V)$

3. 解:$\lg K^{\ominus} = \dfrac{nE^{\ominus}}{0.059\,2} = \dfrac{n(\varphi_+^{\ominus} - \varphi_-^{\ominus})}{0.059\,2} = \dfrac{1\times(1.61 - 0.771)}{0.059\,2} = 14.17$

解得 $K^{\ominus} = 1.48\times10^{14}$

4. (1) 解:正极反应:$Ag^+ + e^- \Longleftrightarrow Ag$

负极反应:$Sn^{2+} - 2e^- \Longleftrightarrow Sn^{4+}$

电池反应:$2Ag^+ + Sn^{2+} \Longleftrightarrow 2Ag + Sn^{4+}$

(2) $E^{\ominus} = \varphi^{\ominus}(Ag^+/Ag) - \varphi^{\ominus}(Sn^{4+}/Sn^{2+}) = 0.645\ V$

$\lg K^{\ominus} = \dfrac{nE^{\ominus}}{0.059\,2} = \dfrac{2\times0.645}{0.059\,2} = 21.79$

解得 $K^{\ominus} = 6.17\times10^{21}$

(3) $\varphi_+(Ag^+/Ag) = \varphi^{\ominus}(Ag^+/Ag) + 0.059\,2\lg 0.001 = 0.621\,4(V)$

$\varphi_-(Sn^{4+}/Sn^{2+}) = \varphi^{\ominus}(Sn^{4+}/Sn^{2+}) + 0.059\,2/2\lg(0.1/0.01) = 0.184(V)$

$E = \varphi_+(Ag^+/Ag) - \varphi_-(Sn^{4+}/Sn^{2+}) = 0.437\,4(V)$

第十章　原子结构和元素周期律

内容概要

一、基本概念

1. 能量量子化：1900 年，普朗克(Planck)提出了能量量子化的概念。他认为黑体辐射频率为 ν 的能量是不连续的，只能是 $h\nu$ 的整数倍。h 称为普朗克常数，它的值约为 6.626×10^{-34} J·s。

2. 量子数：有四个量子数，薛定谔方程的解为系列合理解，每个解都有一定的能量与其对应，同时每个解都要受到三个常数 (n,l,m) 的限定，即为量子数。

3. 主量子数：主量子数 n 反映了电子在核外空间出现概率最大的区域离核的远近，这些区域俗称为电子层。主量子数 n 是决定核外电子能量的主要因素。n 取值为非零正整数，即 $n=1、2、3\cdots$。n 值相同的电子称为同层电子。当 $n=1、2、3、4\cdots$ 时，用对应的光谱学符号 K、L、M、N$\cdots$ 来表示。对于单电子原子，n 是决定其电子能量的唯一因素。

4. 轨道角动量量子数：轨道角动量量子数 l 决定原子轨道和电子云的形状。在多电子原子中配合主量子数 n 一起决定电子的能量。l 取值为 $0、1、2、3\cdots(n-1)$，共可取 n 个值。同一电子层中的电子可分为若干个能级(亚层)，l 决定了同一电子层中不同亚层。

5. 简并轨道：$n、l$ 相同的原子轨道称为简并轨道或等价轨道。

6. 磁量子数：磁量子数 m 决定原子轨道和电子云在空间的伸展方向，与轨道和电子的能量无关。m 取值为 $0、\pm1、\pm2、\pm3\cdots\pm l$，共 $2l+1$ 个数值。s、p、d、f 轨道依次有 1、3、5、7 种取向。$n、l$ 相同，m 可取 $2l+1$ 个数值，因此有 $2l+1$ 个简并轨道。

7. 自旋角动量量子数：自旋角动量量子数 s 表示顺时针和逆时针两种自旋运动。s 取值为 $+1/2$ 和 $-1/2$，通常也可分别用符号↑和↓表示。同一原子轨道最多只能容纳自旋方向相反的两个电子，它们具有相同的能量。

8. 电子云：物理学中的一个概念，即将空间各处电子出现的概率密度 $|\psi|^2$ 的大小用疏密程度不同的黑点表示。电子云是概率密度的形象化描述。

9. 能量最低原理：当多电子原子处于基态时，核外电子的填充按照鲍林(Pauling)能级图的次序优先分布在能量最低的轨道，然后依次填入能量较高的轨道，以使整个原子系统能量最低、最稳定。

10. 泡利不相容原理：在同一原子中不会出现运动状态(4 个量子数)完全相同的两个电子，同一原子轨道中最多只能容纳两个自旋方向相反的电子。

11. 洪特规则：电子在能级相同的原子轨道(等价轨道或简并轨道)上分布时，总是尽可能以自旋平行的方式分占不同的轨道。

12. 洪特规则的补充：等价轨道处于全充满(p^6、d^{10}、f^{14})、半充满(p^3、d^5、f^7)或全空(p^0、d^0、f^0)的状态时，能量较低、较稳定。

13. 原子实：内层电子已填充满至稀有气体元素电子层结构的部分，用稀有气体元素符号加方括号表示。

14. 电负性:分子中原子吸引电子的能力。

15. 徐光宪规则:我国徐光宪教授提出了轨道能级高低的计算标准,即 $n + 0.7l$ 值愈大,能级愈高。

二、玻尔的氢原子理论模型

1. 定态假设:核外电子运动有一定的轨道,在此轨道上运动的电子既不放出能量也不吸收能量,称为定态。

2. 量子化条件假设:在一定轨道上运动的电子具有一定的角动量和能量,这个角动量和能量只能取某些量子化的条件所决定的数值。

3. 跃迁规则:电子吸收光子就会跃迁到能量较高的激发态;反之,激发态的电子会放出光子,返回基态或能量较低的激发态。电子吸收或放出光子的能量为跃迁前后两个能级的能量之差。

4. 玻尔理论的优缺点

(1) 优点:指出原子结构量子化的特性,用量子化解释了原子结构和氢光谱的关系;成功解释了氢原子及类氢离子线状光谱,误差在千分之一以下。

(2) 缺点:未能完全摆脱经典物理的束缚,无法解释多电子系统和原子光谱的精细结构。

三、氢原子的量子力学模型

1. 电子波:用弱的电子流使电子一个个地通过晶体光栅或者使某个电子反复通过晶体光栅而到达底片,足够长时间后,也有相同的衍射图形。说明电子衍射不是电子与电子之间相互作用的结果,而是电子本身运动所具有的规律性,而且是和电子运动规律的统计性联系在一起的。所以电子波又称统计波或概率波。

2. 不确定原理:无法同时准确测定微观粒子的位置和动量。

$$\Delta x \cdot \Delta p_x \geqslant \frac{h}{4\pi}$$

3. 薛定谔方程:

$$\frac{\partial^2 \psi}{\partial x^2} + \frac{\partial^2 \psi}{\partial y^2} + \frac{\partial^2 \psi}{\partial z^2} + \frac{8\pi^2 m}{h^2}(E-V)\psi = 0$$

式中,x、y、z 表示电子的空间坐标;m 表示电子的质量;V 表示电子的势能;E 表示电子的总能量;ψ 是方程的函数解,称为波函数。

薛定谔方程的物理意义:

(1) ψ 是描述氢原子核外运动状态的数学函数,称为波函数,是薛定谔方程的合理解,无明确的物理意义。

(2) $|\psi|^2$ 表示在空间某处电子出现的概率密度,即该点周围微单位体积内电子出现的概率。

4. 电子运动的特征

(1) 电子具有波粒二象性,它具有质量、能量等粒子特征,又具有波长这样的波的特征。电子的波动性与其运动的统计规律相联系,电子波是概率波。

(2) 电子等微观粒子不能同时测准它的位置和动量,不存在确定的运动轨道。电子在核外空间的分布体现为其出现的概率的大小,有的地方其出现的概率小,有的地方其出现的概率大。

（3）电子的运动状态可用波函数 ψ 和其相应的能量来描述。波函数 ψ 是薛定谔方程的合理解,表示概率密度。

（4）每一 ψ 对应一个确定的能量值,称为"定态"。电子的能量具有量子化的特征,是不连续的。处于基态时能量最小,处于激发态时能量高。

5. 四个量子数:薛定谔方程的解为系列合理解,每个解都有一定的能量与其对应,同时每个解 ψ 都要受到三个常数 (n,l,m) 的限定,即为量子数。

（1）量子数是一些不连续的、分立的数值,它的增减只能是 1 的整数倍,体现了某些物理量的不连续变化,称为量子化。

（2）求解氢原子的薛定谔方程能自然得到 n、l、m。

（3）n、l、m 的取值和组合一定时 ψ 才能合理存在,因此三个合理量子数取值的组合就可以确定一个波函数。

（4）n、l、m 这三个量子数的组合有一定的规律,并且有与之相对应的波函数 $\psi_{n,l,m}$。

（5）由 n、l、m 三个量子数的合理组合可以描述出一个原子轨道。

（6）由 n、l、m、s 四个量子数的合理组合可以描述出原子核外一个电子的运动状态。

6. 氢原子波函数

氢原子波函数 $\psi_{n,l,m}(r,\theta,\varphi)$ 可分为两部分:

$$\psi_{n,l,m}(r,\theta,\varphi)=R_{n,l}(r)\cdot Y_{l,m}(\theta,\varphi)$$

$R_{n,l}(r)$ 是由 n 和 l 确定的只与半径 r 有关的函数,称为径向波函数;$Y_{l,m}(\theta,\varphi)$ 是由 l 和 m 确定的与方位角 θ、φ 有关的函数,称为角度波函数。

（1）波函数(原子轨道)的角度分布图

绘制原子轨道角度波函数 $Y(\theta,\varphi)$ 随角度 (θ,φ) 变化的图形,即得原子轨道的角度分布图。

$Y_{l,m}(\theta,\varphi)$ 仅与方位角有关,与距离核远近 r 无关。不论 n 为何值,只要 l、m 相同,$Y_{l,m}(\theta,\varphi)$ 的图形都是一样的。

关于"＋/－"的说明:来自计算中角度取值的不同,不反映电荷或者方向的正负,反映了电子的波动性。

（2）电子云的角度分布图

电子云:将空间各处电子出现的概率密度 $|\psi|^2$ 的大小用疏密程度不同的黑点表示,是概率密度的形象化描述。

注意:小黑点不代表电子。单个小黑点并无实际意义,通常用其疏密程度判断电子出现的概率密度,是一种形象化描述。

将电子云所表示的概率密度相同的各点连成曲面,称为等密度面。界面以内电子出现概率为 90% 的等密度面图形称为电子云的界面图。

（3）波函数(原子轨道)的径向分布图

$$D(r)=R_{n,l}^2(r)4\pi r^2$$

径向分布函数的讨论:

① 反映了电子的波动性,说明其运动没有确定的轨道。

② 不同电子状态具有不同的峰数,峰数为($n-l$)个。

③ 2s 和 2p,3s、3p 和 3d 都有半径相似的概率最大峰,因此从径向分布的意义来看,核外电子是分层排布的。

④ l 相同时,n 越小,主峰离核越近,能量越低。

⑤ n 相同时,l 越小,第一峰离核越近,电子钻穿能力越强,相应轨道能量越低。

⑥ 钻穿能力从强到弱的顺序是 ns$>$$np>$$nd>$$n$f。

四、电子排布与电子组态

电子排布的三个规则:能量最低原理、泡利不相容原理、洪特规则。

三个规则都围绕能量最低原理。我国徐光宪教授提出了轨道能级高低的计算标准,即 $n+0.7l$ 值愈大,能级愈高。

能级组					$n + 0.7l$				组内电子数
Ⅰ	1s				1.0				2
Ⅱ	2s	2p			2.0	2.7			8
Ⅲ	3s	3p			3.0	3.7			8
Ⅳ	4s	3d	4p		4.0	4.4	4.7		18
Ⅴ	5s	4d	5p		5.0	5.4	5.7		18
Ⅵ	6s	4f	5d	6p	6.0	6.1	6.4	6.7	32

$n + 0.7l$ 值整数部分相同的能级为同一能级组,$n + 0.7l$ 值愈大,轨道能级愈高。

电子组态的写法:

电子排布式即电子组态,仅表现电子层结构而不表示填充顺序,也就是按电子层数由小到大排列。

原子实用稀有气体元素符号加方括号表示。

针对金属阳离子的电子组态的写法:

原子失电子顺序:先失去最外层电子,并不是填充电子的逆顺序。

五、元素周期律

元素周期律:随着原子序数的递增,元素性质呈现周期性变化的规律。

元素周期表:随着核电荷数的递增,原子的电子组态出现了周期性的变化,而元素的性质随之呈现周期性变化的规律称为元素周期律,其表现形式通常汇总为元素周期表。

元素所在的周期数等于该元素的电子层数。

周期数＝最外电子层的主量子数 n。

各周期元素的数目等于相应能级组中原子轨道所能容纳的电子总数。

1. 原子半径

原子半径:共价半径、范德华半径、金属半径。

原子半径随原子序数的增加呈现周期性变化。

同一主族元素,原子半径由上至下增大。

同一副族元素,原子半径由上至下增大,但幅度较小。

镧系收缩使第 5、6 周期同族元素原子半径接近。

同一周期元素,原子半径由左至右减小。

2. 电离能:元素的气态电中性基态原子失去一个电子成为带一个正电荷的气态正离子

所需要的能量称第一电离能(I_1)。

同一周期:主族元素从左至右,r 减小,I 增大;过渡元素从左至右,r 减小缓慢,I 略有增大。

同一族:从上至下,r 增大,I 依次减小。

3. 电子亲和能: 元素的气态电中性原子在基态时得到一个电子成为 -1 价气态负离子所放出的能量称为第一电子亲和能。

同一周期:从左至右,半径减小,总的趋势是电子亲和能增大。

同一主族:从上至下,半径增大,总的趋势是电子亲和能减小。

4. 电负性: 分子中原子吸引电子的能力。

同一周期:从左至右,元素电负性增大[$\chi(F)=3.98$]。

同一主族:从上至下,元素电负性减小[$\chi(Cs)=0.79$]。

5. 氧化态

(1) 正氧化态

绝大多数元素的最高正氧化态等于它所在的族数,但是也有到不了族数的,如 F 只有负价。又如第 6 周期 Hg、Tl、Pb、Bi 最稳定的氧化态不是族序数,而分别是 0、+1、+2、+3,此时它们的原子正好呈 $6s^2$ 构型,这被称为 $6s^2$ 惰性电子对效应。

(2) 负氧化态

非金属普遍能呈现负氧化态。过去一度认为金属不能呈现负氧化态,但是在 $Mn_2(CO)_{10}$ 中锰为 0 价,在 $[Mn(CO)_5]^-$ 中锰为 -1 价。

思维导图

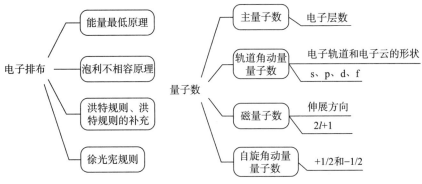

讲解视频

例题讲解

例 10-1 写出 $_7N$ 的原子轨道方框图和电子组态。

电子组态:$1s^2 2s^2 2p^3$

原子轨道方框图:
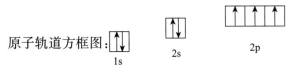

例 10 - 2 写出 $_{27}$Co 的电子组态。

答 $1s^2 2s^2 2p^6 3s^2 3p^6 3d^7 4s^2$

解析 首先按能级高低顺序由低到高排布,即为 $1s^2 2s^2 2p^6 3s^2 3p^6 4s^2 3d^7$。根据徐光宪规则,3d 能量高于 4s,所以优先 4s 轨道先排 2 个,然后剩余的 7 个电子排到 3d 轨道上面;下面再按照电子层来书写成 $1s^2 2s^2 2p^6 3s^2 3p^6 3d^7 4s^2$。也可书写为[Ar]$3d^7 4s^2$。

例 10 - 3 写出 $_{24}$Cr 的电子组态。

答 $1s^2 2s^2 2p^6 3s^2 3p^6 3d^5 4s^1$

解析 首先按能级高低顺序由低到高排布,即为 $1s^2 2s^2 2p^6 3s^2 3p^6 4s^1 3d^5$。这里有一个常见错误,就是排成 $1s^2 2s^2 2p^6 3s^2 3p^6 4s^2 3d^4$。根据徐光宪规则,3d 能量高于 4s,所以优先 4s 轨道先排 2 个,然后剩余的 4 个电子排到 3d 轨道上,但是这样并没有做到能量最低。根据补充规则等价轨道处于全充满(p^6、d^{10}、f^{14})、半充满(p^3、d^5、f^7)或全空(p^0、d^0、f^0)的状态是能量较低的稳定状态,所以要排成 $1s^2 2s^2 2p^6 3s^2 3p^6 4s^1 3d^5$,然后再按照电子层来书写成 $1s^2 2s^2 2p^6 3s^2 3p^6 3d^5 4s^1$。也可书写为[Ar]$3d^5 4s^1$。

例 10 - 4 分别写出 Fe、Fe^{2+} 的电子组态

答 Fe 的电子组态为 $1s^2 2s^2 2p^6 3s^2 3p^6 3d^6 4s^2$ 或者[Ar]$3d^6 4s^2$,Fe^{2+} 的电子组态为 $1s^2 2s^2 2p^6 3s^2 3p^6 3d^6 4s^0$ 或者[Ar]$3d^6 4s^0$。

解析 首先 Fe 按能级高低顺序由低到高排布,即为 $1s^2 2s^2 2p^6 3s^2 3p^6 4s^2 3d^6$。根据徐光宪规则,3d 能量高于 4s,所以优先 4s 轨道先排 2 个,然后剩余的 6 个电子排到 3d 轨道上面;下面再按照电子层来书写成 $1s^2 2s^2 2p^6 3s^2 3p^6 3d^6 4s^2$。也可书写为[Ar]$3d^6 4s^2$。$Fe^{2+}$ 的电子组态为 $1s^2 2s^2 2p^6 3s^2 3p^6 3d^6 4s^0$ 或者[Ar]$3d^6 4s^0$,这里要注意,Fe^{2+} 的电子排布要先按其原子排布,之后再按照最外层失电子原则来失掉电子,而不能直接看核外电子数来排,否则 Fe^{2+} 电子组态就与 Cr 一致了。

例 10 - 5 轨道运动状态为 ψ_{2p_z},可用来描述的量子数为 （　　）

    A. $n=1, l=0, m=0$;   B. $n=2, l=1, m=0$

    C. $n=2, l=2, m=0$;   D. $n=1, l=2, m=1$

答案 B。

例 10 - 6 下列各组量子数,哪些不合理?

    (1) $n=2, l=1, m=0$

    (2) $n=2, l=0, m=-1$

    (3) $n=2, l=2, m=-1$

    (4) $n=2, l=3, m=2$

    (5) $n=3, l=1, m=1$

    (6) $n=3, l=-1, m=-1$

答案 (2)、(3)、(4)、(6)。

例 10-7　已知某元素的原子序数为 25,试写出该元素原子的电子排布式,并指出该元素在周期表中所属周期、族和区。

　　答　$1s^2 2s^2 2p^6 3s^2 3p^6 3d^5 4s^2$ 或 $[Ar]3d^5 4s^2$。第 4 周期ⅦB族,位于 d 区。

　　解析　最外层电子主量子数 $n=4$,它属于第 4 周期的元素;最外层电子和次外层 d 电子总数为 7,所以它位于ⅦB族;3d 电子未充满,它应属于 d 区元素。

练习题

一、判断题

1. 元素的电负性值越大,其金属性越弱,非金属性越强。　　　　　　　　　（　　）
2. 电子云是描述核外某空间电子出现的概率密度的概念。　　　　　　　　（　　）
3. 原子轨道的形状由量子数 l 决定,轨道的空间伸展方向由 m 决定。　　（　　）
4. 电子云图中每一个小黑点代表一个电子。　　　　　　　　　　　　　　（　　）
5. 根据洪特规则,在等价轨道中,电子尽可能分占不同的轨道且自旋方向相反。

　　　　　　　　　　　　　　　　　　　　　　　　　　　　　　　　　（　　）
6. 因为主量子数决定能量,所以 4s 轨道能量要高于 3d 轨道能量。　　　（　　）
7. 一组 n、l 可以表示一个原子轨道。　　　　　　　　　　　　　　　　（　　）
8. 3p 含有 3 个简并轨道。　　　　　　　　　　　　　　　　　　　　　　（　　）
9. 2p 含有 2 个简并轨道。　　　　　　　　　　　　　　　　　　　　　　（　　）
10. 一组 n、l、m 可以表示一个原子轨道。　　　　　　　　　　　　　（　　）
11. 一组 n、l、m 可以表示一个电子的运动状况。　　　　　　　　　　（　　）
12. $l=0$、1、2 分别对应的是 s、p、d 轨道。　　　　　　　　　　　　　（　　）
13. 距核越近,小黑点密集程度越大,表示电子出现的概率密度越大。　　　（　　）
14. 电子云的疏密程度表示电子数量的多少,密集的地方表示电子数量多,稀疏的地方表示电子数量少。　　　　　　　　　　　　　　　　　　　　　　　　　　（　　）
15. 波函数 ψ 表示电子在空间某处单位体积内出现的概率大小。　　　　（　　）
16. 电子云中的小黑点并不表示具体的物理对象,而是从统计学意义上根据小黑点的疏密程度来表示电子出现的概率密度。　　　　　　　　　　　　　　　　（　　）
17. 因为铬原子与二价铁离子的核外电子数一致,所以其电子排布式也相同。（　　）
18. 电子组态的书写顺序与电子按能量高低填充的顺序是一致的。　　　　（　　）
19. Fe^{2+} 的电子排布式为 $1s^2 2s^2 2p^6 3s^2 3p^6 3d^6 4s^0$,由于 4s 上已经没有电子,所以该轨道也随之消失。　　　　　　　　　　　　　　　　　　　　　　　　（　　）
20. 根据徐光宪规则,4s 轨道能量反而比 3d 轨道能量低。　　　　　　　（　　）

二、单项选择题

1. 决定多电子原子轨道能量的量子数是　　　　　　　　　　　　　　　　（　　）

　　A. n,l,m　　　　　　　B. n,l　　　　　　　C. n,l,s　　　　　　D. l,s

2. 不合理的一套量子数 (n,l,m,s) 是　　　　　　　　　　　　　　　　　（　　）

　　A. $3,0,0,+\dfrac{1}{2}$　　　　　　　　　　　B. $3,0,-1,-\dfrac{1}{2}$

　　C. $3,2,2,-\dfrac{1}{2}$　　　　　　　　　　　D. $3,2,0,+\dfrac{1}{2}$

3. 下列基态原子的电子组态中,未成对电子数目最多的是 （　　）

    A. $_{24}Cr$ B. $_{25}Mn$ C. $_{26}Fe$ D. $_{27}Co$

4. 用四个量子数描述基态 K 原子核外的价电子,正确的是 （　　）

    A. $3,2,0,+1/2$ B. $4,1,0,-1/2$

    C. $4,0,0,+1/2$ D. $4,0,1,+1/2$

5. 下列元素按照电负性大小排列,正确的是 （　　）

    A. $F>N>O$ B. $O>Cl>F$

    C. $As>P>H$ D. $Cl>S>As$

6. 氟氧化物 OF_2 中氧的氧化值为 （　　）

    A. 0 B. -2 C. $+2$ D. -1

7. 下列描述核外电子运动状态的各组量子数中,合理的是 （　　）

    A. $4,0,1,+\dfrac{1}{2}$ B. $3,1,1,+\dfrac{1}{2}$

    C. $2,-2,0,-\dfrac{1}{2}$ D. $2,2,-2,+\dfrac{1}{2}$

8. 主量子数 $n=2$ 的电子层含有的亚层数是 （　　）

    A. 1   B. 2   C. 3   D. 4

9. 2p 和 3p 轨道分别含几个等价轨道? （　　）

    A. 2,3   B. 2,2   C. 3,3   D. 3,4

10. 下列说法正确的是 （　　）

    A. 1s 能级有 2 个轨道   B. 1s 能级只有 1 个轨道

    C. 2s 能级有 2 个轨道   D. 2s 能级有 4 个轨道

11. 原子轨道 $2p_z$ 对应的量子数组合为 （　　）

    A. $2,0,+1$ B. $2,1,0$ C. $2,1,+1$ D. $2,1,-1$

12. 原子轨道 $3p_x$ 对应的量子数组合为 （　　）

    A. $3,0,+1$ B. $3,1,0$ C. $3,1,+1$ D. $3,1,-1$

13. 电子排布式是 $[Ar]3d^5 4s^0$ 的是 （　　）

    A. Fe B. Fe^{2+} C. Fe^{3+} D. Cr^{3+}

14. 根据徐光宪规则,下列哪两个能级属于同一能级组? （　　）

    A. 1s 和 2s   B. 2s 和 2p   C. 1s 和 2p   D. 2p 和 3s

15. 下列能级最高的轨道是 （　　）

    A. 3s   B. 3p   C. 4s   D. 3d

16. 29 号元素 Cu 的原子有几个未成对电子? （　　）

    A. 1   B. 2   C. 3   D. 4

17. 关于电子云,下列说法正确的是 （　　）

    A. 电子云中的黑点表示电子

    B. 电子云中黑点越密集表示电子数量越多

    C. 电子云是电子出现的概率密度大小的形象化描述

D. 电子云中的疏密程度表示电子出现的概率大小

18. 关于核外电子运动,下列说法错误的是　　　　　　　　　　（　　）

A. 核外电子运动没有固定的轨道

B. 电子能量具有量子化的特征

C. 电子波是一种统计波

D. 核外电子运动具有不确定性,无法测出它的位置

19. 关于轨道角动量量子数,下列说法错误的是　　　　　　　　（　　）

A. 轨道角动量量子数决定原子轨道和电子云的形状

B. 如果主量子数 $n=2$,则轨道角动量量子数可以取值 0 和 1

C. 轨道角动量量子数也参与决定电子能量

D. 轨道角动量量子数 $l=1$ 对应的是 s 轨道

20. Na^+ 的电子排布式是　　　　　　　　　　　　　　　　　（　　）

A. $1s^2 2s^2 2p^6$　　　　　　　　　　　B. $1s^2 2s^2 2p^5$

C. $1s^2 2s^2 2p^7$　　　　　　　　　　　D. $1s^2 2s^2 2p^5 3s^1$

三、简答题

1. 写出 $_{29}Cu$ 的电子组态,并写出其最外层电子的四个量子数。

2. 怎么理解电子波是概率波?

3. 分别画出 $_6C$ 原子与 $_7N$ 原子的原子轨道方框图,并指出它们分别有几个未成对电子。

参考答案

一、判断题

1. √。电负性越大,非金属性越强,这类题可以用具体的元素来加深记忆,比如金属元素钠和非金属元素氧。

2. √。电子云是形象化描述,关键词是"概率密度"。

3. √。四个量子数的概念。

4. ×。电子云是形象化描述,单独的小黑点并没有意义,无数个小黑点表现出的稀疏和密集程度才有描述意义,表现的是概率密度。

5. ×。电子尽可能分占不同的轨道且自旋方向相同。

6. ×。轨道角动量量子数也参与决定能量,具体可根据徐光宪规则 $n+0.7l$ 来比较大

小,4s 轨道能量小于 3d 轨道能量。

7. ×。一组 n、l、m 可以表示一个原子轨道。

8. √。根据 l 值可知道 p 轨道有 3 个等价轨道,和 n 没有关系。

9. ×。p 轨道有 3 个等价轨道,和 n 没有关系。

10. √。一组 n、l、m 三个量子数组合可以表示一个原子轨道。

11. ×。一组 n、l、m 三个量子数组合可以表示一个原子轨道,但还不能完整描述电子运动状态。

12. √。考查轨道角动量量子数的字母表示。

13. √。

14. ×。电子云是形象化描述,单独的小黑点并没有意义,无数个小黑点表现出的稀疏和密集程度才有描述意义,表现的是概率密度大小而不是电子数量。

15. ×。

16. √。

17. ×。书写原子和离子电子排布式的方法不一样,离子排布式要先排其原子,然后再根据最外层失电子原则失去电子。

18. ×。不一致,先按能量高低排,再按照电子层数由小到大书写。

19. ×。

20. √。根据徐光宪规则,用 $n+0.7l$ 的值来比较轨道能量的大小,4s 轨道能量小于 3d 轨道能量。

二、单项选择题

1. B。主量子数和轨道角动量量子数共同决定电子能量。

2. B。根据四个量子数的关系来解。

3. A。先排出原子的电子排布式,再根据具体的原子轨道方框图就可以很清楚地看到未成对电子数目。

4. C。

5. D。电负性表达吸引电子能力的强弱,吸引电子能力越强,电负性越大。

6. C。氟的氧化值是 -1,根据化合价之和为零,可得氧的氧化值为 $+2$.

7. B。

8. B。首先算出轨道角动量量子数,l 可取 0、1,有两个取值,所以亚层数是 2。

9. C。根据轨道角动量量子数 l 值可知道 p 轨道有 3 个等价轨道,和 n 没有关系,所以 2p 和 3p 轨道都含有 3 个等价轨道。

10. B。s 轨道没有简并轨道,和 n 没有关系,所以 1s 和 2s 都是一个轨道。

11. B。2 对应的就是主量子数,p 轨道对应的轨道角动量量子数 $l=1$,z 对应 0,所以选 B。

12. C。与 11 题解法相同。

13. C。书写原子和离子电子排布式的方法不一样,离子排布式要先排其原子,然后再根据最外层失电子原则失去电子。4s 轨道上没有电子,3d 轨道上 5 个电子,说明总共失去了 3 个电子,所以是三价铁。

14. B。根据徐光宪规则,算出的 $n+0.7l$ 值整数部分相同即为同一能级组。

15. D。根据徐光宪规则,算出的 $n+0.7l$ 值越大,能级越高。

16. A。根据电子排布式和原子轨道方框图即可求出未成对电子数。

17. C。电子云是形象化描述,单独的小黑点并没有意义,无数个小黑点表现出的稀疏和密集程度才有描述意义,轨道是概率密度大小,并不是概率大小。

18. D。

19. D。考查主量子数与轨道角动量量子数的概念,轨道角动量量子数 $l=1$ 表示的是 p 轨道,s 轨道对应的是 $l=0$。

20. A。书写离子和原子电子排布式的方法不一样,离子排布式要先排其原子,然后再根据最外层失电子原则失去电子,所以先书写 Na 的电子排布式 $1s^2 2s^2 2p^6 3s^1$,然后最外层 3s 轨道上失去一个电子,变成 $1s^2 2s^2 2p^6$。

三、简答题

1. 答:根据洪特规则补充规则,4s 轨道排 1 个电子,3d 轨道排 10 个电子,这样就满足了 4s 轨道半充满,同时 3d 轨道全充满,所以电子组态为$[\text{Ar}]3d^{10}4s^1$;最外层 1 个电子在 4s 轨道上,所以最外层电子的 n、l、m、s 分别为 4、0、0、$+1/2$。

2. 答:用弱的电子流使电子一个个地通过晶体光栅或者使某个电子反复通过晶体光栅而到达底片,足够长时间后,也有相同的衍射图形。说明电子衍射不是电子与电子之间相互作用的结果,而是电子本身运动所具有的规律性,而且是和大量的电子的统计性联系在一起的。所以电子波又称统计波或概率波。

3. 答:$_6$C 原子轨道方框图:

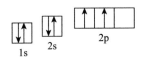

$_6$C 有 2 个未成对电子。

$_7$N 原子轨道方框图:

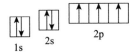

$_7$N 有 3 个未成对电子。

第十一章 共价键和分子间作用力

内容概要

一、离子键

阴、阳离子间通过静电作用形成的化学键。离子键的本质是静电引力,特点是没有方向性和饱和性。其强度可以用晶格能大小来进行描述。

晶格能:标准状态(298 K)下将 1 mol 离子晶体转化为气态离子所吸收的能量,用 U 表示。晶格能计算公式为:

$$U = k \frac{Z_+ Z_-}{r_+ + r_-}$$

晶格能和正负离子的电荷和离子半径有关。当离子半径相同时,正负离子所带的电荷数越大,晶格能就越大;当电荷数相同时,晶格能随着离子半径的减小而增大。

二、共价键

共价键的形成条件:一是原子在化合前有单电子,二是成键单电子的自旋方向相反。

形成过程:自旋相反的两个单电子所处的两原子轨道重叠,单电子两两配对,使电子云密集于两核之间,系统能量降低,形成稳定的共价键。

共价键的类型:

σ键:两个原子的原子轨道(s—s、p_x—s、p_x—p_x)沿着键轴方向以"头碰头"的方式重叠形成的共价键。

π键:两个原子的原子轨道(p_y—p_y 和 p_z—p_z)沿键轴方向以"肩并肩"的方式重叠形成的共价键。

表 11-1 σ键和π键的区别

共价键类型	σ键	π键
形成方式	"头碰头"	"肩并肩"
重叠部分对称性质	沿键轴呈圆柱形对称	沿键轴呈镜像对称
重叠程度	大	小
稳定性	稳定,不易断裂	稳定性小,易断裂
存在形式	可单独存在,是分子的骨架	不能单独存在,只能与σ键共存于双键或三键中
常见成键轨道	s—s、s—p_x、p_x—p_x	p_y—p_y、p_z—p_z
成键分子举例	H—H,H—Cl,Cl—Cl	N_2 中两个π键

配位键:成键原子中一个原子提供孤对电子,另一个原子提供空轨道形成。形成过程特别,但是形成后与普通共价键无区别。

键参数:键长、键能、键角。

键能：从能量因素来衡量共价键强度的物理量。键能越大，键越稳定。

键长：分子中两成键原子的核间平衡距离。键长越短，键越稳定。

键角：分子中同一原子形成的两个化学键间的夹角，是反映分子空间构型的一个重要参数。

共价键的极性：键的极性主要由成键原子的电负性不同而引起。

非极性共价键：成键原子的电负性相同，两个原子核的正电荷重心和成键电子对的负电荷重心恰好重合。

极性共价键：成键原子的电负性不同，电负性大的原子带部分负电荷，电负性小的原子带部分正电荷，键的正电荷重心和负电荷重心不重合。

三、杂化轨道理论

杂化（hybridization）：形成分子时，因原子之间相互影响，同一原子内能量相近的不同类型的 n 个价原子轨道混合重组，重新分配能量并确定空间方向，产生 n 个新的原子轨道，这一过程称为杂化。

杂化轨道波函数的角度分布图一端肥大而电子云密度增大，更有利于原子轨道间最大程度地重叠，比未杂化轨道的成键能力强。

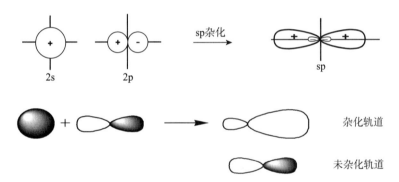

图 11-1　杂化轨道形成示意图

原子在形成化学键的时候总是尽可能地以杂化轨道的形式成键。

杂化轨道之间力图在空间取最大夹角分布，使相互间的排斥能最小，故形成的共价键稳定。不同类型的杂化轨道之间的夹角不同，成键后所形成的分子就有不同的空间构型。

常见的杂化类型有 sp、sp^2、sp^3 等。

（1）sp 杂化：一个 ns 和一个 np 轨道杂化形成两个 sp 杂化轨道，每一个杂化轨道含有 50% 的 s 成分和 50% 的 p 成分，并且两个杂化轨道在空间的伸展方向呈直线形，这样斥力最小，分子最稳定。

（2）sp^2 杂化：每个 sp^2 杂化轨道均含 1/3 s 和 2/3 p 轨道成分。3 个 sp^2 杂化轨道间的夹角为 120°，分别与其他 3 个相同原子成键后，就形成平面正三角形分子。

（3）sp^3 杂化：每个 sp^3 杂化轨道均含 1/4 s 和 3/4 p 轨道成分。4 个 sp^3 杂化轨道间的夹角为 109°28′，4 个 sp^3 杂化轨道与 4 个相同原子的轨道重叠成键后，就形成正四面体构型的分子。

（4）等性杂化和不等性杂化：

等性杂化（equivalent hybridization）：参与杂化的轨道上的电子数目完全相等，杂化后所生成的各杂化轨道的形状和能量完全相同。

不等性杂化(nonequivalent hybridization)：有孤对电子占据的原子轨道参与杂化，杂化后所生成的杂化轨道的形状和能量不完全等同。

表 11-2　杂化轨道类型与分子构型关系

杂化类型	sp	sp^2	sp^3(等性)	sp^3(不等性)
参与杂化的原子轨道	1个s+1个p	1个s+2个p	1个s+3个p	1个s+3个p
杂化轨道数	2个sp	3个sp^2	4个sp^3	4个sp^3(含1或2对孤对电子)
杂化轨道夹角θ	180°	120°	109°28′	90°<θ<109°28′
分子构型	直线形	平面形	正四面体	三角锥形、V形
实例	$BeCl_2$、C_2H_2	BF_3、C_2H_4	CH_4、CCl_4	NH_3、H_2O

四、价层电子对互斥理论

价层电子对：A 和 B 之间形成 σ 键的电子对和 A 原子上的孤对电子。

价层电子对互斥理论：在一个共价分子中，中心原子 A 周围电子对排布的几何构型主要取决于中心原子的价层电子对间的相互排斥作用。这些电子对在中心原子周围占据的位置倾向于彼此分离得尽可能远些，这样彼此之间的排斥力最小。

五、分子的磁性

顺磁性：分子中有未成对电子，具有永久磁矩，在外磁场作用下被迫定向，磁力线与外磁场方向一致。分子中有单电子。

抗磁性：在外磁场作用下产生的诱导磁场与外磁场方向相反，磁力线互相排斥，分子中无单电子。

分子中单电子数越多，顺磁性越强，磁矩越大。

通过测定磁矩，可计算出未成对电子数 n。

磁矩：$\mu=\sqrt{n(n+2)}\mu_B$。

六、分子轨道理论

分子中的电子围绕整个分子运动，每一个电子的运动状态都可以用一个分子波函数(ψ)即分子轨道来描述。每一个分子轨道都有相应的能量和形状。$|\psi|^2$ 表示电子在分子中空间各处出现的概率密度。

在组合产生的分子轨道中，能量低于原来原子轨道的称为成键分子轨道，能量高于原来分子轨道的称为反键分子轨道。

原子轨道形成分子轨道所遵循的三个原则：对称性匹配原则，能量近似原则，最大重叠原则。

对称性匹配原则：只有对称性相同的原子轨道才能组成分子轨道。

能量近似原则：只有能量相近的原子轨道才能组合成有效的分子轨道。

最大重叠原则：原子轨道发生重叠时，在可能的范围内重叠程度越大，成键轨道能量下降得就越多，成键效应越强。

1. 分子中电子在整个分子范围内运动。分子中电子的运动状态称为分子轨道。分子轨道是由原子轨道线性组合成的。

2. 分子轨道数目与组成的原子轨道数目相等。

3. 原子轨道线性组合应符合三原则。

4. 原子按一定空间位置排列后，电子逐个填入，构成整个分子。

5. 电子在分子轨道中的排布遵循能量最低原理、泡利不相容原理和洪特规则。

6. 分子轨道包括 σ 轨道和 π 轨道。

同核双原子分子的分子轨道能级顺序：

Li_2、Be_2、B_2、C_2、N_2 的分子轨道能级顺序为：

$$\sigma_{1s} < \sigma_{1s}^* < \sigma_{2s} < \sigma_{2s}^* < \pi_{2p_y} = \pi_{2p_z} < \sigma_{2p_x} < \pi_{2p_y}^* = \pi_{2p_z}^* < \sigma_{2p_x}^*$$

O_2、F_2 的分子轨道能级顺序为：

$$\sigma_{1s} < \sigma_{1s}^* < \sigma_{2s} < \sigma_{2s}^* < \sigma_{2p_x} < \pi_{2p_y} = \pi_{2p_z} < \pi_{2p_y}^* = \pi_{2p_z}^* < \sigma_{2p_x}^*$$

七、键级

$$键级 = \frac{成键电子总数 - 反键电子总数}{2}$$

一般而言，在同一周期和同一区内，各元素的双原子分子键级越大，键越牢固，分子也越稳定。若键级为 0，则不能形成稳定的分子。

八、分子的极性

非极性分子（non-polar molecule）的正、负电荷重心重合。

极性分子（polar molecule）的正、负电荷重心不重合。

九、分子间作用力

广义讲，分子间作用力是除共价键、离子键和金属键以外的分子间和基团间相互作用力的总称。

1. 范德华力的分类

（1）取向力（orientation force）

当极性分子互相接近时，分子的永久偶极之间同极相斥、异极相吸，使分子在空间按一定取向排列吸引而处于较稳定的状态。这种永久偶极间的吸引力称为取向力。

（2）诱导力（induction force）

当非极性分子与极性分子接近时，极性分子的永久偶极产生的电场使非极性分子极化产生诱导偶极。永久偶极与诱导偶极间的吸引力称为诱导力。

（3）色散力（dispersion force）

非极性分子中电子不断运动和原子核的振动，使某一瞬间分子的正负电荷中心不重合，形成瞬时偶极，瞬时偶极可使相邻的另一非极性分子产生瞬时诱导偶极。瞬时偶极间相互作用产生的引力叫色散力。

范德华力的特征：① 作用能很小，一般比化学键低 1～2 个数量级，不是化学键；② 作用的范围很小，仅几十到 500 pm，作用力的大小随分子之间距离增大而迅速减弱；③ 不具有方向性和饱和性。

2. 氢键

H 原子与电负性高、半径小的 X 原子以极性共价键结合后，由于 X 原子吸引电子能力大，使 H 原子显示较强正电荷场，在与另一个电负性较强且有孤对电子的 Y 原子接触时，又能产生静电吸引力，该吸引力称为氢键，用"…"表示。

　　氢键的特征:① 氢键的键能小,比化学键弱得多,但比范德华力稍强;② 氢键具有饱和性,当 H 原子已经形成 1 个氢键后,不能再与第 3 个强电负性原子形成第 2 个氢键;③ 分子间氢键具有方向性,形成氢键的 3 个原子尽可能在一条直线上,可使 X 与 Y 之间距离最远,斥力较小,此时氢键稳定。

　　氢键的形成对物质物理化学性质的影响:对熔、沸点的影响,对溶解度的影响,对分子的构型、构象、性质与功能的影响。

思维导图

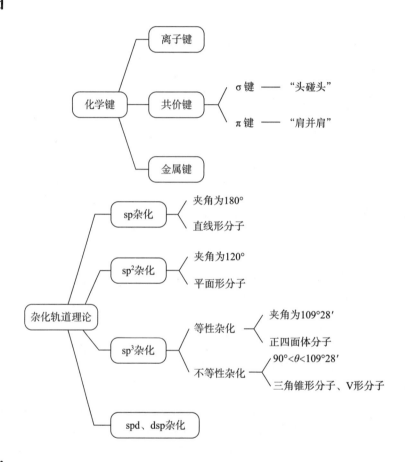

例题讲解

例 11 - 1　试说明 $BeCl_2$ 分子的空间构型。

　　答

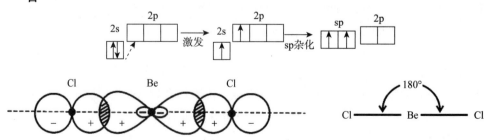

例 11-2　用杂化轨道理论解释乙炔(C_2H_2)的成键情况(单键、三键)并判断其分子构型。

　　答　乙炔中碳碳三键的两个碳原子各以 sp 杂化轨道互相重叠形成 1 个 σ 键,碳原子上未参与杂化的另 2 个 p 轨道以"肩并肩"方式重叠形成 2 个 π 键,每个碳原子各以 sp 杂化轨道和氢原子的 1s 轨道重叠形成 σ 键,分子的构型是直线形。

例 11-3　已知氧(O)的原子序数为 8,试用杂化理论说明 H_2O 分子的空间构型为 V 形。要求:(1) 画出 O 原子杂化过程的方框图;(2) 指出杂化类型,并说明是等性杂化还是不等性杂化;(3) 说明成键情况和键角。

　　答　(1) O 原子杂化过程方框图:

　　(2) sp^3 不等性杂化。

　　(3) H—O(sp^3—s)σ 键。键角:$104°45'$。

例 11-4　用杂化轨道理论解释乙烯(C_2H_4)的成键情况(单键、双键)并判断其分子构型。

　　答　乙烯中碳碳双键的两个碳原子各以 sp^2 杂化轨道互相重叠形成 1 个 σ 键,碳原子上未参与杂化的另一个 p 轨道以"肩并肩"方式重叠形成 1 个 π 键,每个碳原子各以 sp^2 杂化轨道和氢原子的 1s 轨道重叠形成 σ 键,分子的构型是平面形。

例 11-5　用杂化轨道理论解释甲烷 CH_4 的成键情况(画出杂化方框图)并判断其分子构型。

　　答

　　甲烷中的碳属于 sp^3 杂化,形成 4 个 sp^3 杂化轨道,轨道间夹角是 $109°28'$,碳原子的 4 个 sp^3 杂化轨道分别和 4 个氢原子的 1s 轨道重叠形成 4 个 σ 键,分子构型是正四面体。

例 11-6　用杂化轨道理论解释氨分子 NH_3 的成键情况(画出杂化方框图)并判断其分子构型。

　　答

　　氨分子 NH_3 中的 N 原子发生 sp^3 不等性杂化,形成 4 个 sp^3 杂化轨道,但是由于孤对电子的存在,4 个 sp^3 杂化轨道并不完全等价,N 原子的 3 个 sp^3 杂化轨道(非孤对电子)分别和 3 个氢原子的 1s 轨道重叠形成 3 个 σ 键,分子是三角锥形。

例 11 - 7 杂化轨道理论认为,H_2O 分子中的氧原子提供的成键轨道是 （ ）

    A. 等性 sp^2 杂化轨道   B. 不等性 sp^2 杂化轨道

    C. 等性 sp^3 杂化轨道   D. 不等性 sp^3 杂化轨道

    答案 D。水中的氧原子是 sp^3 杂化,但是由于孤对电子的存在,杂化是不等性的,形成的是不等性 sp^3 杂化轨道。

例 11 - 8 下列分子中属于极性分子的是 （ ）

    A. BF_3 B. CO_2 C. Cl_2 D. H_2O

    答案 D。

例 11 - 9 PH_3 中 P 的成键轨道及 PH_3 的分子构型是 （ ）

    A. sp^3 等性杂化轨道,三角锥形

    B. sp^3 不等性杂化轨道,正四面体

    C. sp^3 等性杂化轨道,正四面体

    D. sp^3 不等性杂化轨道,三角锥形

    答案 D。

练习题

一、判断题

1. sp^3 杂化轨道是由 1s 轨道和 3p 轨道杂化而成的。 （ ）

2. 苯环中的碳的杂化类型为 sp^2 杂化。 （ ）

3. 乙烯中的碳属于 sp^2 杂化。 （ ）

4. 将 He^+ 的 1s 电子激发到 4s 和 4p 轨道所需能量相同。 （ ）

5. 氢键是电负性大、半径小的元素原子与氢原子形成的化学键。 （ ）

6. 单键一般是 σ 键,π 键不能单独存在。 （ ）

7. NH_4^+ 的空间构型是正四面体。 （ ）

8. NH_4^+ 中 4 个氮氢键键长不一致。 （ ）

9. 键长越长,键越稳定。 （ ）

10. 键长越长,键能越大。 （ ）

11. 非极性共价键才能构成非极性分子。 （ ）

12. 极性共价键也可以构成非极性分子。 （ ）

13. H_2O 的空间构型是直线形。 （ ）

14. H_2O 中的氧原子杂化类型是 sp 杂化。 （ ）

15. 溶质易形成分子内氢键,则在水中的溶解度较大。 （ ）

16. 邻硝基苯酚在水中的溶解度比对硝基苯酚小。 （ ）

17. 苯中的碳杂化类型是 sp^3 等性杂化。 （ ）

18. 水分子中的中心原子氧的杂化类型是 sp 杂化。 （ ）

19. CH_3Cl 中的碳原子与 CH_4 中的碳原子杂化类型相同。 （ ）

20. 乙烯中的碳原子与苯中的碳原子杂化类型相同。 （ ）

二、单项选择题

1. NH_3 溶于水后,分子间产生的作用力有　　　　　　　　　　　　（　　）
   A. 取向力和色散力　　　　　　　　　　　B. 取向力和诱导力
   C. 诱导力和色散力　　　　　　　　　　　D. 取向力、色散力、诱导力及氢键

2. 下列分子中,中心原子杂化类型为 sp^3 不等性杂化的是　　　　　　（　　）
   A. CH_4　　　　　B. $BeCl_2$　　　　　C. NH_3　　　　　D. BF_3

3. 下列关于分子间作用力的说法,正确的是　　　　　　　　　　　　（　　）
   A. 大多数含氢化合物中都存在氢键
   B. 只有极性分子间存在取向力,所以取向力总是大于色散力和诱导力
   C. 极性分子间只存在取向力
   D. 色散力存在于所有相邻分子间

4. 下列分子或离子中,哪一个中心原子的杂化方式不属于 sp^3 杂化?　（　　）
   A. CH_4　　　　　B. NH_3　　　　　C. NO_3^-　　　　　D. H_2O

5. 下列分子中,中心原子杂化类型为 sp 的是　　　　　　　　　　　（　　）
   A. CH_4　　　　　B. $BeCl_2$　　　　　C. NH_3　　　　　D. BF_3

6. NH_3 中 N 的成键轨道及 NH_3 的分子构型是　　　　　　　　　　（　　）
   A. sp^3 等性杂化轨道,三角锥形　　　　B. sp^3 不等性杂化轨道,正四面体
   C. sp^3 等性杂化轨道,正四面体　　　　D. sp^3 不等性杂化轨道,三角锥形

7. 下列哪个分子中既有 σ 键又有 π 键?　　　　　　　　　　　　　（　　）
   A. CH_4　　　　　B. H_2O　　　　　C. NH_3　　　　　D. C_2H_4

8. 下列哪个分子是非极性分子?　　　　　　　　　　　　　　　　　（　　）
   A. HCl　　　　　B. H_2O　　　　　C. NH_3　　　　　D. O_2

9. 下列哪个分子构型是直线形?　　　　　　　　　　　　　　　　　（　　）
   A. C_2H_4　　　　　B. H_2O　　　　　C. NH_3　　　　　D. $BeCl_2$

10. 下列哪种物质含有分子内氢键?　　　　　　　　　　　　　　　（　　）
    A. 氧气　　　　　B. DNA　　　　　C. H_2O　　　　　D. 乙醇

11. Fe^{3+} 的电子排布式是　　　　　　　　　　　　　　　　　　（　　）
    A. $[Ar]3d^64s^2$　　　　　　　　　　　B. $[Ar]3d^64s^1$
    C. $[Ar]3d^54s^0$　　　　　　　　　　　D. $[Ar]3d^64s^0$

12. 下列关于氢键的说法错误的是　　　　　　　　　　　　　　　　（　　）
    A. 氢键的键能小,比共价键弱得多,但比离子键强
    B. 氢键具有饱和性,当 H 原子已经形成 1 个氢键后,就不能再与第 3 个强电负性原子形成第 2 个氢键
    C. 分子间氢键具有方向性,形成氢键的 3 个原子尽可能在一条直线上,可使 X 与 Y 之间距离最远,斥力较小,此时氢键稳定
    D. 氢键是稳定生物高分子的高级结构的一个重要因素

13. 下列哪个分子含有两个 π 键?　　　　　　　　　　　　　　　　（　　）
    A. CH_4　　　　　B. N_2　　　　　C. 苯　　　　　D. C_2H_4

14. 关于共价键,下列说法错误的是 （ ）

    A. 共价键具有饱和性和方向性

    B. 成键单电子的自旋方向相反

    C. 配位键形成过程特别,但是形成后与普通共价键无区别

    D. 共价键是原子间通过静电作用形成的化学键

15. 根据杂化轨道理论,下列分子或离子中的键角最小的是 （ ）

    A. CH_4 B. H_2O C. NH_3 D. NH_4^+

16. 氨水中有几种氢键? （ ）

    A. 1   B. 2   C. 3   D. 4

17. 下列说法错误的是 （ ）

    A. 非极性共价键组成的双原子分子一定是非极性分子

    B. 极性共价键组成的双原子分子一定是极性分子

    C. 甲烷四个键是极性共价键,所以甲烷是极性分子

    D. 极性共价键组成的分子有可能是非极性分子

18. 下列关于 CH_3Cl 的说法正确的是 （ ）

    A. 中心碳原子的杂化类型是 sp^3 不等性杂化

    B. CH_3Cl 中碳的杂化类型是 sp^3 等性杂化,CH_3Cl 是非极性分子

    C. CH_3Cl 含有 4 个 σ 键

    D. CH_3Cl 含有 3 个 σ 键、1 个 π 键

19. 关于乙烯中的双键,说法正确的是 （ ）

    A. 乙烯分子中的双键为 2 个 π 键

    B. 乙烯分子中的双键 1 个是 σ 键,1 个是 π 键

    C. 乙烯分子中的双键为 2 个 σ 键

    D. 乙烯分子中的 σ 键是 2 个 sp 杂化轨道"头碰头"重叠形成的

20. 关于乙炔中的三键,说法正确的是 （ ）

    A. 乙炔分子中的三键为 3 个 π 键

    B. 乙炔分子中的三键 1 个是 π 键,2 个是 σ 键

    C. 乙炔分子中的三键为 3 个 σ 键

    D. 乙炔分子中的 σ 键是 2 个 sp 杂化轨道"头碰头"重叠形成的

三、简答题

1. C_2H_2、BF_3 和 CH_4 的分子空间构型分别是什么? 并指出 3 个分子中的 C、B、C 分别采用了什么杂化方式。

2. (1) 用杂化轨道理论解释 NH_3 的成键情况;(2) 判断 N 原子的杂化为等性杂化还是不等性杂化;(3) 解释为什么 H—N—H 的键角为 $107°18'$。

3. 下列液体化合物:(a) 乙二醇($HOCH_2CH_2OH$)、(b) 丙醇($CH_3CH_2CH_2OH$)。何者沸点高? 说明理由。

4. 下列各化合物中有无氢键? 如果存在氢键,是分子间氢键还是分子内氢键?
NH_3、C_6H_6、C_2H_6、HNO_3、邻羟基苯甲酸

5. 用杂化轨道理论解释 H_2O 的成键情况(画出杂化方框图)并判断其分子构型。

参考答案

一、判断题

1. ×。sp^3 杂化轨道是 1 个 ns 和 3 个 np 轨道杂化。

2. √。苯环的空间构型是平面形,苯环中的 6 个碳原子都发生 sp^2 杂化,剩余的 p 轨道"肩并肩"形成 π 键。

3. √。乙烯的空间构型是平面形,碳碳双键的两个碳原子各以 sp^2 杂化轨道互相重叠形成 1 个 σ 键,碳原子上未参与杂化的另一个 p 轨道以"肩并肩"方式重叠形成 1 个 π 键。

4. ×。根据徐光宪规则,4s 轨道能量和 4p 轨道能量不一样。

5. ×。氢键不是化学键,本质上是静电作用力。

6. √。

7. √。配位键是一种特殊的共价键,形成过程特殊,但形成之后和共价键没有区别。

8. ×。配位键是一种特殊的共价键,形成过程特殊,但形成之后和共价键没有区别,所以四个键的键长是相同的。

9. ×。键长越短,键越稳定。

10. ×。键长越短,键能越大。

11. ×。极性共价键也可以构成非极性分子,非极性分子电荷重心重合即可;对于双原子分子,则必须由非极性共价键构成。

12. √。

13. ×。水分子的空间构型是 V 形而不是直线形,水分子中的氧原子发生 sp^3 不等性杂化。

14. ×。水分子中的氧原子的杂化方式是 sp^3 不等性杂化。

15. ×。溶质、溶剂分子间形成氢键会导致溶质溶解度增大。注意区分分子内氢键和分子间氢键。分子间氢键会让分子间的相互作用加强,所以需要克服分子间作用力的性质都会受影响。

16. √。溶质、溶剂分子间形成氢键会导致溶质溶解度增大。应注意区分分子内氢键和分子间氢键,对硝基苯酚形成分子间氢键,邻硝基苯酚形成分子内氢键。

17. ×。

18. ×。苯环的空间构型是平面形,苯环中的 6 个碳原子都发生 sp^2 杂化。

19. √。一氯甲烷和甲烷中的碳原子都发生 sp^3 等性杂化。

20. √。都发生 sp^2 杂化。

二、单项选择题

1. D。四种作用力都有。

2. C。甲烷的碳原子发生 sp^3 等性杂化,二氯化铍的中心原子发生 sp 杂化,形成直线形分子;氨气分子的中心原子发生 sp^3 不等性杂化,所以构成的分子构型是三角锥形;三氟化硼的硼原子是 sp^2 杂化,形成的分子构型是平面正三角形。

3. D。

4. C。甲烷、氨气、水分子的中心原子的杂化方式都属于 sp^3 杂化,硝酸根中的氮原子的杂化方式属于 sp^2 杂化,分子构型是平面三角形。

5. B。二氯化铍是直线形分子,其中心原子的杂化方式是 sp 杂化。

6. D。

7. D。甲烷分子、水分子和氨分子中的化学键都是单键,而 π 键不能单独存在。

8. D。氯化氢是双原子分子,化学键是极性共价键,所以是极性分子。水分子构型是 V 形,也是极性分子。氨气分子构型是三角锥形,也是极性分子。氧气是双原子分子,化学键是非极性共价键,所以是非极性分子。

9. D。

10. B。氧气不含氢,所以没有氢键。水分子的氢键是分子间氢键。乙醇的氢键也是分子间氢键。

11. C。书写原子和离子电子排布式的方法不一样,离子排布式要先排其原子,然后再根据最外层失电子原则失去电子。铁原子的电子排布式是 $[Ar]3d^6 4s^2$,然后从外层失去 3 个电子变成 $[Ar]3d^5$。

12. A。

13. B。甲烷没有 π 键。苯的 π 键是大 π 键,相当于 3 个 π 键。乙烯有 1 个 π 键。

14. D。静电作用是氢键。

15. B。水分子中的氧原子含有两对孤对电子,孤对电子的压迫力较强,所以水分子的键角最小。

16. D。氨水中不仅有氨分子,还有水分子。

17. C。甲烷分子构型是正四面体,电荷重心重合,是非极性分子。

18. C。

19. B。乙烯中碳碳双键的两个碳原子各以 sp^2 杂化轨道互相重叠形成 1 个 σ 键,碳原子上未参与杂化的另一个 p 轨道以"肩并肩"方式重叠形成 1 个 π 键。

20. D。

三、简答题

1. 答:其分子构型分别为直线形、平面三角形、正四面体。C_2H_2 中 C 的杂化方式为 sp 杂化,BF_3 中 B 的杂化方式为 sp^2 等性杂化,CH_4 中 C 的杂化方式为 sp^3 等性杂化。

2. 答:(1) N 的 sp^3 杂化轨道与 H 的 1s 轨道"头碰头"成键。

(2) 不等性杂化。

(3) 由于孤对电子-成键电子斥力大于成键电子-成键电子,所以键角变小。

3. 答:因 $HOCH_2CH_2OH$ 和 $CH_3CH_2CH_2OH$ 中都有 O—H 键,可形成氢键,但每个 $HOCH_2CH_2OH$ 分子可形成两倍于 $CH_3CH_2CH_2OH$ 的氢键,所以乙二醇沸点高。

4. 答:NH_3 形成分子间氢键,HNO_3、邻羟基苯甲酸形成分子内氢键,C_6H_6、C_2H_6 不会形成氢键。

5. 答:O 原子杂化过程方框图如下。

H_2O 中的 O 原子的杂化方式属于 sp^3 不等性杂化,形成 4 个 sp^3 杂化轨道,但是由于孤对电子的存在,4 个 sp^3 杂化轨道并不完全等价,O 原子的 2 个 sp^3 杂化轨道(非孤对电子)分别和 2 个氢原子的 1s 轨道重叠形成 2 个 σ 键,分子是 V 形分子。

第十二章　配位化合物

内容概要

一、基本概念

1. 配离子:由简单阳离子(或原子)与一定数目的分子或阴离子以配位键相结合,并按一定组成和空间构型形成的复杂结构单元称为配位离子,简称配离子。

2. 配合物:结构单元电中性时称为配位分子,含有配离子的化合物和配位分子统称为配合物。

3. 中心原子:位于配合物的中心,具有空的电子轨道,能接受孤对电子,多为副族的金属离子和原子。

4. 配位原子:提供孤对电子与中心原子形成配位键的原子,如 C、O、S、N、F、Cl、Br、I 等。

5. 配位体(配体):含有配位原子的阴离子或中性分子。

6. 单齿配体:含有单个配位原子的配体。

7. 多齿配体:含有两个或两个以上配位原子的配体。

8. 配体数:配合物中配体的总数。

9. 配位数:与中心原子结合成键的配位原子的数目。

二、配位化合物系统命名的基本原则

1. 内、外界顺序与一般无机物的命名原则相同。

2. 若配离子为阳离子,配离子在前,外界离子在后,命名为"某化某"或"某酸某"。

3. 若配离子为阴离子,外界离子在前,配离子在后,命名为"某酸某"。

4. 配体命名顺序:

(1) 先无机,后有机。

(2) 先阴离子配体,后中性分子配体。

(3) 同类配体,按配位原子的元素符号的英文字母顺序排列。

(4) 同类配体中配位原子相同,较少原子数的配体在前,较多原子数的配体列后。

(5) 同类配体中配位原子相同,配体中含原子的数目也相同,按在结构式中与配位原子相连的原子的元素符号的英文字母顺序排列。

三、配位平衡

1. 配位平衡常数

$$M + nL \rightleftharpoons ML_n$$

$[M]$、$[L]$、$[ML_n]$ 分别为中心原子、配体及配合物/配离子的平衡浓度,n 表示配体数。

$$K_s = \frac{[ML_n]}{[M][L]^n}$$

K_s 称为配位化合物稳定常数,是配离子在水溶液中稳定性高低的量度。K_s 的大小反映了

配合物的稳定性。K_s 与温度有关,与浓度无关。K_s 是一个积累稳定常数。根据 K_s 可以直接比较相同类型(配体数相同)的配离子的稳定性。

配体数不同时,必须通过计算才能判断配离子的稳定性。

2. 配位平衡的移动

(1) 配位平衡与溶液酸度的关系

增大溶液 H^+ 浓度,导致平衡移动,配离子稳定性降低,这种现象称为酸效应。溶液的酸度越强,配离子越不稳定;配离子的 K_s 越大,抗酸能力越强。

因 OH^- 浓度增加,金属离子与 OH^- 结合致使配离子解离的作用称为水解作用。在不产生氢氧化物沉淀的前提下,适当提高溶液的 pH 可以保证配离子的稳定性。

(2) 配位平衡与氧化还原平衡的关系

在氧化还原平衡中加入一定的配位剂,可与金属离子发生配位反应,降低溶液中金属离子的浓度,从而使氧化还原反应改变方向。

(3) 配位平衡之间的相互关系

配合物可以相互转化,转化的趋势取决于其稳定常数的相对大小。两个配合物的稳定性相差越大,由较不稳定的配合物转化为较稳定的配合物的趋势越大。

四、螯合物

螯合物是中心原子与多齿配体形成的具有环状结构的一类配合物。由于生成螯合物而使配合物稳定性大大增加的作用称为螯合效应,能与中心原子形成螯合物的多齿配体称为螯合剂。

1. 螯合剂的特点

(1) 螯合物中的配体为多齿配体。

(2) 同一配体的两个配位原子之间相隔两个或三个其他原子。

(3) 中心原子与配体间形成五元环或六元环,称为螯合环。

2. 影响螯合物稳定性的因素

(1) 螯合环的大小:五元环和六元环最稳定。

(2) 螯合环的数目:螯合环的数目越多,螯合物稳定性越大。

思维导图

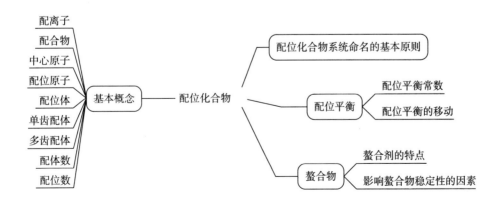

例题讲解

讲解视频

例 12-1 下列说法正确的是 （　）

  A. 配合物的内界和外界之间主要以共价键相结合

  B. 中心原子与配体之间形成配位键

  C. 配合物的中心原子都是阳离子

  D. 螯合物中不含有离子键

  答案　B。选项 A、D：一般认为配合物的内界和外界之间主要以离子键相结合，因此螯合物中内界和外界之间是可以存在离子键的。选项 C：中心原子可以是阳离子，也可以是中性原子，例如 $[Ni(CO)_4]$。选项 B：中心原子与配体化合时，中心原子提供杂化过的空轨道，配体提供孤对电子，从而形成配位键。

例 12-2 下列配合物命名不正确的是 （　）

  A. $[Co(H_2O)(NH_3)_3Cl_2]Cl$：氯化二氯·三氨·一水合钴（Ⅲ）

  B. $[Cr(NH_3)_6][Co(CN)_6]$：六氰合钴（Ⅲ）酸六氨合铬（Ⅲ）

  C. $K_3[Co(NO_2)_3Cl_3]$：三硝基·三氯合钴（Ⅲ）酸钾

  D. $H_2[PtCl_6]$：六氯合铂（Ⅳ）酸

  答案　C。根据配体命名顺序，先无机后有机，先阴离子后中性分子，同类配体根据配位原子在字母表中的先后顺序进行命名。对于选项 C 中的配合物而言，NO_2^- 以 N 原子为配位原子时，命名为硝基，带一个负电荷，氯离子也是阴离子，同类配体，根据配位原子在字母表中的先后顺序，Cl^- 在前，NO_2^- 在后，因此该配合物应该命名为"三氯·三硝基合钴（Ⅲ）酸钾"。

例 12-3 命名下述配合物，并指出配离子的电荷数和中心离子的氧化数。

$[Co(NH_3)_6]Cl_3$　$K_2[Co(NCS)_4]$　$Na_2[SiF_6]$　$[Co(NH_3)_5Cl]Cl_2$　$K_2[Zn(OH)_4]$

$[Co(N_3)(NH_3)_5]SO_4$

  分析　根据配合物分子为电中性的原则，由配合物外界离子的电荷总数确定配离子的电荷数、中心离子氧化数。

答　配合物	命名	配离子电荷数	中心离子氧化数
$[Co(NH_3)_6]Cl_3$	三氯化六氨合钴（Ⅲ）	+3	+3
$K_2[Co(NCS)_4]$	四异硫氰合钴（Ⅱ）酸钾	−2	+2
$Na_2[SiF_6]$	六氟合硅（Ⅳ）酸钠	−2	+4
$[Co(NH_3)_5Cl]Cl_2$	二氯化一氯·五氨合钴（Ⅲ）	+2	+3
$K_2[Zn(OH)_4]$	四羟基合锌（Ⅱ）酸钾	−2	+2
$[Co(N_3)(NH_3)_5]SO_4$	硫酸一叠氮·五氨合钴（Ⅲ）	+2	+3

例 12 - 4　下列配离子具有正方形或者八面体结构,其中 CO_3^{2-} 最有可能作为双齿配体的是　　　　　　　　　　　　　　　　　　　　　　　　　　　（　　）

A. $[Co(NH_3)_4(CO_3)]^+$ 　　　　　　　　B. $[Co(NH_3)_5(CO_3)]^+$

C. $[Pt(en)(NH_3)(CO_3)]$ 　　　　　　　　D. $[Pt(en)_2(NH_3)(CO_3)]^{2+}$

答案　A。根据题意,配离子具有正方形结构时,配位数为 4,形成 4 个配位键;具有八面体结构时,配位数为 6,形成 6 个配位键。选项 B:$[Co(NH_3)_5(CO_3)]^+$ 配离子中,已有 5 个氨作为配体,氨是单齿配体,形成 5 个配位键,因此该配离子中,CO_3^{2-} 只能是单齿配体,这样就形成了 6 个配位键。选项 C:$[Pt(en)(NH_3)(CO_3)]$ 配合物中,乙二胺(en)为双齿配体,形成 2 个配位键,氨为单齿配体,形成 1 个配位键,因此 CO_3^{2-} 只能是单齿配体,这样就形成了 4 个配位键。选项 D:$[Pt(en)_2(NH_3)(CO_3)]^{2+}$ 配离子中,乙二胺(en)为双齿配体,2 个乙二胺(en)形成 4 个配位键,氨为单齿配体,形成 1 个配位键,因此 CO_3^{2-} 只能是单齿配体,这样就形成了 6 个配位键。选项 A:$[Co(NH_3)_4(CO_3)]^+$ 配离子中有 4 个氨为配体,形成 4 个配位键,因此 CO_3^{2-} 必须是双齿配体,这样就形成了 6 个配位键,如果 CO_3^{2-} 是单齿配体,那么配离子的配位数为 5,这与题意不符。

例 12 - 5　下列说法正确的是　　　　　　　　　　　　　　　　　　　　（　　）

A. 配位数相等的配合物,可以根据 K_s 的大小直接比较它们稳定性的高低

B. 某金属离子 M^{2+} 形成的配离子 $[M(CN)_4]^{2-}$,其空间构型为平面四边形

C. 一般而言,配合物的 K_s 较大,难溶电解质的 K_{sp} 也较大,反应将有利于配合物向难溶电解质转化

D. $[Co(H_2O)_6]^{3+}$($\mu \neq 0$)的 K_s 小于 $[Co(CN)_6]^{3-}$($\mu = 0$)的 K_s

答案　D。选项 A:应该是配体数相等的配合物,可以根据 K_s 的大小直接比较它们稳定性的高低。选项 B:CN^- 是强场配体,配位能力较强,但是中心原子价层轨道将采取何种杂化方式进行杂化除了与配体的强度有关以外,还与中心原子的价电子排布有关,如果中心原子的内层 d 轨道上已经排满 10 个电子,那么一般就会发生 sp^3 杂化而形成四面体空间结构。选项 C:配合物的稳定常数越大,说明其稳定性越高,同时难溶电解质的溶度积越大,说明其越易溶解于水中,因此在这种情况下,反应将有利于难溶电解质向配合物转化。选项 D:这两个配离子的中心原子都是 Co^{3+},已知 Co^{3+} 的价层电子排布式为 $3d^6$,有 4 个单电子。根据题意,$[Co(CN)_6]^{3-}$ 的 $\mu = 0$,说明中心原子在形成配合物时价层电子发生了重排,空出了内层 d 轨道参与杂化,从而形成了内轨型配合物;而 $[Co(H_2O)_6]^{3+}$ 的 $\mu \neq 0$,因此说明中心原子价层电子没有重排,全部用外层轨道参与杂化,从而形成外轨型配合物。一般而言,对于同一中心原子所形成的配合物来说,内轨型配合物的稳定性往往高于外轨型配合物,所以 $[Co(H_2O)_6]^{3+}$($\mu \neq 0$)的 K_s 小于 $[Co(CN)_6]^{3-}$($\mu = 0$)的 K_s。

例 12 - 6　已知某溶液中 $[Ag(NH_3)_2]^+$ 的浓度为 $0.050~mol \cdot L^{-1}$,NH_3 的浓度为 $3.0~mol \cdot L^{-1}$,Cl^- 浓度为 $0.050~mol \cdot L^{-1}$,向此溶液中滴加浓 HNO_3 至溶液中恰好产生白色沉淀,则此时溶液中(1) $c(Ag^+)$ 是多少? (2) $c(NH_3)$ 是多少? (3) 溶液的 pH 是多少?(忽略溶液体积变化,已知 $[Ag(NH_3)_2]^+$ 的 $K_s = 1.12 \times 10^7$,AgCl 的 $K_{sp} = 1.77 \times$

10^{-10}，NH_3 的 $K_b = 1.79 \times 10^{-5}$）

解 （1）根据题意，溶液中恰好生成白色 AgCl 沉淀，此时溶液中 Ag^+ 与 Cl^- 的离子积至少应该等于其溶度积，即

$$c(Ag^+) c(Cl^-) \geqslant K_{sp,AgCl}$$

故 $c(Ag^+) \geqslant \dfrac{K_{sp}}{c(Cl^-)} = \dfrac{1.77 \times 10^{-10}}{0.050} = 3.54 \times 10^{-9} (mol \cdot L^{-1})$

（2）根据溶液中生成氯化银沉淀，可以判断溶液中发生了从银氨配离子向氯化银沉淀转化的反应，该反应式表达如下：

$$[Ag(NH_3)_2]^+ + Cl^- \Longleftrightarrow AgCl + 2NH_3$$

该反应的平衡常数为：

$$K = \frac{[NH_3]^2}{[Ag(NH_3)_2^+][Cl^-]} = \frac{[NH_3]^2}{[Ag(NH_3)_2^+][Cl^-]} \cdot \frac{[Ag^+]}{[Ag^+]} = \frac{1}{K_{s,[Ag(NH_3)_2]^+} \cdot K_{sp,AgCl}}$$

$$= \frac{1}{1.12 \times 10^7 \times 1.77 \times 10^{-10}} = 504.4$$

当溶液中 $[Ag(NH_3)_2]^+$ 的浓度为 $0.050\ mol \cdot L^{-1}$，Cl^- 浓度为 $0.050\ mol \cdot L^{-1}$ 时，有：

$$504.4 = \frac{[NH_3]^2}{0.050 \times 0.050}$$

$$[NH_3]^2 = 1.26$$

所以 $\qquad\qquad [NH_3] = 1.12\ mol \cdot L^{-1}$

（3）溶液中氨的起始浓度为 $3.0\ mol \cdot L^{-1}$，滴加浓硝酸后，其浓度下降为 $1.12\ mol \cdot L^{-1}$，减少的氨都与硝酸反应生成了硝酸铵，即溶液中生成了一定量的 NH_4^+，由于忽略溶液体积变化，所以认为生成的 NH_4^+ 的浓度为 $3.0 - 1.12 = 1.88 (mol \cdot L^{-1})$。溶液中含有一定浓度的 NH_3 和 NH_4^+，组成一个缓冲溶液，根据亨德森-哈塞尔巴尔赫方程式，可以求出溶液的 pH：

$$pH = pK_a + \lg \frac{[NH_3]}{[NH_4^+]}$$

NH_3 的 K_b 值为 1.79×10^{-5}，则 NH_4^+ 的 pK_a 为 9.25，所以溶液的 pH 为

$$pH = pK_a + \lg \frac{[NH_3]}{[NH_4^+]} = 9.25 + \lg \frac{1.12}{1.88} = 9.03$$

练习题

一、判断题

1. 配合物由内界和外界组成。 （　　）

2. 配位数是中心离子（或原子）接受配位体的数目。 （　　）

3. 配合物的配位体都是带负电荷的离子，可以抵消中心离子的正电荷。 （　　）

4. 部分螯合物中存在离子键。 （　　）

5. 配离子的配位键越稳定，其稳定常数越大。 （　　）

二、单项选择题

1. 下列配合物中属于弱电解质的是　　　　　　　　　　　　　　　　　　（　　）

    A. $[Ag(NH_3)_2]Cl$　　　　　　　　　　B. $K_3[FeF_6]$

    C. $[Co(en)_3]Cl_2$　　　　　　　　　　　D. $[PtCl_2(NH_3)_2]$

2. 配位数是　　　　　　　　　　　　　　　　　　　　　　　　　　　　（　　）

    A. 中心离子(或原子)接受配位体的数目

    B. 中心离子(或原子)与配位离子所带电荷的代数和

    C. 中心离子(或原子)结合成键的配位原子的数目

    D. 中心离子(或原子)与配位体所形成的配位键数目

3. 乙二胺四乙酸根$(^-OOCCH_2)_2NCH_2CH_2N(CH_2COO^-)_2$ 可提供的配位原子数为（　　）

    A. 2　　　　　　　　B. 4　　　　　　　　C. 6　　　　　　　　D. 8

4. 下列说法中错误的是　　　　　　　　　　　　　　　　　　　　　　　（　　）

    A. 配合物的中心原子通常是过渡金属元素　　B. 配位键是稳定的化学键

    C. 配位体的配位原子必须具有孤对电子　　　D. 配位键的强度可以与氢键相比较

5. 下列关于螯合物的叙述中,不正确的是　　　　　　　　　　　　　　　（　　）

    A. 有两个以上配位原子的配位体均生成螯合物

    B. 螯合物通常比具有相同配位原子的非螯合配合物稳定得多

    C. 形成螯环的数目越多,螯合物的稳定性不一定越好

    D. 起螯合作用的配位体一般为多齿配位体,称螯合剂

6. 对于一些难溶于水的金属化合物,加入配位剂后,其溶解度增大,原因是　（　　）

    A. 产生盐效应

    B. 配位剂与阳离子生成配合物,溶液中金属离子浓度增加

    C. 使其分解

    D. 阳离子被配位生成配离子,其盐溶解度增加

三、简答题

1. 举例说明什么叫配合物,什么叫中心离子(或原子)。

2. 什么叫中心离子的配位数? 它与哪些因素有关?

3. 命名下列配合物和配离子。

(1) $(NH_4)_3[SbCl_6]$

(2) $Li[AlH_4]$

(3) $[Co(en)_3]Cl_3$

(4) $[Co(H_2O)_4Cl_2]Cl$

(5) $[Co(NO_2)_6]^{3-}$

(6) $[Co(NH_3)_4(NO_2)Cl]^+$

参考答案

一、判断题

1. ×。有的配合物没有外界。

2. ×。配位数指与中心原子结合成键的配位原子的数目。

3. ×。有的配体不带电荷。

4. √。

5. √。

二、单项选择题

1. D。根据题意,选项 A、B、C 的配合物中存在离子键,都是强电解质。

2. C。配位数指与中心原子结合成键的配位原子的数目。

3. C。参照 EDTA 的结构。

4. D。配位键的强度与共价键没有差别,而氢键只是分子间作用力。

5. A。

6. D。加入配位剂以后金属化合物的金属离子与配位剂生成配离子,从而使难溶于水的金属化合物溶解度增大。

三、简答题

1. 答:由一个中心离子(或原子)和几个配位体(阴离子或原子)以配位键相结合形成一个复杂离子(或分子),通常称这种复杂离子为结构单元,凡是由结构单元组成的化合物叫配合物。例如,中心离子 Co^{3+} 和 6 个 NH_3 分子以配位键相结合形成 $[Co(NH_3)_6]^{3+}$ 复杂离子,由 $[Co(NH_3)_6]^{3+}$ 配离子组成的相应化合物 $[Co(NH_3)_6]Cl_3$ 是配合物。同理,$K_2[HgI_4]$、$[Cu(NH_3)_4]SO_4$ 等都是配合物。每一个配位离子或配位分子中都有一个处于中心位置的离子(或原子),这个离子称为中心离子(或原子)。

2. 答:直接同中心离子(或原子)结合的配位原子数称为中心离子(或原子)的配位数。影响中心离子配位数的因素比较复杂,但中心离子配位数主要由中心离子和配位体的性质(半径、电荷)来决定。

(1) 中心离子的电荷越高,吸引配位体的能力越强,因此配位数就越大,如 Pt^{4+} 形成 $PtCl_6^{2-}$,而 Pt^{2+} 易形成 $PtCl_4^{2-}$,是因为 Pt^{4+} 电荷高于 Pt^{2+}。

(2) 中心离子半径越大,其周围可容纳的配位体就越多,配位数就越大,例如 Al^{3+} 的半径大于 B^{3+} 的半径。它们的氟配合物分别是 AlF_6^{3-} 和 BF_4^-。但是中心离子半径太大又削弱了它对配位体的吸引力,配位数反而减少。

(3) 配位体的负电荷增加时,配位体之间的斥力增大,使配位数降低。例如:$[Co(H_2O)_6]^{2+}$ 和 $CoCl_4^{2-}$。

(4) 配位体的半径越大,则中心离子周围容纳的配位体就越小,配位数也越小。例如 AlF_6^{3-} 和 $AlCl_4^-$ 就是因为 F^- 半径小于 Cl^- 半径。

3. (1) 六氯合锑(Ⅲ)酸铵　(2) 四氢合铝(Ⅲ)酸锂　(3) 三氯化三(乙二胺)合钴(Ⅲ)　(4) 氯化二氯·四水合钴(Ⅲ)　(5) 六硝基合钴(Ⅲ)配离子　(6) 一氯一硝基·四氨合钴(Ⅲ)配离子

第十三章　滴定分析

内容概要

一、基本概念

1. 滴定分析法：将一种已知准确浓度的标准溶液滴加到待测溶液中，直到待测物质刚好反应完全，即化学反应按计量关系完全作用为止，然后根据所用标准溶液的浓度和体积计算出待测物质含量的分析方法。

2. 化学计量点：标准溶液与待测组分根据化学反应的定量关系恰好反应完全时即为化学计量点，亦称为滴定反应的理论终点。

3. 滴定终点：滴定过程中指示剂发生颜色变化的转变点称为滴定终点。滴定终点与化学计量点往往不完全一致，由此所造成的误差称为滴定误差。

二、滴定分析法的特点和主要方法

1. 酸碱滴定法

以质子传递反应为基础的滴定分析方法。可用碱标准溶液测定酸性物质也可用酸标准溶液测定碱性物质。滴定反应的实质可用简式表示如下：

强酸(碱)滴定强碱(酸)：$H_3O^+ + OH^- \Longrightarrow 2H_2O$

强酸滴定弱碱：$A^- + H_3O^+ \Longrightarrow HA + H_2O$

强碱滴定弱酸：$HA + OH^- \Longrightarrow A^- + H_2O$

2. 配位滴定法

以配位反应为基础的滴定分析方法。用于测定多种金属离子的化合物。

目前广泛使用氨羧酸配位剂作滴定剂，其基本反应是：

$$M^{n+} + Y^{4-} \Longrightarrow MY^{n-4}$$

3. 氧化还原滴定法

以氧化还原为基础的滴定分析方法。可用氧化剂作为标准溶液测定还原性物质，也可以用还原剂作为标准溶液测定氧化性物质。根据所选用的标准溶液不同，氧化还原滴定法又可分为碘量法、高锰酸钾法、亚硝酸钠法、溴酸钾法和溴量法等类型。

如碘量法的基本反应是

$$I_2 + 2S_2O_3^{2-} \Longrightarrow 2I^- + S_4O_6^{2-}$$

4. 沉淀滴定法

以沉淀反应为基础的滴定分析方法。银量法是应用最广泛的沉淀滴定法，主要用于滴定 Cl^-、Br^-、I^- 和 SCN^- 等离子化合物。

其基本反应是

$$Ag^+ + X^- \Longrightarrow AgX$$

5. 非水滴定法

这是一大类在非水溶剂中进行的滴定分析方法。此法广泛应用于有机弱酸、弱碱和水分等的测定。

三、滴定分析反应的条件和滴定方式

1. 滴定条件：反应必须定量；反应必须迅速完成；无副反应，无干扰反应；有确定滴定终点。

2. 常见滴定方式：直接滴定法、返滴定法、置换滴定法、间接滴定法。

四、分析结果的误差和有效数字

1. 误差

测定值与真实值之间的差值称为误差。

（1）系统误差（systematic error）

分析时由某些固定原因造成的误差，又称可测误差。

特点：在同一条件下重复出现，误差大小基本不变，具有单向性，大小、正负可测，可加以校正。

产生原因：方法误差、仪器误差、试剂误差、操作误差。

（2）随机误差（random error）

由一些难以预料的偶然外因引起的误差，又称偶然误差。

特点：大小、正负难以控制；大误差出现概率小，小误差出现概率大；绝对值相同的正负随机误差出现的概率大体相同；不能通过校正的方法减小或消除；增加平行测定次数可减小随机误差。

（3）过失误差

由于分析人员粗心大意或不按操作规程操作而造成。这类明显错误的测定数据应坚决舍弃。

2. 误差的表示方法

（1）误差与准确度

准确度：测定值（x）与真实值（x_T）接近的程度。

分析结果准确度的高低用误差来表示。

绝对误差（E）：测定值与真实值之差。

相对误差（RE）：绝对误差在真实值中所占比例。

误差有正有负，常用来表示分析结果的准确程度。相对误差比绝对误差更合理地反映了分析结果的准确度。

（2）偏差与精密度

精密度：几次平行测定结果相互符合的程度。

绝对偏差（d）：某次测定值与多次测定值的算术平均值的差值。

$$d = x - \bar{x}$$

绝对平均偏差（$\bar{d}$）：每次测定的绝对偏差的绝对值之和的平均值。

$$\bar{d} = \frac{|d_1| + |d_2| + |d_3| + \cdots + |d_n|}{n}$$

相对平均偏差（$R\bar{d}$）：绝对平均偏差在平均值中所占的百分率。

一般化学分析中，常用绝对平均偏差和相对平均偏差来衡量分析结果的精密度。

标准偏差（S）：反映测定结果的精密度和分散程度。

$$S = \sqrt{\frac{d_1^2 + d_2^2 + d_3^2 + \cdots + d_n^2}{n-1}}$$

相对标准偏差(RSD)的表达式为：

$$RSD = \frac{S}{\bar{x}} \times 100\%$$

五、提高分析结果准确度的方法

(1) 选择适当的分析方法；

(2) 对照实验；

(3) 空白实验；

(4) 校准仪器；

(5) 使用合适的测量方法，减小测量误差；

(6) 增加平行测定次数。

六、有效数字和运算规则

1. 有效数字

定义：实际能测量到的具有实际意义的数字，包括所有的准确数字和保留的一位可疑数字。

化学实验在记录数据时要注意有效数字位数，使用不同的仪器记录的数据有效数字位数是不一样的。比如同是测量体积，使用滴定管测量的数据保留小数点后两位，而使用量筒测量的数据保留小数点后一位。如滴定管读数为 9.66 mL，量筒读数为 9.7 mL。

所以关于有效数字，请注意：

(1) 实验中的数字与数学上的数字不同。数学中，6.36＝6.360＝6.360 0；而实验中，6.36≠6.360≠6.360 0。

(2) 有效数字既表示数值的大小，又反映了仪器的精度。

(3) 单位的变换不应改变有效数字的位数，实验中要求尽量使用科学计数法表示数据。

(4) pH、pK 和 lg$c$ 等对数数值，其有效数字仅取决于小数部分数字的位数，而整数部分只说明该数的幂次。

2. 有效数字修约与运算规则

数字修约：舍弃多余数字的过程。遵循规则"四舍六入五留双"。多余尾数的首位为 5，若 5 后数字不为 0，则进位；若 5 后数字为 0，则根据 5 前的数字，采用"奇进偶舍"。修约结果应使准确度降低。

运算规则：几个数相加减，其和或差只能保留一位可疑数字；几个数相乘除，结果的位数与原始数据中有效数字位数最少的数相同。加减法以小数点后位数最少的数为依据；乘除法以有效数字位数最少的数为依据。

七、酸碱滴定法

1. 酸碱指示剂

酸碱指示剂是一些有机弱酸或有机弱碱，与其共轭碱（酸）的颜色不同。在酸碱滴定中，酸碱指示剂随溶液 pH 的变化而改变颜色，可指示滴定终点。

$$HIn + H_2O \Longrightarrow H_3O^+ + In^-$$

$$pH = pK_{HIn} + \lg \frac{[In^-]}{[HIn]}$$

溶液 pH 改变,溶液中酸色和碱色成分的浓度随之改变,从而溶液的颜色也发生改变。

变色原理:在一定 pH 范围内,$\frac{[In^-]}{[HIn]}$ 决定了溶液的颜色。

讨论:

理论变色点:$pH = pK_{HIn}$。此时溶液显现酸色和碱色等量混合的中间混合色。

理论变色范围:$pH = pK_{HIn} \pm 1$。在这个范围内,才能明显观察到指示剂颜色的变化。

2. 滴定曲线和指示剂的选择

酸碱滴定曲线:以滴定过程中所加入的酸或碱标准溶液的量为横坐标,以溶液的 pH 为纵坐标作图绘得的曲线。

计算滴定前、滴定开始到计量点前、计量点、计量点后的 pH。

滴定突跃:pH 的急剧改变,简称突跃。

滴定突跃范围:突跃所在的 pH 范围,简称突跃范围。

指示剂的选择原则:指示剂的变色范围全部或部分在突跃范围之内。

3. 一元弱酸的滴定

(1) 曲线起点的 pH 高,是 2.88。

(2) 理论变色范围:$pH = pK_{HIn} \pm 1$。在这个范围内,才能明显观察到指示剂颜色的变化。

(3) 曲线前部斜率较大,曲线中部较平坦。随着滴定的进行,溶液构成缓冲溶液,pH 增加缓慢。

(4) 计量点时,pH 为 8.73。

(5) 突跃范围在 7.75~9.70 的较窄的范围内,处于碱性区域。

4. 滴定突跃范围的影响因素

滴定突跃范围大小与弱酸的 K_a 和浓度有关:

(1) 弱酸的浓度一定,K_a 值越大,酸越强,突跃范围越大。

(2) 只有当 $cK_a \geq 10^{-8}$ 时,才能用强碱准确滴定弱酸。

(3) K_a 一定时,浓度越大,突跃范围越大,浓度越小,突跃范围越窄。溶液浓度大,突跃范围大,但是可能会引起较大的滴定误差;溶液浓度小,突跃范围小,难以找到合适的指示剂指示终点。通常溶液浓度以 $0.1 \sim 0.5 \ mol \cdot L^{-1}$ 为宜。

一元弱碱的情况与一元弱酸类似。

5. 分步滴定

判断多元碱能否用强酸直接滴定:① 根据 $cK_b \geq 10^{-8}$ 的原则,判断各步反应能否进行滴定;② 根据多元碱相邻 K_b 的比值(即 K_{b1}/K_{b2})是否大于 10^4,判断能否进行分步滴定。

多元酸的情况与多元碱类似。

八、酸碱标准溶液的配制与标定

1. 盐酸溶液的配制与标定

由于浓盐酸易挥发,所以不能直接配制成标准溶液,只能先配制成近似浓度的溶液,然后用一级标准物质标定其准确浓度。标定盐酸的一级标准物质有无水碳酸钠(Na_2CO_3)和硼砂($Na_2B_4O_7 \cdot 10H_2O$)。

（1）采用无水碳酸钠作为基准物质标定盐酸

无水碳酸钠和盐酸反应的化学方程式为 $2HCl + Na_2CO_3 = 2NaCl + H_2O + CO_2 \uparrow$

根据化学方程式可得出盐酸浓度计算式：

$$c_{HCl} = 2 \times \frac{m_{无水碳酸钠}}{106(V_{HCl} - V_{空白})} \times 1\,000$$

（2）采用硼砂作为基准物质标定盐酸

硼砂和盐酸反应的化学方程式为 $Na_2B_4O_7 \cdot 10H_2O + HCl = 2NaCl + 4H_3BO_3 + 5H_2O$。

在化学计量点时有

$$n_{HCl} : n_{Na_2B_4O_7 \cdot 10H_2O} = 2 : 1$$

据此可得出盐酸浓度计算式：

$$c_{HCl} = \frac{2 \times m_{硼砂} \times 1\,000}{M_{硼砂} \times V_{HCl}}$$

用 HCl 标准溶液滴定基准物质硼砂溶液，滴定终点时溶液 pH＝5.10，可以选用甲基红（变色范围 $4.4 \sim 6.2$）作为指示剂。

根据滴定消耗 $Na_2B_4O_7 \cdot 10H_2O$ 的质量 $m_{Na_2B_4O_7 \cdot 10H_2O}$ 和所用 HCl 溶液的体积 V_{HCl}，可以计算出 HCl 标准溶液的准确浓度。

2. 氢氧化钠溶液的配制与标定

由于 NaOH 会吸收空气中的 CO_2，所以长时间储存的 NaOH 溶液不纯，常常含有碳酸钠。所以 NaOH 标准溶液在实验室常现用现配。实验室配制 NaOH 标准溶液的步骤如下：① 首先配制氢氧化钠饱和溶液，然后密封静置，待碳酸钠沉淀析出后，取上层清液待用。② 将蒸馏水煮沸冷却待用。③ 用冷却的蒸馏水稀释第一步待用的氢氧化钠饱和溶液至所需浓度。④ 标定，对配制好的氢氧化钠溶液进行标定以确定最终浓度。

标定 NaOH 标准溶液常用的基准物质为邻苯二甲酸氢钾。因为邻苯二甲酸氢钾纯度较高，并且无结晶水，不潮解，相对分子质量较大，高温下不易分解。

$$C_8H_5O_4K + NaOH = C_8H_4NaO_4K + H_2O$$

$C_8H_5O_4K$ 标定指示剂选择酚酞，因为邻苯二甲酸钠钾的水溶液呈弱碱性，化学计量点时的 pH 约为 9.0，因此选用酚酞作指示剂。指示剂的颜色随溶液 pH 的改变而变化，但是人眼对颜色的辨别能力有限。在一般情况下，当两种型体的浓度之比在 10 或者 10 以上时，我们看到的是浓度较大的那种型体的颜色。选择指示剂的原则是：指示剂的变色范围应全部或部分落在滴定突跃范围内。

思维导图

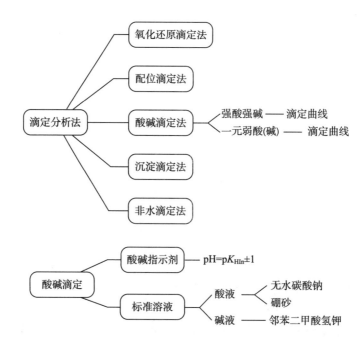

例题讲解

例 13-1 写出 0.100 0 mol·L^{-1}NaOH 溶液滴定 20.00 mL 0.100 0 mol·L^{-1}HCl 各阶段溶液的 pH。

答 (1) 滴定前:$[H^+]=0.100\ 0$ mol·L^{-1},pH$=1.00$。

(2) 滴定开始至计量点前:$[H^+]=\dfrac{c\times V_{剩余HCl}}{V_{总}}$。

(3) 计量点时:pH$=7$。

(4) 计量点后:$[OH^-]=\dfrac{c_{NaOH}\times V_{过量NaOH}}{V_{总}}$。

例 13-2 简述酸碱滴定分析中的变色原理及变色点。

答 变色原理:

$$pH=pK_{HIn}+\lg\frac{[In^-]}{[HIn]}$$

溶液 pH 改变,溶液中酸色和碱色成分的浓度随之改变,从而溶液的颜色也发生改变。

理论变色点:pH$=pK_{HIn}$。此时溶液显现酸色和碱色等量混合的中间混合色。

理论变色范围:pH$=pK_{HIn}\pm 1$。在这个范围内,才能明显观察到指示剂颜色的变化。

例 13-3 写出判断多元碱能否用强酸直接滴定的条件。

答 (1) 根据 $cK_b\geqslant10^{-8}$ 的原则,判断各步反应能否进行滴定。

（2）根据比较多元碱相邻 K_b 的比值（即 K_{b1}/K_{b2}）是否大于 10^4，判断能否进行分步滴定。

例 13－4　写出滴定突跃范围的大小与弱酸的 K_a 和浓度的关系。

　　答　（1）弱酸的浓度一定，K_a 值越大，酸越强，突跃范围越大。

（2）只有当 $cK_a \geqslant 10^{-8}$ 时，才能用强碱准确滴定弱酸。

（3）K_a 一定时，浓度越大，突跃范围越大，浓度越小，突跃范围越窄。溶液浓度大，突跃范围大，但是可能会引起较大的滴定误差；溶液浓度小，突跃范围小，难以找到合适的指示剂指示终点。通常溶液浓度以 $0.1 \sim 0.5$ mol·L^{-1} 为宜。

练习题

一、判断题

1. 在实验中，为减少或消除试剂、蒸馏水和实验器皿等引起的系统误差，可采用做空白对照试验的方法。　　　　　　　　　　　　　　　　　　　　　（　　）

2. 2.0 和 2.00 的有效数字位数是相等的。　　　　　　　　　　　　　　　（　　）

3. 酸碱指示剂的选择原则是指示剂变色范围与化学计量点完全符合。　　（　　）

4. 分别使用托盘天平和分析天平去称量同一个物质，记录的数据是一致的。　（　　）

5. 滴定分析的准确度要求相对误差≤0.1%，25 mL 滴定管的读数误差为 ±0.02 mL，故滴定时滴定剂体积应控制在 20 mL 以上。　　　　　　　　　　　　（　　）

6. 增加平行测定次数，可以减少测量中产生的偶然误差。　　　　　　　　（　　）

7. 增加平行测定次数，可以减少测量中产生的系统误差。　　　　　　　　（　　）

8. 滴定管读数，必须记录到小数点后第二位，即估读到 0.01 mL。　　　　（　　）

9. 使用量筒或者酸碱滴定管读数时，如果凹液面最低点正好与整数部位的刻度线相平，则读数直接读到整数位即可。　　　　　　　　　　　　　　　　　（　　）

10. 在酸碱滴定中，所选指示剂的变色范围要全部落在滴定突跃范围内。　（　　）

11. 在酸碱滴定中，所选指示剂的变色范围要全部或者部分落在滴定突跃范围内。

　　　　　　　　　　　　　　　　　　　　　　　　　　　　　　　　（　　）

12. 在分析化学数据计算中，5.0＋2.0＝7.00。　　　　　　　　　　　　　（　　）

13. 滴定分析中，化学计量点和滴定终点是一致的。　　　　　　　　　　　（　　）

14. 在滴定分析操作中，如果方法和操作都正确，则结果就不存在误差。　（　　）

15. 仪器误差是系统误差的一种。　　　　　　　　　　　　　　　　　　　（　　）

16. 系统误差是可以被校正的。　　　　　　　　　　　　　　　　　　　　（　　）

17. 分析结果精密度的高低用误差来表示。　　　　　　　　　　　　　　　（　　）

18. 只有在消除了系统误差之后，测定结果的精密度高，准确度才高。　　（　　）

二、单项选择题

1. 下列哪种方法不能消除测量中的系统误差？　　　　　　　　　　　　　（　　）

　　A. 增加平行测定次数　　　　　　　　　B. 校准仪器

　　C. 做对照试验　　　　　　　　　　　　D. 做空白试验

2. 根据修约规则,将 0.124 650 保留到小数点后四位是 （ ）

    A. 0.124 6   B. 0.124 7

    C. 0.124 65   D. 0.124 66

3. 在定量分析实验中,标定标准溶液或测定试样一般要求平行测定 3～4 次,然后求平均值作为实验结果。目的是 （ ）

    A. 减少实验的操作误差   B. 减少实验的试剂误差

    C. 减少实验的主观误差   D. 减少实验的偶然误差

4. 下列各数据中,有效数字位数是 2 位的是 （ ）

    A. 95.0%乙醇   B. $[H^+]=0.023\ 5\ mol \cdot L^{-1}$

    C. pH=10.46   D. 720 mg

5. 从有效数字和准确度判断下列哪种操作是准确的:配制 1 000 mL 0.1 mol · L^{-1} HCl 标准溶液,需量取 8.3 mL 12 mol · L^{-1} 浓盐酸 （ ）

    A. 用滴定管量取   B. 用量筒量取

    C. 用移液管量取   D. 用吸量管量取

6. 定量分析中,精密度与准确度之间的关系是 （ ）

    A. 精密度高,准确度必然高   B. 准确度高,精密度也就高

    C. 精密度是保证准确度的前提   D. 准确度是保证精密度的前提

7. 酸碱滴定中选择指示剂的原则是 （ ）

    A. 指示剂变色范围与化学计量点完全符合

    B. 指示剂应在 pH=7.00 时变色

    C. 指示剂的变色范围应全部或部分落入滴定突跃范围内

    D. 指示剂的变色范围应全部落在滴定突跃范围内

8. 用 0.1 mol · L^{-1} HCl 滴定 0.1 mol · L^{-1} NaOH 的突跃范围是 9.7～4.3,则用 0.01 mol · L^{-1} HCl 滴定 0.01 mol · L^{-1} NaOH 的突跃范围应为 （ ）

    A. 9.7～4.3   B. 8.7～4.3   C. 8.7～5.3   D. 10.7～3.3

9. 浓度为 0.1 mol · L^{-1} 的下列酸,能用 NaOH 直接滴定的是 （ ）

    A. HCOOH(pK_a=3.45)   B. H$_3$BO$_3$(pK_a=9.22)

    C. NH$_4$NO$_2$(pK_a=4.74)   D. H$_2$O$_2$(pK_a=12)

10. 关于 0.100 0 mol · L^{-1} NaOH 滴定 20.00 mL 0.100 0 mol · L^{-1} HAc 溶液的滴定曲线的说法错误的是 （ ）

    A. 突跃范围处于酸性区域

    B. 曲线前部分两端斜率较大,滴定开始后,溶液 pH 增加较快,接近计量点时,溶液 pH 增加较快

    C. 在化学计量点,pH 为 8.73

    D. 滴定突跃范围相对 0.100 0 mol · L^{-1} NaOH 滴定 20.00 mL 0.100 0 mol · L^{-1} HCl 变窄

11. 用 0.010 00 mol · L^{-1} 的 HCl 标准溶液滴定 0.010 00 mol · L^{-1} 的 NaOH,滴定突跃范围是 5.3～8.7,应该选用什么指示剂? （ ）

    A. 酚酞   B. 甲基红   C. 甲基橙   D. A 或 B

12. 定量分析中的基准物质的含义是 （　　）

　　A. 纯物质

　　B. 标准物质

　　C. 组成恒定的物质

　　D. 纯度高、组成恒定、性质稳定且摩尔质量较大的物质

13. 对于 25 mL 滴定管，每次读数的可疑值是 ± 0.01 mL。欲使消耗滴定液读数的相对误差不大于 0.1%，则应消耗滴定液 （　　）

　　A. 不少于 10 mL　　　　　　　　B. 不少于 20 mL

　　C. 不多于 20 mL　　　　　　　　D. 不少于 15 mL

14. 可用下列何种方法减免分析测试中的偶然误差？ （　　）

　　A. 加样回收试验　　　　　　　　B. 增加平行测定次数

　　C. 对照试验　　　　　　　　　　D. 空白试验

15. 现用 $0.100\ 0$ mol $\cdot$ L^{-1} 的 NaOH 溶液滴定 $0.100\ 0$ mol $\cdot$ L^{-1} 的草酸溶液[已知草酸($H_2C_2O_4$)的 $K_{a1} = 5.9 \times 10^{-2}$，$K_{a2} = 6.5 \times 10^{-5}$]，下列说法正确的是 （　　）

　　A. 草酸的两步解离均能被准确滴定，也能被分步滴定

　　B. 草酸的两步解离均能被准确滴定，但是不能被分步滴定

　　C. 草酸的两步解离不能被准确滴定

　　D. 草酸的第一步解离不能被准确滴定

三、计算题

1. 在 25 ℃下，以 NaOH($0.100\ 0$ mol $\cdot$ L^{-1})滴定 20.00 mL HAc($0.100\ 0$ mol $\cdot$ L^{-1})。(该温度下，HAc 的解离常数 $K_a = 1.7 \times 10^{-5}$，NaAc 的解离常数 $K_b = 5.8 \times 10^{-8}$)

　　(1) 写出滴定反应方程式；

　　(2) 计算滴定开始前 HAc 溶液的 pH；

　　(3) 计算化学计量点前 0.1% 时(即滴入的 NaOH 溶液体积为 19.98 mL 时)溶液的 pH；

　　(4) 计算化学计量点时(即滴入的 NaOH 溶液体积为 20.00 mL 时)溶液的 pH；

　　(5) 计算化学计量点后 0.1% 时(即滴入的 NaOH 溶液体积为 20.02 mL 时)溶液的 pH。

2. 某试样可能是 Na_2CO_3、$NaHCO_3$、NaOH 或其中两者的混合物，称取一定量的样品，溶解后用 $0.100\ 0$ mol $\cdot$ L^{-1} HCl 标准溶液以酚酞为指示剂滴定到终点，消耗 HCl 20.05 mL，继续以甲基橙为指示剂滴定到终点，又消耗 HCl 16.06 mL。问：(1) 此试样含有什么物质？(2) 计算各种碱的质量。

参考答案

一、判断题

1. √。做空白对照试验是为了减少系统误差。

2. ×。2.0有效数字位数是2,2.00有效数字位数是3。

3. ×。由于滴定突跃的存在,所以指示剂不需要恰好在化学计量点变色,指示剂的变色范围应全部或部分落入滴定突跃范围内。

4. ×。托盘天平数据记录到小数点后一位,分析天平数据记录到小数点后四位。

5. √。注意滴定管读数需要读两次,即使滴定管初次读数是0,这次误差仍然是0.01,因为0也是人读出来的,所以两次读数误差是±0.02 mL。

6. √。注意偶然误差和系统误差的区别。

7. ×。

8. √。

9. ×。即使凹液面最低点与整数刻度线相平,读数仍精确到0.01 mL,也就是小数点后两位。比如与0刻度线相平,读数为0.00 mL。

10. ×。指示剂的变色范围应全部或部分落入滴定突跃范围内。

11. √。

12. ×。根据有效数字运算规则,结果应该是7.0。

13. ×。化学计量点可以理解为理论上滴定反应的终点。

14. ×。误差是避免不了的,只能采取相应措施减少误差,无法消除误差。

15. √。仪器误差属于系统误差。

16. √。

17. ×。分析结果的精密度用偏差来表示。

18. √。精密度高是准确度高的前提。

二、单项选择题

1. A。增加平行测定次数是为了减少偶然误差。

2. A。

3. D。平行实验减少偶然误差。

4. C。根据有效数字规则,选项A、B和D的有效数字位数都是3位,也就是从首位不为零的数字算起。注意pH等对数表达数字的有效数字位数取决于小数部分数字位数。

5. B。8.3 mL精确到小数点后一位,使用量筒即可。移液管是针对固定体积液体的,一般有10 mL、20 mL、25 mL等规格。滴定管和吸量管一般精确到小数点后两位。

6. C。

7. C。由于滴定突跃的存在,指示剂的变色不需要恰好在化学计量点变色;指示剂的变色范围应全部或部分落入滴定pH突跃范围内;指示剂不需要在pH=7时变色,因为很多反应的化学计量点也不是pH=7,而且温度也会影响pH。

8. C。这道题考查浓度对滴定突跃的影响,浓度变小,突跃范围变窄。

9. A。根据$cK_a \geq 10^{-8}$来判断,选项B和D都不符合,选项C中亚硝酸铵不稳定,遇上氢氧化钠会产生氨气。

10. A。根据一元强碱滴定一元弱酸曲线来判定即可。

11. D。根据指示剂的变色范围应全部或部分落入滴定突跃范围内。

12. D。

13. B。滴定管读数需要读两次,即使滴定管初次读数是 0,这时误差仍然是 0.01,因为 0 也是人读出来的,所以两次读数误差是 ± 0.02 mL。

14. B。

15. B。(1) 根据 $cK_a \geqslant 10^{-8}$ 的原则,判断各步反应能否进行滴定;(2) 根据多元碱相邻 K_a 的比值(即 K_{a1}/K_{a2})是否大于 10^4,判断能否进行分步滴定。

三、计算题

1. 解:(1) $NaOH + HAc \Longrightarrow NaAc + H_2O$

(2) 滴定开始前,溶液中仅有 HAc 存在,$[H^+] = \sqrt{K_a c_a} = 1.3 \times 10^{-3}$ mol·L^{-1},pH $= -\lg(H^+) = 2.89$。

(3) 滴定开始至化学计量点前,溶液中存在的是 HAc‐NaAc 缓冲溶液体系,其 pH 可按缓冲溶液计算。

$[HAc] = 5.0 \times 10^{-5}$ mol·L^{-1}

$[Ac^-] = 5.0 \times 10^{-2}$ mol·L^{-1}

$[H^+] = 1.7 \times 10^{-8}$ mol·L^{-1}

pH $= 7.77$

(4) $[OH^-] = 5.4 \times 10^{-6}$ mol·L^{-1},pH $= 8.73$

(5) pH $= 9.70$

2. 解:(1) 分析:因为用到了两个指示剂酚酞和甲基橙,一个在碱性范围变色,一个在酸性范围变色,并且第一次使用指示剂酚酞变色消耗的盐酸多于第二次使用指示剂甲基橙变色消耗的盐酸,所以可推出此试样为 NaOH 与 Na_2CO_3 的混合物。

(2) $m_{Na_2CO_3} = 0.100\ 0 \times 16.06 \times 10^{-3} \times 106.0 = 0.17(g)$

$m_{NaOH} = 0.100\ 0 \times (20.05 - 16.06) \times 10^{-3} \times 40.0 = 0.016(g)$

第十四章　紫外-可见分光光度法

内容概要

一、物质对光的选择性吸收

1. 可见光、单色光和复色光

可见光:人肉眼所能感觉到的光。

单色光:单一波长的光。

复色光:由几种单色光合成的光。

2. 互补色光

若两种颜色的光可以按适当的强度比例混合成白光,则称这两种颜色的光为互补色光。

3. 物质的颜色与物质对光的吸收

① 若物质对光(白光)全不吸收,则呈白色或无色;

② 若物质对光全部吸收,则呈黑色;

③ 若物质只吸收某一频率的光(某色光),则它就呈现它所吸收光的互补色。

4. 物质的结构与颜色

物质的结构不同,则吸收光的频率不同,所以颜色不同。

5. 透光率和吸光度

透光率:透射光强度 I_t 与入射光强度 I_0 之比称为透光率(T)。

吸光度:透光率的负对数称为吸光度(A)。

吸光度反映物质对光的吸收程度,吸光度愈大,表示溶液对光的吸收愈多。

二、朗伯-比尔定律

朗伯-比尔定律是光吸收的基本定律,是描述物质对某一单色光吸收的强弱与吸光物质的浓度和厚度间关系的定律。

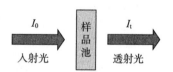

透光率: $T = \dfrac{I_t}{I_0}$

吸光度: $A = -\lg T = Kcl$

吸收系数:在给定单色光、溶剂和温度等条件下,吸收系数是物质的特性常数。不同物质对同一波长的单色光可有不同的吸收系数。吸收系数越大,表明该物质对某波长的光吸收能力越强。

摩尔吸收系数(κ):在一定波长下,溶液的浓度为 1 mol·L^{-1}、液层厚度为 1 cm 时的吸光度。

质量吸收系数(a)：在一定波长下，溶液浓度为 1 g·L^{-1}、液层厚度为 1 cm 时的吸光度。

$$A = ab\rho$$

百分吸收系数或比吸收系数$(E_{1\,cm}^{1\%})$：在一定波长下，溶液浓度为 1 g·100 mL^{-1}、液层厚度为 1 cm 时的吸光度。

摩尔吸收系数与百分吸收系数的换算关系：$\kappa = \dfrac{M_B}{10} \times E_{1\,cm}^{1\%}$

应用朗伯-比尔定律时应注意：

（1）朗伯-比尔定律仅适用于单色光、溶液为稀溶液的情况。

（2）吸光度的加和性：如果溶液中同时存在两种或两种以上吸光物质，且互不影响，则溶液的某一波长下的吸光度将是各组分吸光度的总和。

（3）入射光波长不同时，摩尔吸收系数也不相同。摩尔吸收系数越大，分光光度法灵敏度就越高。一般认为 κ 的值大于 10^3 即可进行分光光度法测定。分光光度法仅适用于微量组分的测定。若溶液浓度太高，结果将偏离朗伯-比尔定律。

三、物质的吸收光谱

任何一种溶液对不同波长的光的吸收程度是不同的。若以入射光的波长为横坐标，以溶液对该波长的吸收程度为纵坐标作图，可得一曲线，这条曲线称为该物质的吸收光谱（absorption spectrum），也称为吸收曲线（absorption curve）。

1. 最大吸收波长(λ_{max})：吸收光谱中吸光度最大处的波长。在最大吸收波长下测定吸光度，灵敏度最高。

2. 溶液浓度不同，吸收光谱性质基本相同，最大吸收波长相同；浓度越大，吸收光谱峰值越高。

3. 吸收光谱体现了物质的特性，是进行定性、定量分析的基础。

四、紫外-可见分光光度法

1. 分光光度计五大系统

（1）光源：分光光度计要求有发射强度足够而且稳定的、具有连续光谱且发光面积小的光源。

（2）单色器：单色器的作用是将来自光源的连续光谱按波长顺序色散，并从中分离出一定宽度的谱带。

（3）吸收池（比色皿、比色杯）。

（4）检测器：即光电效应检测器，将接收到的辐射功率变成电流的转换器。

（5）显示系统：将检测器输出的信号转换成透光率和吸光度再显示出来。

2. 测定条件的选择

（1）选择测定波长。

（2）选择合适的显色剂。

（3）选择吸光度的范围。

（4）选择参比溶液。

3. 常用特定方法

（1）标准曲线法

以测定待测物质物质的量浓度 c_x 为例：

① 配制一系列 X 的标准溶液 c_1、c_2、c_3、c_4…；

② 分别测出待测物质各标准溶液的吸光度 A_1、A_2、A_3、A_4…；

③ 以 c 为横坐标、A 为纵坐标作出标准曲线；

④ 在相同条件下，再测出未知浓度的待测物质溶液的吸光度 A_x；

⑤ 从标准曲线上找出 A_x 所对应的浓度 c_x。

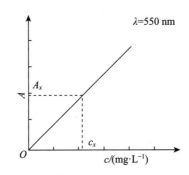

（2）标准对照法

以测定待测物质的浓度 c_x 为例：

① 先配制一个待测物质的标准溶液 c_s；

② 测出该待测物质标准溶液的吸光度 A_s；

③ 再在相同条件下，测出待测物质未知浓度的 X 溶液的吸光度 A_x。

$$c_x = \frac{A_x}{A_s} \cdot c_s$$

思维导图

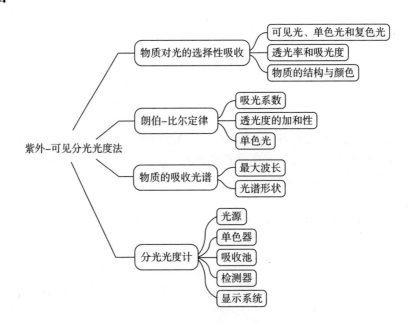

例题讲解

例 14-1　紫外-可见分光光度法测定药物含量的依据是（其中 A 代表吸光度，a 代表质量吸收系数，b 代表液层厚度，ρ 代表质量浓度，c 代表物质的量浓度，ε 代表摩尔吸收系数）　　　　　　　　　　　　　　　　　　　　　　　　　　　　　　　　　　　（　　）

　　A. $A = ab\rho$　　　　　B. $A = ab$　　　　　C. $A = c$　　　　　D. $A = \varepsilon c$

　　答案　A。根据朗伯-比尔定律，在液层厚度一定的情况下，吸光度与浓度成正比。选项 B 缺少了浓度，选项 C 缺少了吸收系数和液层厚度，选项 D 缺少了液层厚度。这里也要注意选用的吸收系数不同，浓度对应的单位也不同。

例 14-2　为提高测定方法的灵敏度，减少测定误差，测定时应采用　　　　　　（　　）

　　A. $\lambda_{\max}$　　　　　B. $\lambda_{\min}$　　　　　C. $\lambda_{\min} - \lambda_{\max}$　　　　　D. 平均波长

　　答案　A。选用最大波长。根据朗伯-比尔定律，理论上讲吸光度大小不影响浓度的计算，但是实验要考虑实验误差，尤其使用分光光度法测微量物质时。

例 14-3　取某药物样本 10 mL，置于 100 mL 容量瓶中配制成 100 mL 溶液，在波长 280 nm 处测得其透光率为 20%，其摩尔吸收系数 κ 为 1.7×10^3，相对分子质量为 200，液层厚度为 1 cm，求样本的质量浓度（g·100 mL^{-1}）。

　　解　根据公式：

$$E_{1cm}^{1\%} = \frac{\kappa \times 10}{M_B}$$

求出百分吸收系数 $E_{1cm}^{1\%} = 85$，再根据 $A = -\lg T = 0.7$，$A = E_{1cm}^{1\%}cl$，求出 $c = 8.24 \times 10^{-3}$ g·100 mL^{-1}。则原样本的质量浓度为 $10c = 8.24 \times 10^{-2}$ g·100 mL^{-1}。

练习题

一、填空题

1. 紫外-可见分光光度计由光源、_____、_____、_____、信号显示与处理系统五大部分组成。

2. 朗伯-比尔定律仅适用于_____（填"单色光"或"复色光"）。

3. $KMnO_4$ 显紫色，是因为它吸收了____色。

4. 可见光的波长范围是_____。

5. 可见分光光度分析，只能测定_____（填"有色溶液"或"无色溶液"）。

二、单项选择题

1. 下列说法错误的是　　　　　　　　　　　　　　　　　　　　　　　　　　　　（　　）

　　A. 波长范围为 200～760 nm 的电磁波为紫外-可见光

　　B. 同一物质的溶液，吸光度随溶液浓度的增大而减小

　　C. 不同的物质具有不同的吸收曲线

　　D. 只有一种波长的光称为单色光

2. 在吸收光谱曲线上，如果其他条件都不变，只降低溶液的浓度，则最大吸收波长的位

置和峰的高度将 （ ）

    A. 峰位不移动,峰高降低   B. 峰位不移动,峰高增加

    C. 峰位向长波方向移动,峰高增加   D. 峰位向短波方向移动,峰高增加

3. 紫外光的波长范围是 （ ）

    A. $200 \sim 400$ nm   B. $400 \sim 760$ nm

    C. $760 \sim 1\,000$ nm   D. 大于 760 nm

4. 用分光光度法在一定波长下测定某溶液的吸光度为 1.0,则其透光率为 （ ）

    A. 0.1%   B. 1.0%   C. 10%   D. 20%

5. 所谓可见光区,所指的波长范围是 （ ）

    A. $200 \sim 400$ nm   B. $400 \sim 760$ nm

    C. $750 \sim 1\,000$ nm   D. $100 \sim 200$ nm

三、计算题

精密称取维生素 B_{12} 对照品 20 mg,加水准确稀释至 1 000 mL,将此溶液置于厚度为 1 cm 的吸收池中,在 $\lambda = 361$ nm 处测得其吸光度为 0.414。另有两个试样:一为维生素 B_{12} 的原料药,精密称取 20 mg,加水准确稀释至 1 000 mL,同样在 $l = 1$ cm、$\lambda = 361$ nm 处测得其吸光度为 0.400;另一为维生素 B_{12} 注射液,精密吸取 1.00 mL,稀释至 10.00 mL,同样条件下测得其吸光度为 0.518。试分别计算维生素 B_{12} 原料药的质量分数及注射液的浓度。

参考答案

一、填空题

1. 单色器,吸收池,检测器   **2.** 单色光   **3.** 黄   **4.** $400 \sim 760$ nm   **5.** 有色溶液

二、单项选择题

1. B   **2.** A   **3.** A   **4.** C   **5.** B

三、计算题

  解   根据朗伯-比尔定律 $A = Kcl$ 计算。

(1) 原料药

$c_x = A_x / A_s \cdot c_s = 0.4 \times / 0.414 \times 20$ mg $\cdot$ L^{-1} $= 19.32$ mg $\cdot$ L^{-1}

维生素 B_{12} 原料药的质量分数 $= 19.32$ mg $\cdot$ L$^{-1} \times 1$ L $/20$ mg $\times 100\% = 96.62\%$

(2) 注射液

$c_x = A_x / A_s \cdot c_s = 0.518/0.414 \times 20$ mg $\cdot$ L$^{-1} = 25.02$ mg $\cdot$ L^{-1}

维生素 B_{12} 注射液的浓度 $= 25.02$ mg $\cdot$ L$^{-1} \times 0.01$ L $/1$ mL $= 0.250\,2$ mg $\cdot$ mL^{-1}

综合练习一

一、判断题(每题 2 分,共 10 题,计 20 分)

1. $0.2 \, mol \cdot L^{-1}$ 的 NaCl 溶液的渗透压等于 $0.2 \, mol \cdot L^{-1}$ 的葡萄糖溶液的渗透压。

( )

2. 水的离子积关系($[H^+][OH^-] = 1.0 \times 10^{-14}$)仅仅适用于纯水,不适用于其他稀水溶液。

( )

3. 体内血浆中$[HCO_3^-]/[CO_2]_{溶解}$虽然为 20/1,但它仍然有缓冲作用,因为肺和肝脏在起作用。

( )

4. 若用 KI 和 $AgNO_3$ 制得的 AgI 溶胶泳向负极,则配制时 KI 过量。 ( )

5. 表面活性剂在结构上有一个共同特点,即由亲水基团和疏水基团两部分组成。

( )

6. $[Cu(en)_2]^{2+}$ 中 Cu^{2+} 的配位数是 4。 ( )

7. 根据酸碱质子理论,水既可以看作酸也可以看作碱。 ( )

8. 电子云图中每一个小黑点代表一个电子。 ( )

9. 2.0 和 2.00 的有效数字位数是相等的。 ( )

10. 对于双原子分子,如果键是极性键,那么它一定是极性分子。 ( )

二、单项选择题(每题 2 分,共 15 题,计 30 分)

1. 下列物质中不是弱电解质的是 ( )

  A. NH_3 B. HAc   C. NaAc   D. H_2CO_3

2. 在 HAc 溶液中加入下列物质,会使 HAc 的离解度降低的是 ( )

  A. NaCl   B. HCl   C. KNO_3 D. $CaCl_2$

3. 能使红细胞发生皱缩现象的溶液是 ( )

  A. $1 \, g \cdot L^{-1}$ NaCl 溶液

  B. $12.5 \, g \cdot L^{-1}$ $NaHCO_3$ 溶液

  C. $112 \, g \cdot L^{-1}$ 乳酸钠($C_3H_5O_3Na$)溶液

  D. 生理盐水和等体积的水的混合液

4. 下列不属于溶胶相对稳定因素的是 ( )

  A. 布朗运动   B. 水化膜的保护作用

  C. 胶粒带电   D. 高分子溶液的保护作用

5. 丁铎尔现象属于光的下列性质中的 ( )

  A. 反射   B. 散射   C. 吸收   D. 透射

6. 表征原子轨道 $3d_{z^2}$ 的一组量子数是 ( )

  A. $n=2, l=1, m=0$ B. $n=3, l=2, m=0$

  C. $n=3, l=1, m=0$ D. $n=3, l=0, m=0$

7. 在定量分析实验中,标定标准溶液或测定试样一般要求平行测定 3～4 次,然后求平均值作为实验结果。目的是 　　　　　( )

    A. 减少实验的操作误差　　　　　　　　B. 减少实验的试剂误差

    C. 减少实验的主观误差　　　　　　　　D. 减少实验的偶然误差

8. 下列分子中,中心原子杂化类型为 sp 的是 　　　　　　　( )

    A. CH_4　　　　　　B. $BeCl_2$　　　　　　C. NH_3　　　　　　D. BF_3

9. 正常成人胃液的 pH 为 1.4,婴儿胃液的 pH 为 5.0。成人胃液中的氢离子浓度是婴儿胃液的多少倍? 　　　　　　　　　　　( )

    A. 0.28　　　　　　B. 3.60　　　　　　C. 4.0×10^{-3}　　　　D. 4.0×10^3

10. 下列分子中属于极性分子的是 　　　　　　　　　　　( )

    A. BF_3　　　　　　B. CO_2　　　　　　C. Cl_2　　　　　　D. H_2O

11. 已知 $\varphi^{\ominus}(Fe^{3+}/Fe^{2+}) = 0.77$ V, $\varphi^{\ominus}(Fe^{2+}/Fe) = -0.41$ V, $\varphi^{\ominus}(Sn^{4+}/Sn^{2+}) = 0.15$ V, $\varphi^{\ominus}(Sn^{2+}/Sn) = -0.14$ V。在标准状态下,这几种物质中相对最强的还原剂是 　　　　　　　　　　　　( )

    A. Fe^{2+}　　　　　　B. Sn^{2+}　　　　　　C. Fe　　　　　　D. Sn

12. 二级反应的半衰期与初始浓度的关系为 　　　　　　　( )

    A. 无关　　　　　　　　　　　　　　B. 成正比

    C. 成反比　　　　　　　　　　　　　D. 与初始浓度的平方成正比

13. 关于配位化合物,下列叙述中错误的是 　　　　　　　( )

    A. 只有配体数相同的配离子才能直接根据 K_s 的大小判断其稳定性高低

    B. 同一中心原子形成的不同配合物中,往往内轨型配合物比外轨型配合物稳定

    C. 中心原子的未成对电子数愈多,其配合物的磁矩愈大

    D. 凡配位数为 4 的配合物,中心原子的轨道杂化方式都是 sp^3 杂化

14. 温度一定时,在 $Mg(OH)_2$ 饱和溶液中加入一些 $MgCl_2$ 晶体(忽略溶液体积变化),系统又达沉淀溶解平衡时,下列没有变化的是 　　　　　( )

    A. $Mg(OH)_2$ 的 K_{sp}　　　　　　　　B. $[Mg^{2+}]$

    C. $Mg(OH)_2$ 的溶解度　　　　　　　　D. 溶液的 pH

15. 已知一定条件下,某溶液浓度为 a 时,朗伯-比尔定律中的 K 值为 b,则在相同条件下,此溶液浓度为 $2a$ 时,其 K 值为 　　　　　　　( )

    A. $4b$　　　　　　B. $2b$　　　　　　C. b　　　　　　D. $0.5b$

三、简答题(第 1～3 题每题 5 分,第 4 题 10 分,计 25 分)

    1. 简述酸碱质子理论。

2. 简述同离子效应。

3. 临床补液时为什么一般要输等渗溶液?

4. 用杂化轨道理论解释乙炔(C_2H_2)的成键情况(单键、三键)并判断其分子构型。

四、计算题(共 3 题,第 1 题 5 分,第 2、3 题各 10 分,计 25 分)

1. 计算 25℃时,0.20 $mol \cdot L^{-1}$ 的某一元弱碱的 pH。已知该碱在 25℃时的 $K_b^\ominus = 1.85 \times 10^{-6}$。

2. 在标准氢电极溶液中加入 NaAc,并维持[Ac^-]=1 $mol \cdot L^{-1}$,$p(H_2)$=100 kPa,求此时的电极电位。[已知 $K_a(HAc)=1.75 \times 10^{-5}$]

3. 某药在体内的分解速率常数为 0.02 月$^{-1}$,已知其分解 30% 即属失效,求该药的半衰期和保质期。

参考答案

一、判断题(每题 2 分,共 10 题,计 20 分)

1. ×　2. ×　3. ×　4. ×　5. ×　6. √　7. √　8. ×　9. ×　10. √

二、单项选择题(每题 2 分,共 15 题,计 30 分)

1. C　2. B　3. C　4. D　5. B　6. B　7. D　8. B　9. D　10. D　11. C　12. C　13. D　14. A　15. C

三、简答题(第 1~3 题每题 5 分,第 4 题 10 分,计 25 分)

1. 答:凡是能给出质子 H^+ 的物质称为酸,如 HCl、H_3O^+、H_2O、HCO_3^- 等。凡是能接受质子 H^+ 的物质称为碱,如 OH^-、Cl^-、H_2O、HCO_3^- 等。

酸、碱可以是阳离子、阴离子和中性分子。

酸碱质子理论扩大了酸和碱的范围,没有盐的概念;扩大了酸碱反应的范围,解释了在气相或非水溶剂中进行的酸碱反应;将酸碱强度和质子传递反应结合起来,把酸或碱的性质和溶剂的性质联系起来。

2. 答:在弱酸或弱碱溶液中加入与弱酸或弱碱含有相同离子的强电解质,使得弱酸或弱碱解离度降低的现象称为同离子效应。

3. 答:使补液与病人血浆渗透压相等,才能使体内水分调节正常并维持细胞的正常形态和功能。

4. 乙炔中碳碳三键的两个碳原子各以 sp 杂化轨道互相重叠形成 1 个 σ 键,碳原子上未参与杂化的另 2 个 p 轨道以"肩并肩"方式重叠形成 2 个 π 键,每个碳原子各以 sp 杂化轨道和氢原子的 1s 轨道重叠形成 σ 键,分子的构型是直线形。

四、计算题(共 3 题,第 1 题 5 分,第 2、3 题各 10 分,计 25 分)

1. 解:因为 $\dfrac{c}{K_b^\ominus}=\dfrac{0.2}{1.85\times10^{-6}}=1.08\times10^5>500$

所以可用简化式 $[OH^-]=\sqrt{K_b^\ominus\cdot c}=\sqrt{1.85\times10^{-6}\times0.2}=6.08\times10^{-4}\,\text{mol}\cdot\text{L}^{-1}$

$pOH=-\lg[OH^-]=-\lg(6.08\times10^{-4})=3.22$

$pH=pK_w-pOH=14-3.22=10.78$

2. 解:$\varphi(H^+/H_2)=\varphi^\ominus(H^+/H_2)+\dfrac{0.0592}{2}\lg\dfrac{c^2(H^+)}{p(H_2)/p^\ominus}$

$=0.0592\lg c(H^+)=-0.0592\,pH$

$pH=pK_a+\lg\dfrac{[Ac^-]}{[HAc]}=4.75$

$\varphi(H^+/H_2)=-0.281\,\text{V}$

3. 解:根据 k 的量纲可知该反应为一级反应。

$t_{1/2}=\dfrac{\ln 2}{k}=\dfrac{0.693}{0.02}=34.7(\text{月})$

根据公式 $\ln\dfrac{c_0}{c}=kt$,将 $c=(1-30\%)c_0$ 代入,得:

$\ln\dfrac{c_0}{0.7c_0}=0.02\,t$,解得 $t=18$ 月

所以改药物的半衰期为 34.7 个月,保质期为 18 个月。

综合练习二

一、判断题(每题 1 分,共 10 题,计 10 分)

1. 如果血浆中蛋白质减少,血浆的胶体渗透压会降低,可能形成水肿。 （ ）
2. $0.2\ mol \cdot L^{-1}$ 的 NaCl 溶液的渗透压等于 $0.2\ mol \cdot L^{-1}$ 的葡萄糖溶液的渗透压。 （ ）
3. $0.1\ mol \cdot L^{-1}$ 的 HAc 与 $0.1\ mol \cdot L^{-1}$ 的 HCl 可以消耗相同体积的 $0.1\ mol \cdot L^{-1}$ NaOH。 （ ）
4. 将红细胞置于低渗溶液中会发生溶胀甚至溶血现象。 （ ）
5. 对于放热反应,温度升高,反应速率增大。 （ ）
6. 滴定分析的准确度要求相对误差≤0.1%,25 mL 滴定管的读数误差为±0.01 mL,故滴定时滴定剂体积应控制在 20 mL 以上。 （ ）
7. H_2O 的空间构型是直线型。 （ ）
8. $[Cr(en)_2Cl_2]Cl$ 的命名是氯化二氯·二(乙二胺)合铬(Ⅲ)。 （ ）
9. 苯环中的碳的杂化类型为 sp^2 杂化。 （ ）
10. 溶胶是均相系统,在热力学上是稳定的。 （ ）

二、单项选择题(每题 2 分,共 15 题,计 30 分)

1. 临床上使用的氯化钾(相对分子质量为 74.5)注射液质量浓度为 $\rho = 100\ g \cdot L^{-1}$,其物质的量浓度为 （ ）
   A. $1.34\ mol \cdot L^{-1}$ B. $2.34\ mol \cdot L^{-1}$
   C. $0.34\ mol \cdot L^{-1}$ D. $3.34\ mol \cdot L^{-1}$

2. 欲配制与血浆 pH 相同的缓冲溶液,应选用下列哪一组缓冲对? （ ）
   A. $HAc - NaAc$ $(pK_a = 4.75)$ B. $NaH_2PO_4 - Na_2HPO_4$ $(pK_a = 7.20)$
   C. $NH_3 - NH_4Cl$ $(pK_a = 9.25)$ D. $H_2CO_3 - NaHCO_3$ $(pK_a = 6.37)$

3. 在 HAc 溶液中加入下列物质,会使 HAc 的解离度降低的是 （ ）
   A. NaCl   B. HCl
   C. KNO_3 D. $CaCl_2$

4. 下列溶液能使人体红细胞保持正常状态的是 （ ）
   A. $20\ g \cdot L^{-1}$ NaCl 溶液   B. $0.278\ mol \cdot L^{-1}$ 葡萄糖溶液
   C. $100\ g \cdot L^{-1}$ 葡萄糖溶液   D. $0.345\ mol \cdot L^{-1}$ NaHCO$_3$ 溶液

5. 用分光光度法在一定波长下测定某溶液的吸光度为 1.0,则其透光率为 （ ）
   A. 0.1%   B. 1.0%   C. 10%   D. 20%

6. 婴儿胃液的 pH 为 5.0,则婴儿胃液中的氢氧根离子浓度是多少? （ ）
   A. 1.0×10^{-14} B. 1.0×10^{-7} C. 1.0×10^{-5} D. 1.0×10^{-9}

7. 下列哪个分子既有 σ 键又有 π 键? （ ）
   A. CH_4 B. H_2O C. NH_3 D. C_2H_4

8. 将 $0.1\ mol \cdot L^{-1}\ AgNO_3$ 溶液与 $0.01\ mol \cdot L^{-1}\ KI$ 溶液等体积混合制备 AgI 溶胶,使之发生聚沉时,所需电解质体积最少的是(浓度均为 $0.1\ mol \cdot L^{-1}$) （ ）

    A. K_2SO_4 B. $Al(NO_3)_3$ C. $K_3[Fe(CN)_6]$ D. $MgCl_2$

9. 不合理的一套量子数 (n,l,m,s) 是 （ ）

    A. $2,0,0,+\dfrac{1}{2}$ B. $2,0,-1,-\dfrac{1}{2}$

    C. $2,1,1,-\dfrac{1}{2}$ D. $3,2,0,+\dfrac{1}{2}$

10. 已知 $\varphi^\ominus(Fe^{3+}/Fe^{2+})=0.77\ V,\varphi^\ominus(Fe^{2+}/Fe)=-0.41\ V,\varphi^\ominus(Sn^{4+}/Sn^{2+})=0.15\ V,\varphi^\ominus(Sn^{2+}/Sn)=-0.14\ V$。在标准状态下,下列几种物质中相对最强的氧化剂是 （ ）

    A. Fe^{3+} B. Sn^{4+} C. Fe^{2+} D. Sn^{2+}

11. Fe^{3+} 的电子排布式是 （ ）

    A. $[Ar]3d^64s^2$ B. $[Ar]3d^64s^1$

    C. $[Ar]3d^5$ D. $[Ar]3d^64s^0$

12. 下列哪种方法不能减小测量中的系统误差? （ ）

    A. 增加平行测定次数   B. 校准仪器

    C. 做对照试验   D. 做空白试验

13. 下列各数据中,有效数字位数是 2 位的是 （ ）

    A. 95.0%乙醇   B. $[H^+]=0.0235\ mol \cdot L^{-1}$

    C. pH=10.46   D. 720 mg

14. 2p 和 3p 分别含几个等价轨道? （ ）

    A. 2,3   B. 2,2   C. 3,3   D. 3,4

15. 关于酸碱滴定说法正确的是 （ ）

    A. 二元酸一定有两个滴定突跃

    B. 选用的指示剂应在 pH 7.00 时变色

    C. 化学计量点与滴定终点须保持一致

    D. 酸常数越大,滴定突跃范围越宽

三、简答题(共 3 题,第 1~2 每题 5 分,第 3 题 10 分,计 20 分)

1. 常用消毒用医用酒精浓度是多少?该浓度用的是哪种溶液组成标度?若要你配制 500 mL 医用酒精,请概述其配制步骤。

2. 简述化学平衡常数的意义。

3. 用杂化轨道理论解释 H_2O 的成键情况(画出杂化方框图)并判断其分子构型。

四、计算题(共 4 题,每题 10 分,计 40 分)

1. 已知 $K_a(HAc) = 1.74 \times 10^{-5}$。(1) 求 $0.100 \ mol \cdot L^{-1}$ HAc 溶液的解离度 α;(2) 如果在 $1.00 \ L$ 该溶液中加入固体 NaAc(不考虑溶液体积变化),使其浓度为 $0.100 \ mol \cdot L^{-1}$,计算溶液的 $[H^+]$ 和解离度。

2. 已知电极反应 $MnO_4^- + 8H^+ + 5e^- \Longrightarrow Mn^{2+} + 4H_2O$,$\varphi^{\ominus} = 1.507 \ V$。若 MnO_4^-、Mn^{2+} 为标准状态,求 $298.15 \ K$、$pH = 6$ 时此电极的电极电位。

3. 某药在体内的分解速率常数为 0.03 月 $^{-1}$,已知其分解 40% 即属失效,求该药的半衰期和保质期。

4. 已知 $Mg(OH)_2$ 的 $K_{sp} = 5.61 \times 10^{-12}$,$NH_3$ 的 $pK_b = 4.75$,$Mg(OH)_2$ 在含有 $0.10 \ mol \cdot L^{-1} \ NH_3$ 与 $0.20 \ mol \cdot L^{-1} \ NH_4Cl$ 的混合溶液中的溶解度是多少?

参考答案

一、判断题(每题 1 分,共 10 题,计 10 分)

1. √ 2. × 3. √ 4. √ 5. √ 6. √ 7. × 8. √ 9. √ 10. ×

二、单项选择题(每题 2 分,共 15 题,计 30 分)

1. A 2. B 3. B 4. B 5. C 6. D 7. D 8. C 9. B 10. A 11. C
12. A 13. C 14. C 15. D

三、简答题(共 3 题,第 1~2 题每题 5 分,第 3 题 10 分,计 20 分)

1. 答:75%,体积分数。配制步骤:① 计算:$500 \ mL \times 75\% = 375 \ mL$,需要用到 $375 \ mL$ 乙醇;② 使用量筒量取 $375 \ mL$ 乙醇倒入洁净的烧杯,然后使用玻璃棒引流到 $500 \ mL$ 的容量瓶中,将烧杯润洗三次并同样引流到容量瓶中;③ 定容。

2. 答:对某一可逆反应,在一定温度下,无论反应物的起始浓度如何,反应达到平衡状态后,生成物与反应物浓度系数次方的比是一个常数,称为化学平衡常数,用 K 表示。

3. 答:

H_2O 中 O 的杂化方式属于 sp^3 不等性杂化,形成 4 个 sp^3 杂化轨道,但是由于孤对电子的存在,4 个 sp^3 杂化轨道并不完全等价,O 原子的 2 个 sp^3 杂化轨道(非孤对电子)分别和 2 个氢原子的 1s 轨道重叠形成 2 个 σ 键,分子是 V 形分子。

四、计算题(共 4 题,每题 10 分,计 40 分)

1. 解:(1) $\alpha < 5\%$,$\alpha = \sqrt{\dfrac{K_a}{c}} = \sqrt{\dfrac{1.74 \times 10^{-5}}{0.100}} = 1.32 \times 10^{-2} = 1.32\%$

(2) $[H^+] = \sqrt{K_a \cdot c} = \sqrt{1.74 \times 10^{-5} \times 0.100} = 1.32 \times 10^{-3} (\text{mol} \cdot L^{-1})$

$K_a = \dfrac{[H^+] \cdot (0.100 + [H^+])}{0.100 - [H^+]} = [H^+]$

所以 $[H^+] = 1.74 \times 10^{-5} (\text{mol} \cdot L^{-1})$

$\alpha = \dfrac{[H^+]}{c_{HAc}} = \dfrac{1.74 \times 10^{-5}}{0.100} = 1.74 \times 10^{-4} = 0.017\ 4\%$

2. 解:$\varphi(MnO_4^-/Mn^{2+}) = \varphi^{\ominus}(MnO_4^-/Mn^{2+}) + \dfrac{0.059\ 2}{5} \lg \dfrac{c(MnO_4^-)c^8(H^+)}{c(Mn^{2+})}$

$\varphi(MnO_4^-/Mn^{2+}) = 1.507 + \dfrac{0.059\ 2}{5} \lg c^8(H^+)$

$= 1.507 - \dfrac{0.059\ 2 \times 8}{5} pH$

$= 0.939 (V)$

3. 解:根据 k 的量纲可知该反应为一级反应。

$t_{1/2} = \dfrac{\ln 2}{k} = \dfrac{0.693}{0.03} = 23.1 (月)$

根据公式 $\ln \dfrac{c_0}{c} = kt$,将 $c = (1 - 40\%)c_0$ 代入,得:

$\ln \dfrac{c_0}{0.6c_0} = 0.03\ t$

解得 $t = 17.03 (月)$

所以该药物的半衰期为 23.1 个月,保质期约为 17 个月。

4. 解:题中 NH_3 和 NH_4Cl 组成了一个缓冲溶液,根据亨德森-哈塞尔巴尔赫方程式首先求出该溶液的 pH:

$pH = pK_a + \lg \dfrac{[NH_3]}{[NH_4^+]} = (14 - 4.75) + \lg \dfrac{0.10}{0.20} = 8.95$

因此溶液中 OH^- 的浓度为 $c(OH^-) = 8.9 \times 10^{-6}\ \text{mol} \cdot L^{-1}$

要求 $Mg(OH)_2$ 的溶解度,那么溶液中 Mg^{2+} 和 OH^- 的离子积应该等于 $Mg(OH)_2$ 的溶度积,即 $K_{sp} = [Mg^{2+}][OH^-]^2$。此时溶液中 OH^- 的浓度为 $8.9 \times 10^{-6}\ \text{mol} \cdot L^{-1}$,溶液

中 Mg^{2+} 的浓度为：

$$[Mg^{2+}] = \frac{K_{sp}}{[OH^-]^2} = \frac{5.61 \times 10^{-12}}{(8.9 \times 10^{-6})^2} = 0.071(mol \cdot L^{-1})$$

溶液中的 Mg^{2+} 是由 $Mg(OH)_2$ 在该溶液中溶解并解离生成的，因此 $Mg(OH)_2$ 在该溶液中的溶解度在数值上就等于溶液中 Mg^{2+} 的平衡浓度 $0.071\ mol \cdot L^{-1}$。

综合练习三

一、判断题(每题 1 分,共 20 题,计 20 分)

1. 在实验中,为减少或消除试剂、蒸馏水和实验器皿等引起的系统误差,可采用做平行试验的方法。 (   )

2. 在丙酮碘化反应实验中,为了使反应速率在从开始到结束的整个过程中几乎不变,采用的方式是让丙酮与 H^+ 大大过量。 (   )

3. 由于在 HAc 溶液中存在 HAc 与 Ac^- 的质子转移平衡,所以 HAc 溶液是缓冲溶液。 (   )

4. 经测定,标准氢电极的电极电位是 0 V。 (   )

5. 对于放热反应,温度升高,反应速率减小。 (   )

6. sp^3 杂化轨道是由 1s 轨道和 3p 轨道杂化而形成。 (   )

7. 将红细胞置于 9% 的氯化钠溶液中会发生皱缩现象。 (   )

8. 葡萄糖的摩尔质量为 $180 \text{ g} \cdot \text{mol}^{-1}$,$50.0 \text{ g} \cdot \text{L}^{-1}$ 葡萄糖溶液的渗透浓度为 $278 \text{ mmol} \cdot \text{L}^{-1}$。 (   )

9. 滴定分析的准确度要求相对误差$\leqslant 0.1\%$,25 mL 滴定管的读数误差为 $\pm 0.01 \text{ mL}$,故滴定时滴定剂体积应控制在 20 mL 以上。 (   )

10. 元素周期表中,同一主族从上到下,元素的电负性逐渐增大。 (   )

11. $[Cr(en)_2Cl_2]Cl$ 的命名是氯化二氯·二(乙二胺)合铬(Ⅱ)。 (   )

12. 电子云图中单个小黑点无实际意义。 (   )

13. 按分散相粒子的大小分类,分散相粒子直径在 1～100 nm 之间的分散系属于胶体分散系。 (   )

14. 同种溶液浓度不同,最大吸收波长也不同。 (   )

15. 若用 KI 和 $AgNO_3$ 制得的 AgI 溶胶泳向正极,则配制时 KI 过量。 (   )

16. 溶胶的丁铎尔现象是光的折射造成的。 (   )

17. 表面活性剂可以大大降低液体的表面张力。 (   )

18. 电极反应 $Fe^{3+} + e^- = Fe^{2+}$,$\varphi^\ominus = 0.771 \text{ V}$;则电极反应 $3Fe^{3+} + 3e^- = 3Fe^{2+}$,$\varphi^\ominus = 3 \times 0.771 = 2.31 \text{ V}$。 (   )

19. 在配合物中,配体数不一定等于配位数。 (   )

20. 分子间氢键的形成会使该物质沸点降低。 (   )

二、单项选择题(每题 2 分,共 15 题,计 30 分)

1. 用 50 mL $0.01 \text{ mol} \cdot \text{L}^{-1}$ $AgNO_3$ 溶液与 100 mL $0.002 \text{ mol} \cdot \text{L}^{-1}$ KI 溶液作用制备 AgI 溶胶,其胶团结构为 (   )

   A. $[(AgI)_m \cdot nI^- \cdot (n-x)K^+]^{x-} \cdot xK^+$

   B. $[(AgI)_m \cdot nK^+ \cdot (n-x)I^-]^{x+} \cdot xI^-$

   C. $[(AgI)_m \cdot nAg^+ \cdot (n-x)NO_3^-]^{x+} \cdot xNO_3^-$

D. $[(AgI)_m \cdot nNO_3^- \cdot (n-x)Ag^+]^{x-} \cdot xAg^+$

2. 100 mL 0.02 mol·L^{-1} NaH$_2$PO$_4$(pK_{a1}=2.12,pK_{a2}=7.21)的 pH 等于 （   ）

    A. 2.12   B. 4.67   C. 7.21   D. 9.33

3. 一级、二级、零级反应的半衰期 （   ）

    A. 都与 k、c_0 有关   B. 都与 c_0 有关

    C. 都与 k 有关   D. 不一定与 k 和 c_0 有关

4. H$_2$O 中 O 的成键轨道及 H$_2$O 的分子构型是 （   ）

    A. sp^3 等性杂化轨道,三角锥形   B. sp^2 不等性杂化轨道,V 形

    C. sp^3 等性杂化轨道,正四面体   D. sp^3 不等性杂化轨道,V 形

5. 0.2 mol·L^{-1} NH$_4$Cl 溶液的[H$^+$]是多少? (K_b=1.79×10^{-5}) （   ）

    A. 7.48×10^{-6} B. 1.06×10^{-5} C. 2.3×10^{-5} D. 9.68×10^{-5}

6. 常温下氢离子浓度为 0.1 mol·L^{-1} 的某一元酸和氢氧根离子浓度为 0.1 mol·L^{-1} 的某一元碱等体积混合后 pH 小于 7,其原因可能是 （   ）

    A. 酸是强酸,碱是强碱   B. 酸是强酸,碱是弱碱

    C. 生成了强酸弱碱盐   D. 酸是弱酸,碱是强碱

7. C(CH$_3$)$_4$ 分子中碳原子的杂化方式 （   ）

    A. 都是 sp^3 杂化   B. 都是 sp^2 杂化

    C. 都是 sp 杂化   D. 有 sp^3 杂化和 sp^2 杂化

8. 将 0.01 mol·L^{-1} AgNO$_3$ 溶液与 0.1 mol·L^{-1} KI 溶液等体积混合制备 AgI 溶胶,使之发生聚沉时,所需电解质体积最少的是(浓度均为 0.1 mol·L^{-1}) （   ）

    A. K$_2$SO$_4$ B. Al(NO$_3$)$_3$ C. K$_3$[Fe(CN)$_6$]   D. MgCl$_2$

9. 合理的一套量子数(n,l,m,s)是 （   ）

    A. 2,0,0,$+\dfrac{1}{2}$ B. 2,0,-1,$-\dfrac{1}{2}$

    C. 2,2,1,$-\dfrac{1}{2}$ D. 3,4,0,$+\dfrac{1}{2}$

10. 下列氧化还原电对的电极电位大小与溶液 pH 无关的是 （   ）

    A. MnO$_4^-$/MnO$_4^{2-}$ B. H$^+$/H$_2$

    C. H$_2$O$_2$/H$_2$O   D. MnO$_4^-$/Mn^{2+}

11. 水的离子积 K_w 适用于 （   ）

    A. 纯水   B. 中性溶液

    C. 酸性和碱性溶液   D. 以上均可

12. pH 等于 1.0 的 HAc 溶液,氢离子浓度 （   ）

    A. 等于 0.1 mol·L^{-1} B. 大于 0.1 mol·L^{-1}

    C. 小于 0.1 mol·L^{-1} D. 无法判断

13. 下列关于温度对反应影响的叙述,错误的是 （   ）

    A. 提高温度可以增大吸热反应速率

    B. 提高温度可以增大放热反应速率

    C. 提高温度可以让反应平衡向吸热方向移动

     D. 提高温度只能增大吸热反应速率

14. 下列说法错误的是 ( )

     A. 朗伯-比尔定律只适用于单色光

     B. 同一物质的溶液,浓度不同,最大吸收波长不同

     C. 可根据吸收曲线进行初步的定性分析

     D. 只有一种波长的光称为单色光

15. 能使碘化钾淀粉溶液变蓝的是 ( )

     A. 氯化钠溶液   B. 溴化钠溶液

     C. 碘化钠溶液   D. 氯水

三、简答题(10分)

用杂化轨道理论解释乙烯(C_2H_4)的成键情况(单键、双键)并判断其分子构型。

四、计算题(共4题,每题10分,计40分)

1. 已知 $K_a(HAc) = 1.75 \times 10^{-5}$,100 mL 0.100 mol·$L^{-1}$ HAc 溶液与 50 mL 0.100 mol·L^{-1} NaOH 溶液混合,求混合后溶液的 pH。

2. 试计算 298 K 时 Zn^{2+}(0.5 mol·L^{-1})/Zn 的电极电位。

3. 在 1 L 6 mol·L^{-1} 的氨水中加入 0.01 mol $CuSO_4$,溶解后,在此溶液中再加入 0.01 mol 固体 NaOH,问:是否会有 $Cu(OH)_2$ 沉淀生成?(已知 $[Cu(NH_3)_4]^{2+}$ 的 $K_s = 2.09 \times 10^{13}$,$K_b(NH_3) = 1.76 \times 10^{-5}$,$Cu(OH)_2$ 的 $K_{sp} = 2.20 \times 10^{-20}$)

4. HI 的分解反应,无催化剂时反应的 E_a 为 184.1 kJ·mol^{-1},当以 Au 为催化剂时,E'_a 为 104.6 kJ·mol^{-1},试估算 298 K 时以 Au 为催化剂比无催化剂反应速率增大了多少倍。

参考答案

一、判断题(每题 1 分,共 20 题,计 20 分)

1. × 2. √ 3. × 4. × 5. × 6. × 7. √ 8. √ 9. √ 10. × 11. ×

12. √ 13. √ 14. × 15. √ 16. × 17. √ 18. × 19. √ 20. ×

二、单项选择题(每题 2 分,共 15 题,计 30 分)

1. C 2. B 3. B 4. D 5. B 6. D 7. A 8. B 9. A 10. A 11. D

12. A 13. D 14. B 15. D

三、简答题(10 分)

乙烯中碳碳双键的两个碳原子各以 sp^2 杂化轨道互相重叠形成 1 个 σ 键,碳原子上未参与杂化的另 1 个 p 轨道以"肩并肩"方式重叠形成 1 个 π 键,每个碳原子各以 sp^2 杂化轨道和氢原子的 1s 轨道重叠形成 σ 键,分子的构型是平面形。

四、计算题(共 4 题,每题 10 分,共 40 分)

1. 解:首先判断混合反应之后构成了缓冲溶液 HAc - Ac$^-$,并且 $\dfrac{c(\text{Ac}^-)}{c(\text{HAc})}=1$,根据缓冲溶液 pH 计算公式:

$$\text{pH}=\text{p}K_a+\lg\frac{c(\text{B}^-)}{c(\text{HB})}=\text{p}K_a+\lg\frac{c(\text{Ac}^-)}{c(\text{HAc})}=-\lg(1.75\times10^{-5})+\lg 1=4.76$$

2. 解:$\varphi=\varphi^{\ominus}(\text{Zn}^{2+}/\text{Zn})+\dfrac{0.0592}{2}\lg\dfrac{c(\text{Zn}^{2+})}{1}=-0.7628+\dfrac{0.0592}{2}\lg\dfrac{0.5}{1}=-0.7717(\text{V})$

3. 解:设生成[Cu(NH$_3$)$_4$]$^{2+}$后溶液中 Cu^{2+} 浓度为 x。

$$\text{Cu}^{2+}+4\text{NH}_3 \Longrightarrow [\text{Cu(NH}_3)_4]^{2+}$$

平衡浓度/(mol·L^{-1}):　x　$6-4(0.01-x)$　$0.01-x$

$$K_s=\frac{0.01-x}{x\times[6-4\times(0.01-x)]^4}=2.09\times10^{13}$$

$x=3.79\times10^{-19}$ mol·L^{-1}

设生成[Cu(NH$_3$)$_4$]$^{2+}$后溶液中 NH$_4^+$ 浓度为 y。

$$\text{NH}_3 + \text{H}_2\text{O} \Longrightarrow \text{NH}_4^+ + \text{OH}^-$$

平衡浓度/(mol·L^{-1}):　$5.96-y$　　　y　　$0.01+y$

$$\approx 5.96$$

$$K_b = \frac{y \cdot (0.01+y)}{5.96} = 1.79 \times 10^{-5}$$

$y = 6.48 \times 10^{-3} \text{ mol} \cdot \text{L}^{-1}$

$[OH^-] = 0.016\,48 \text{ mol} \cdot \text{L}^{-1}$

$Q = [Cu^{2+}][OH^-]^2 = 3.79 \times 10^{-19} \times 0.016\,48^2$

$= 1.029 \times 10^{-22} < K_{sp} = 2.20 \times 10^{-20}$

$Q < K_{sp}$，因此溶液中没有 $Cu(OH)_2$ 沉淀生成。

4. 解：$\ln \dfrac{k_2}{k_1} = \dfrac{E_1 - E_2}{RT}$

$$= \frac{(184.1 - 104.6) \times 10^3}{8.314 \times 298} = 32.09$$

$\dfrac{k_2}{k_1} = 8.62 \times 10^{13}$

综合练习四

一、判断题(每题 1 分,共 20 题,计 20 分)

1. 用 KI 和 $AgNO_3$ 制得的 AgI 溶胶是正溶胶。 （ ）
2. 表面活性剂可以通过降低表面张力达到增溶的效果。 （ ）
3. $K_3[Fe(CN)_6]$ 和 $[Fe(H_2O)_6]Cl_2$ 的中心原子的氧化值相等。 （ ）
4. 只有极性分子之间存在取向力,所以取向力总是大于色散力和诱导力。 （ ）
5. 原子轨道的角度分布图与对应的电子云角度分布图相似。前者"胖"些,且有正负号;而后者"瘦"些,且无正负号。 （ ）
6. 将红细胞置于 $9.0 \ g \cdot L^{-1}$ $NaCl(M_r=58.5)$ 与 $50 \ g \cdot L^{-1}$ 葡萄糖($M_r=180$)的等体积混合溶液中,则红细胞既不会发生溶血现象,也不会发生皱缩现象。 （ ）
7. 电极反应 $Fe^{3+} + e^- \longrightarrow Fe^{2+}$,$\varphi^\ominus = 0.771 \ V$;则电极反应 $3Fe^{3+} + 3e^- \longrightarrow 3Fe^{2+}$ 的 $\varphi^\ominus$ 也等于 $0.771 \ V$。 （ ）
8. $0.10 \ mol \cdot L^{-1}$ 的 H_3PO_4 $20 \ mL$ 和 $0.10 \ mol \cdot L^{-1}$ 的 NaOH $30 \ mL$ 混合,可以配成缓冲溶液,该缓冲溶液的共轭酸是 $H_2PO_4^-$,共轭碱是 HPO_4^{2-}。 （ ）
9. 电子云图是原子核外电子出现的概率随距离 r 变化的形象化表示。 （ ）
10. 吸光度 A 数值越大,则透射光的强度越弱。 （ ）
11. 其他条件不变,换成液层厚度 2 倍的吸收池,则溶液的吸光度 A 变为原来的 2 倍。 （ ）
12. 两份浓度不同的 $KMnO_4$ 有色溶液,它们的摩尔吸收系数相同。 （ ）
13. 主量子数 $n=2$,角量子数 $l=1$,则磁量子数 m 只能取 1 个数值:$m=0$。 （ ）
14. 一定温度下,$0.10 \ mol \cdot L^{-1}$ 的 H_2S 溶液和 $0.20 \ mol \cdot L^{-1}$ 的 H_2S 溶液中$[S^{2-}]$近似相等。 （ ）
15. 氢键有方向性和饱和性,但从能量上看,它不属于化学键。 （ ）
16. 三氟化硼中的硼的 sp^2 杂化轨道是由 1 个 2s 轨道和 2 个 2p 轨道杂化而成的。 （ ）
17. 凡是中心原子采用不等性 sp^3 杂化轨道成键的分子,其空间构型一定是三角锥形。 （ ）
18. 相同浓度的 $H_2[PtCl_6]$、H_2CO_3 溶液中,前者的 H^+ 的浓度大。 （ ）
19. CaY^{2-}(Y^{4-} 表示乙二胺四乙酸根)中心原子的配位数为 1。 （ ）
20. 螯合剂中配位原子相隔越远,形成螯合环越大,则螯合物越稳定。 （ ）

二、单项选择题(每题 2 分,共 20 题,计 40 分)

1. 土壤中 NaCl 含量高时植物难以存活,这与下列哪项稀溶液性质有关? （ ）
   A. 蒸气压下降
   B. 沸点升高
   C. 凝固点降低
   D. 渗透压
2. 已知 $K_a(HNO_2)=7.2\times10^{-4}$,欲使 $1.0 \ L \ 0.8 \ mol \cdot L^{-1}$ 的 HNO_2 溶液的解离度

增大到原来的 2 倍,应将原溶液稀释到 （　　）

    A. 8.0 L   B. 6.0 L   C. 4.0 L   D. 2.0 L

3. 下列哪种溶液能与 $0.2\ mol \cdot L^{-1}$ $NaHCO_3$ 溶液等体积混合配成缓冲溶液?

（　　）

    A. $0.2\ mol \cdot L^{-1}$ HCl   B. $0.2\ mol \cdot L^{-1}$ NaOH

    C. $0.1\ mol \cdot L^{-1}$ H_2SO_4 D. $0.1\ mol \cdot L^{-1}$ KOH

4. 比较下列四种溶液(浓度都是 $0.1\ mol \cdot L^{-1}$)的沸点,溶液沸点最高的是 （　　）

    A. $C_6H_{12}O_6$ B. NaCl   C. $MgCl_2$ D. $C_{12}H_{22}O_{11}$

5. 下列成对物质中不符合酸碱共轭关系的是 （　　）

    A. $NH_4^+ - NH_3$

    B. $H_2Ac^+ - HAc$

    C. $[Al(H_2O)_6]^{3+} - [Al(H_2O)_5OH]^{2+}$

    D. $NH_3^+ - CH_2 - COO^- - NH_2 - CH_2 - COOH$

6. 人血液的 pH 总是维持在 7.35~7.45 范围内,这是由于 （　　）

    A. 人体内有大量的水(约占体重的 70%)

    B. 新陈代谢产生的 CO_2 部分溶解在血液中

    C. 新陈代谢产生的酸碱物质等量溶解在血液中

    D. 血液中的 HCO_3^- 和 H_2CO_3 维持在一定的比例范围内

7. AgCl 在① H_2O 中、② $0.1\ mol \cdot L^{-1}$ NaCl 溶液中、③ $0.1\ mol \cdot L^{-1}$ KNO_3 溶液中,溶解度从大到小的顺序是 （　　）

    A. ①＞②＞③   B. ③＞②＞①

    C. ③＞①＞②   D. ①＞③＞②

8. 已知 $\varphi^\ominus(Fe^{3+}/Fe^{2+})=0.77\ V$,$\varphi^\ominus(Fe^{2+}/Fe)=-0.41\ V$,$\varphi^\ominus(Sn^{4+}/Sn^{2+})=0.15\ V$,$\varphi^\ominus(Sn^{2+}/Sn)=-0.14\ V$。在标准状态下,下列反应不能正向进行的是 （　　）

    A. $Fe^{3+}+Fe \Longrightarrow 2Fe^{2+}$ B. $Fe^{2+}+Sn \Longrightarrow Fe+Sn^{2+}$

    C. $2Fe^{3+}+Sn^{2+} \Longrightarrow 2Fe^{2+}+Sn^{4+}$ D. $Sn^{4+}+2Fe \Longrightarrow Sn^{2+}+2Fe^{2+}$

9. 298 K 时,$\varphi^\ominus(Fe^{3+}/Fe^{2+})=0.77\ V$,若将 $Fe^{3+}(c_1)$,$Fe^{2+}(c_2)|Pt$ 电极中的 Fe^{3+} 和 Fe^{2+} 的混合液加水稀释至原浓度的 1/10,则该电极的电位 φ 值是 （　　）

    A. 不变   B. $\varphi < \varphi^\ominus$

    C. $\varphi^\ominus$ 增大 0.059 16 V   D. $\varphi^\ominus$ 减少 0.059 2 V

10. 增大反应物浓度使化学反应速率加快的原因是 （　　）

    A. 单位体积内活化分子数目增加   B. 使该化学反应的活化能降低

    C. 活化分子分数增大   D. 单位体积的分子数增加

11. 下列关于分子间作用力的说法正确的是 （　　）

    A. 含氢化合物中都存在氢键

    B. 同类型的非极性分子的沸点随着摩尔质量的增加而减小

    C. 极性分子间只存在取向力

    D. 色散力存在于所有相邻分子间

12. 用 100 mL 0.01 mol·L⁻¹ AgNO₃ 溶液与 50 mL 0.2 mol·L⁻¹ KI 溶液作用制备 AgI 溶胶,其胶团结构为 （　　）

    A. $[(AgI)_m \cdot nI^- \cdot (n-x)K^+]^{x-} \cdot xK^+$

    B. $[(AgI)_m \cdot nK^+ \cdot (n-x)I^-]^{x+} \cdot xI^-$

    C. $[(AgI)_m \cdot nAg^+ \cdot (n-x)NO_3^-]^{x+} \cdot xNO_3^-$

    D. $[(AgI)_m \cdot nNO_3^- \cdot (n-x)Ag^+]^{x-} \cdot xAg^+$

13. 关于配制盐酸标准溶液,下列说法错误的是 （　　）

    A. 可采用无水碳酸钠为基准物质标定盐酸

    B. 可采用硼砂作为基准物质标定盐酸

    C. 由于浓盐酸易挥发,所以不能直接配制成标准溶液

    D. 用 HCl 标准溶液滴定基准物质溶液,滴定终点溶液 pH＝7.00

14. 在 HAc 溶液中加入下列物质,会使 HAc 的 pH 升高的是 （　　）

    A. H_2O　　　　　B. HCl　　　　　C. 冰醋酸　　　　　D. 烧碱

15. 下列不属于溶胶相对稳定因素的是 （　　）

    A. 布朗运动　　　　　　　　　　　B. 水化膜的保护作用

    C. 胶粒带电　　　　　　　　　　　D. 高分子溶液的保护作用

16. 已知某元素的原子序数为 25,则关于该元素在周期表中的位置,下列说法错误的是 （　　）

    A. 属于第 4 周期　　　　　　　　　B. 位于ⅦB族

    C. 属于 d 区元素　　　　　　　　　D. 位于ⅥB族

17. 下列分子中,分子构型不是正四面体的是 （　　）

    A. CH_4　　　　　B. 四氯化碳　　　　　C. NH_4^+　　　　　D. 氯仿

18. 下列各组分子中,化学键具有极性,但分子偶极矩均为零的是 （　　）

    A. NO, PCl_3　　　B. CS_2, BF_3　　　C. NH_3, H_2S　　　D. N_2, H_2O

19. $H_2\underline{O}_2$、$K\underline{O}_2$、$Ca\underline{H}_2$ 中下画线元素的氧化值分别为 （　　）

    A. $-1、-1/2、-1$　　　　　　　　B. $-1、1/2、-1$

    C. $-1、-1/2、-2$　　　　　　　　D. $-2、-1/2、-1$

20. 在分光光度法中,吸光度 A 可表示为 （　　）

    A. I_t/I_0　　　　　B. $\lg T$　　　　　C. $\lg(I_0/I_t)$　　　　　D. I_0/I_t

三、简答题(10分)

已知氧(O)的原子序数为 8,试用杂化理论说明 H_2O 分子的空间构型为 V 形。要求:
(1) 画出 O 原子杂化过程的方框图;(2) 指出杂化类型并说明是等性还是不等性杂化;(3) 说明成键情况和键角。

四、计算题(共 3 题,每题 10 分,计 30 分)

1. 计算医院补液用的 $50.0\ \text{g} \cdot \text{L}^{-1}$ 葡萄糖溶液及 $0.9\%(9\ \text{g} \cdot \text{L}^{-1})$ 的生理盐水的渗透浓度。(已知 $C_6H_{12}O_6$ 和 $NaCl$ 的摩尔质量分别为 $180\ \text{g} \cdot \text{mol}^{-1}$ 和 $58.5\ \text{g} \cdot \text{mol}^{-1}$)

2. 氧化还原反应为 $2MnO_4^- + 16H^+ + 5Cu = 2Mn^{2+} + 8H_2O + 5\ Cu^{2+}$,已知 $\varphi^\ominus(MnO_4^-/Mn^{2+}) = 1.507\ \text{V}$,$\varphi^\ominus(Cu^{2+}/Cu) = 0.340\ 2\ \text{V}$。

(1) 求 298.15 K 时 $E^\ominus$ 的值;

(2) 写出电池组成式;

(3) 计算 298.15 K 时的平衡常数。

3. 乙酸乙酯在 298 K 时的皂化反应 $CH_3COOC_2H_5 + NaOH = CH_3COONa + C_2H_5OH$ 为二级反应。若乙酸乙酯与氢氧化钠的起始浓度均为 $0.01\ \text{mol} \cdot \text{L}^{-1}$,反应 20 min 以后,碱的浓度消耗掉 $0.005\ 66\ \text{mol} \cdot \text{L}^{-1}$。试求:(1) 反应的速率常数;(2) 反应的半衰期。

参考答案

一、判断题(每题 1 分,共 20 题,计 20 分)

1. × 2. √ 3. × 4. × 5. √ 6. √ 7. √ 8. √ 9. × 10. √ 11. √
12. √ 13. × 14. √ 15. √ 16. √ 17. × 18. √ 19. × 20. ×

二、单项选择题(每题 2 分,共 20 题,计 40 分)

1. D 2. C 3. D 4. C 5. D 6. C 7. C 8. B 9. A 10. A 11. D
12. A 13. D 14. D 15. D 16. D 17. D 18. B 19. A 20. C

三、简答题(10 分)

答:(1) O 原子杂化过程方框图:

(2) sp^3 不等性杂化。

(3) $H—O(sp^3—s)\sigma$ 键。键角为 $104°45'$。

四、计算题(共 3 题,每题 10 分,计 30 分)

1. 解:$C_6H_{12}O_6$ 是非电解质,$NaCl$ 是 $i=2$ 的强电解质。$C_6H_{12}O_6$ 和 $NaCl$ 的摩尔质量分别为 $180\ \text{g} \cdot \text{mol}^{-1}$ 和 $58.5\ \text{g} \cdot \text{mol}^{-1}$。

$$C_6H_{12}O_6:c_{os}=\frac{50.0\times1\,000}{180}=278(mmol\cdot L^{-1})$$

$$NaCl:c_{os}=\frac{9.0\times1\,000}{58.5}\times2=308(mmol\cdot L^{-1})$$

2. 解:(1) 首先判断正负极,Mn 化合价降低,所以(MnO_4^-/Mn^{2+})作正极,$E^{\ominus}=1.507-0.340\,2=1.167\ V$

(2) $(-)\ Cu\mid Cu^{2+}\parallel MnO_4^-,Mn^{2+},H^+\mid Pt\ (+)$

(3) 根据 $\lg K^{\ominus}=\frac{nE_{池}^{\ominus}}{0.059\,2}=\frac{10\times1.167}{0.059\,2}=197.1$,求得 $K=1.26\times10^{197}$

3. 解:该反应属于二级反应,$\frac{1}{c}-\frac{1}{c_0}=kt$,$c_0=0.01\ mol\cdot L^{-1}$,$c=0.01-0.005\,66=0.004\,34\ (mol\cdot L^{-1})$,$t=20\ min$,代入得 $k=6.52\ L\cdot mol^{-1}\cdot min^{-1}$,注意 k 的量纲。

半衰期 $t_{1/2}=\frac{1}{k\cdot c_0}=\frac{1}{6.52\times0.010\,0}=15.3(min)$

综合练习五

一、单项选择题(每题 2 分,共 10 题,计 20 分)

1. 升高温度可以加快反应速率,最主要是因为 （ ）
   A. 增加了分子总数
   B. 增加了活化分子百分数
   C. 降低了反应的活化能
   D. 促使平衡向吸热方向移动

2. 在标准条件下,下列反应均向正方向进行:

   $Cr_2O_7^{2-} + 6Fe^{2+} + 14H^+ \rightleftharpoons 2Cr^{3+} + 6Fe^{3+} + 7H_2O$

   $2Fe^{3+} + Sn^{2+} \rightleftharpoons 2Fe^{2+} + Sn^{4+}$

   它们中间最强的氧化剂和还原剂分别是 （ ）
   A. Sn^{2+} 和 Fe^{3+}
   B. $Cr_2O_7^{2-}$ 和 Sn^{2+}
   C. Cr^{3+} 和 Sn^{4+}
   D. $Cr_2O_7^{2-}$ 和 Fe^{3+}

3. 原子核外电子分布基本上遵循下列哪三个原理? （ ）
   A. 能量最低原理、洪特规则、钻穿效应
   B. 能量守恒原理、泡利不相容原理、洪特规则
   C. 能量交错、泡利不相容原理、洪特规则
   D. 能量最低原理、泡利不相容原理、洪特规则

4. 常压下,糖水的凝固点 （ ）
   A. 为 0 ℃   B. 低于 0 ℃   C. 高于 0 ℃   D. 不能确定

5. 下列各组量子数中,可能存在的是 （ ）
   A. 3,2,2,1/2
   B. 3,0,1,1/2
   C. 2,−1,0,−1/2
   D. 2,0,−2,−1/2

6. 影响氧化还原反应方向的因素有 （ ）
   A. 压力   B. 温度   C. 离子强度   D. 催化剂

7. 常温下,Ag_2CrO_4 的溶度积常数为 1.1×10^{-12},CaF_2 的溶度积常数为 2.7×10^{-11},二者溶解度的大小为 （ ）
   A. Ag_2CrO_4 的溶解度大
   B. CaF_2 的溶解度大
   C. 二者一样大
   D. 无法比较

8. 定量分析工作中,对定量测定结果的误差的要求是 （ ）
   A. 误差越小越好
   B. 误差等于 0
   C. 误差可略大于允许误差
   D. 误差应处在允许的误差范围内

9. 在滴定分析中,通常借助指示剂颜色的突变来判断化学计量点的到达,在指示剂变色时停止滴定,这一点称为 （ ）
   A. 化学计量点   B. 滴定分析   C. 滴定终点   D. 滴定误差

10. 某弱酸 HB 的 $K_a = 1.0 \times 10^{-9}$,$c_B = 0.1$ mol·L^{-1} 的水溶液 pH 为 （ ）
    A. 3.0   B. 5.0   C. 9   D. 11

二、判断题(每题 2 分,共 10 题,计 20 分)

1. 平衡常数的大小可表明在一定条件下反应进行的程度。　　　　　　(　)

2. HX 溶液和 HY 溶液有相同的 pH,则这两种酸的物质的量浓度相同。(　)

3. 在配离子中,中心离子的配位数等于每个中心离子所拥有的配体的数目。(　)

4. 催化剂能同时改变反应速率和化学平衡。　　　　　　　　　　　(　)

5. 单电子原子轨道的能级只与主量子数有关。　　　　　　　　　　(　)

6. 色散力仅存在于非极性分子间。　　　　　　　　　　　　　　　(　)

7. 电动势 E 的数值与电池反应的写法无关。　　　　　　　　　　　(　)

8. 升高温度反应速率增大,主要是因为增大了反应物分子碰撞的频率。(　)

9. 渗透现象产生必须具备两个条件:一是有半透膜,二是半透膜两侧浓度不等。(　)

10. 氢键是有方向性和饱和性的一类化学键。　　　　　　　　　　(　)

三、填空题(每空 2 分,共 10 空,计 20 分)

1. 两条 p 轨道以"肩并肩"的形式可以形成____键。

2. 已知在一定温度范围内,下列反应为基元反应:$2NO + O_2 \Longrightarrow 2NO_2$。该反应的总反应级数为____级。若容器体积不变而将 NO 的浓度增加到原来的 2 倍,反应速率将是原来的____倍。

3. 某离子最外层电子排布为 $2s^2 2p^6$,若该离子为 +1 价离子,则为____。

4. 配合物 $[CoCl_2(NH_3)_3(H_2O)]Cl$,配位数是____,命名为_____
_____。

5. HPO_4^{2-} 是_____的共轭酸,是_____的共轭碱。

6. NH_3 分子的中心原子是采用____不等性杂化轨道成键的,该分子的空间构型为_____。

四、简答题(每题 10 分,共 2 题,计 20 分)

1. 简述酸碱质子理论的基本要点。

2. 写出铜锌原电池的电池组成式、正负极反应和电池反应,说明氧化还原反应的实质。

五、计算题(每题 10 分,共 2 题,计 20 分)

1. 计算 $0.050\ mol \cdot L^{-1}$ NH_4Cl 溶液的 pH。(已知氨水的 $K_b^{\ominus} = 1.8 \times 10^{-5}$)

2. 判断反应 $Pb^{2+}(aq,0.10\ mol \cdot L^{-1}) + Sn(s) \Longrightarrow Pb(s) + Sn^{2+}(aq,1.0\ mol \cdot L^{-1})$ 能否自发进行。$[E^{\ominus}(Pb^{2+}/Pb) = -0.126\ V, E^{\ominus}(Sn^{2+}/Sn) = -0.136\ V]$

参考答案

一、单项选择题(每题 2 分,共 10 题,计 20 分)

  1. B 2. B 3. D 4. B 5. A 6. B 7. B 8. D 9. C 10. D

二、判断题(每题 2 分,共 10 题,计 20 分)

  1. √ 2. × 3. × 4. × 5. √ 6. × 7. √ 8. × 9. √ 10. ×

三、填空题(每空 2 分,共 10 空,计 20 分)

  1. π 2. 三,4 3. Na^+ 4. 6,氯化二氯·三氨·一水合钴(Ⅲ) 5. PO_4^{3-},$H_2PO_4^-$

  6. sp^3,三角锥形

四、简答题(每题 10 分,共 2 题,计 20 分)

  1. 答:凡是能释放出质子的物质是酸,凡是能接受质子的物质是碱;质子理论没有盐的概念;酸碱反应的实质是在两对共轭酸碱对之间进行了质子传递,反应的方向是强酸强碱反应生成弱酸弱碱。

  2. 答:

电池组成式:$(-)Zn|ZnSO_4(c_1)||CuSO_4(c_2)|Cu(+)$

负极反应:$Zn - 2e^- \Longrightarrow Zn^{2+}$

正极反应:$Cu^{2+} + 2e^- \Longrightarrow Cu$

电池反应:$Zn + Cu^{2+} \Longrightarrow Cu + Zn^{2+}$

氧化还原反应实质是电子的转移。

五、计算题(每题 10 分,共 2 题,计 20 分)

  1. 解:已知氨水的 $K_b^{\ominus} = 1.8 \times 10^{-5}$,$NH_4^+$ 的 $K_a^{\ominus} = K_w^{\ominus}/K_b^{\ominus} = 5.6 \times 10^{-10}$

由于 $c/K_a^{\ominus} > 500$

$[H^+] = (K_a^{\ominus} \cdot c)^{1/2} = 5.3 \times 10^{-6} (mol/L)$

$pH = 5.28$

  2. 解:$E(Pb^{2+}/Pb) = E^{\ominus}(Pb^{2+}/Pb) + 0.059\ 2/2\ lg\ c(Pb^{2+})$

$= -0.126 + 0.059\ 2/2\ lg\ 0.10$

$= -0.156(V)$

$E(Sn^{2+}/Sn) = E^{\ominus}(Sn^{2+}/Sn) = -0.136\ V$

$E = E_{(+)} - E_{(-)} = E(Pb^{2+}/Pb) - E(Sn^{2+}/Sn)$

$= -0.156 - (-0.136) = -0.020(V) < 0$

因此,反应不能自发进行,而是向逆方向进行。

综合练习六

一、单项选择题(每题 2 分,共 10 题,计 20 分)

1. 已知多电子原子中,下列电子具有如下量子数,其中能量最低的是 ( )

    A. (3,1,1,1/2)   B. (2,0,0,1/2)

    C. (2,1,1,1/2)   D. (3,2,−2,−1/2)

2. 在定量分析中,精密度与准确度之间的关系是 ( )

    A. 精密度高,准确度必然高   B. 准确度高,精密度也就高

    C. 精密度是保证准确度的前提   D. 准确度是保证精密度的前提

3. 某弱酸 HA 的 $K_a = 1.0 \times 10^{-4}$,则 $1.0 \ mol \cdot L^{-1}$ 该酸的水溶液 pH 为 ( )

    A. 4.00   B. 3.00   C. 2.00   D. 6.00

4. 用纯水将下列溶液稀释 10 倍时,pH 变化最小的是 ( )

    A. $1.0 \ mol \cdot L^{-1}$ 的氨水溶液

    B. $1.0 \ mol \cdot L^{-1}$ 的醋酸溶液

    C. $1.0 \ mol \cdot L^{-1}$ 的盐酸溶液

    D. $1.0 \ mol \cdot L^{-1}$ 的醋酸和醋酸钠混合溶液

5. 在多电子原子中,决定轨道能量的是 ( )

    A. 主量子数   B. 主量子数和轨道角动量量子数

    C. 主量子数、轨道角动量量子数和磁量子数   D. 主量子数和自旋角动量量子数

6. 共轭酸碱对的 K_a 和 K_b 的关系是 ( )

    A. $K_a = K_b$ B. $K_a \times K_b = 1$

    C. $K_a \times K_b = K_w$ D. $K_a \div K_b = K_w$

7. 溶胶发生电泳时,向某一方向定向移动的是 ( )

    A. 胶核   B. 吸附层   C. 胶粒   D. 胶团

8. 配位数指的是 ( )

    A. 配位原子的数目   B. 配位体的个数

    C. 单齿配体的数目   D. 多齿配体的数目

9. 混合 $AgNO_3$ 和 KI 溶液来制备 AgI 负溶胶时,$AgNO_3$ 和 KI 间的关系应是 ( )

    A. $c_{AgNO_3} > c_{KI}$ B. $V_{AgNO_3} > V_{KI}$

    C. $n_{AgNO_3} > n_{KI}$ D. $n_{AgNO_3} < n_{KI}$

10. 已知某一难溶盐 AB_2 的溶解度为 S(单位为 $mol \cdot L^{-1}$),其溶度积 $K_{sp}^{\ominus}$ 为 ( )

    A. S^3 B. S^2 C. $4S^3$ D. $S^3/4$

二、判断题(每题 2 分,共 10 题,计 20 分)

1. 在 HAc 溶液中加入 NaAc 固体,NaAc 浓度低时会产生同离子效应,使 HAc 的电离度减小;而 NaAc 浓度高时会产生盐效应,使 HAc 的电离度增大。 ( )

2. 难溶物质的离子积达到(等于)其溶度积并有沉淀产生时,该溶液为饱和溶液。

                                                                   (   )

3. 难溶电解质的溶度积常数(K_{sp})越小,其溶解度也越小。   (   )

4. 一个原子中不可能存在两个运动状态完全相同的电子。   (   )

5. 渗透现象的产生必须具备两个条件:一是有半透膜,二是半透膜两侧浓度不等。

                                                                     (   )

6. 质量作用定律适用于实际能进行的反应。   (   )

7. 反应分子数和反应级数的概念是相同的。   (   )

8. 在酶催化反应的前后,酶的数量和化学性质不变。   (   )

9. 在反应历程中,速率控制步骤是反应速率最慢的一步。   (   )

10. 酸碱强度除了与酸碱本性有关外,还与溶剂有关。   (   )

三、填空题(每空 2 分,共 10 空,计 20 分)

1. 进行下列运算,给出适当的有效数字:

① $213.64 + 0.3244 + 4.4 = $ _____ ;

② $(51.0 \times 4.03 \times 10^{-4})/(2.512 \times 0.002034) = $ _____ 。

2. 每个电极都由两类物质构成,其中氧化值高的物质叫_____,氧化值低的物质叫_____ 。

3. 理论上,可自发进行的氧化还原反应都可以设计成原电池装置,规定原电池的正极发生的是_____反应,负极发生的是_____反应。

4. 沉淀生成的条件是_____,沉淀溶解的条件是_____ 。

5. $NaH_2PO_4 - Na_2HPO_4$ 缓冲对中,抗酸成分是_____,抗碱成分是_____ 。

四、简答题(每题 10 分,共 2 题,计 20 分)

1. 根据酸碱质子理论,下列物质哪些是酸,哪些是碱,哪些既是酸又是碱?

    HS^- $H_2PO_4^-$ NH_3 H_2O OH^- H_2S CO_3^{2-} Ac^-

H_2SO_4 Cl^-

2. 以 HAc - NaAc 缓冲对为例,说明缓冲溶液的作用原理。

五、计算题(每题 10 分,共 2 题,计 20 分)

1. 已知 $Zn(OH)_2$ 的溶度积为 1.2×10^{-17}(25 ℃),求其溶解度。

2. 338 K 时 N_2O_5 气相分解的速率常数为 $0.29\ min^{-1}$，活化能为 $103.3\ kJ \cdot mol^{-1}$，求 353 K 时的速率常数 k 及半衰期 $t_{1/2}$。

参考答案

一、单项选择题(每题 2 分,共 10 题,计 20 分)

　　1. B　2. C　3. C　4. D　5. B　6. C　7. C　8. A　9. D　10. C

二、判断题(每题 2 分,共 10 题,计 20 分)

　　1. ×　2. √　3. ×　4. √　5. √　6. ×　7. ×　8. √　9. √　10. √

三、填空题(每空 2 分,共 10 空,共 20 分)

　　1. ① 218.3　② 4.02　2. 氧化态,还原态　3. 还原,氧化　4. $Q > K_{sp}$,$Q < K_{sp}$

5. Na_2HPO_4,NaH_2PO_4

四、简答题(每题 10 分,共 2 题,计 20 分)

　　1. 答:

酸:H_2S、H_2SO_4。

碱:NH_3、OH^-、CO_3^{2-}、Ac^-、Cl^-。

既是酸又是碱的物质:HS^-、$H_2PO_4^-$、H_2O。

　　2. 答:$HAc \Longrightarrow H^+ + Ac^-$

$NaAc \Longrightarrow Na^+ + Ac^-$

加少量酸:$H^+ + Ac^- \Longrightarrow HAc$

加少量碱:$OH^- + HAc \Longrightarrow Ac^-$

加少量酸或碱实际并没有影响溶液中 $[H^+]$,故溶液 pH 不变。

五、计算题(每题 10 分,共 2 题,计 20 分)

　　1. 解:设溶解度为 x。

$K_{sp}^{\ominus}[\,Zn(OH)_2\,] = c(Zn^{2+}) \cdot c(OH^-)^2$

$= x \cdot (2x)^2$

已知 $Zn(OH)_2$ 的溶度积为 1.2×10^{-17}

所以 $S = x = 1.4 \times 10^{-6}\ mol \cdot L^{-1}$

　　2. 解:根据公式 $\ln \dfrac{k_1}{k_2} = -\dfrac{E_a}{R}\left(\dfrac{1}{T_1} - \dfrac{1}{T_2}\right)$,$T_1 = 338\ K$,$k_1 = 0.29\ min^{-1}$,$E_a = 103.3\ kJ \cdot mol^{-1}$,$T_2 = 353\ K$,解得 $k_2 = 1.392\ min^{-1}$。

由反应速率常数量纲可知该反应属于一级反应,故

$$t_{1/2} = \frac{\ln 2}{k_2} = \frac{0.693}{1.392} = 0.497(min)$$

综合练习七

一、判断题(每题 1 分,共 10 题,计 10 分)

1. 在 H_3PO_4 中,P 的氧化值为 $+5$。 ( )

2. 质量摩尔浓度的单位是 $mol \cdot kg^{-1}$。 ( )

3. 使用催化剂不仅能加快反应速率,还能使化学平衡移动。 ( )

4. $_{24}Cr$ 的电子排布式为 $[Ar]3d^4 4s^2$。 ( )

5. 同一原子中一定有四个量子数完全相同的电子存在。 ( )

6. 标准电极电位和标准平衡常数一样,都与反应方程式的化学计量数有关。 ( )

7. $pH = 12.02$,其有效数字的位数为 1 位。 ( )

8. 在一定温度下,改变了溶液的 pH,水的离子积不变。 ( )

9. 同离子效应使得难溶电解质的溶解度大大降低。 ( )

10. 等体积的 $0.2 \ mol \cdot L^{-1} \ HCl$ 与 $0.2 \ mol \cdot L^{-1} \ NH_3 \cdot H_2O$ 混合,所得的溶液缓冲能力很强。 ( )

二、单项选择题(每题 2 分,共 15 题,计 30 分)

1. 加入下列哪一种溶液能够使 As_2S_3 负溶胶凝聚最快? ( )
   A. $Al_2(SO_4)_2$ B. $Ca(NO_3)_2$ C. $MgCl_2$ D. K_3PO_4

2. 25 ℃,$0.01 \ mol \cdot kg^{-1}$ 糖水的渗透压为 Π_1,而 $0.01 \ mol \cdot kg^{-1}$ 的尿素水溶液的渗透压为 Π_2,则 ( )
   A. $\Pi_1 < \Pi_2$ B. $\Pi_1 = \Pi_2$ C. $\Pi_1 < \Pi_2$ D. 无法确定

3. $l = 2$ 的电子层亚层中,最多可容纳的电子数为 ( )
   A. 2   B. 4   C. 10   D. 6

4. NH_3 比 PH_3 在更高的温度下沸腾,下列哪项可以用来解释这个事实? ( )
   A. 氨气具有较小的分子体积   B. 氨具有较大的键角
   C. 氨显示出氢键   D. 氨显示出偶极力

5. 将反应 $Zn + 2H^+ \rlap{=}{=} Zn^{2+} + H_2$ 设计为原电池,则正极是 ( )
   A. H^+/Zn B. Zn^{2+}/H_2 C. Zn^{2+}/Zn D. H^+/H_2

6. 不属于分子间作用力的是 ( )
   A. 色散力   B. 诱导力   C. 取向力   D. 万有引力

7. 下列属于极性分子的是 ( )
   A. O_2 B. H_2O C. NH_4Cl D. $MgCl_2$

8. 下列属于非极性分子的是 ( )
   A. NH_3 B. BF_3 C. H_2O D. $CHCl_3$

9. 下列不属于共轭酸碱对的是 ( )
   A. HCO_3^- 和 CO_3^{2-} B. H_2S 和 HS^-
   C. NH_4^+ 和 $NH_3 \cdot H_2O$ D. H_2O 和 OH^-

10. 0.4 mol H_2SO_4 溶于水配成 500 mL 溶液,其浓度表示正确的是　　　　　(　　)

　　A. $c(H_2SO_4)=0.8$ mol·L^{-1}　　　　　　B. $c(1/2H_2SO_4)=0.8$ mol·L^{-1}

　　C. $c(1/2H_2SO_4)=0.4$ mol·L^{-1}　　　　　D. 硫酸的浓度为 0.8 mol·L^{-1}

11. 某难溶电解质化学式为 M_2X,则溶解度 S 与溶度积 K_{sp} 的关系式为　　　(　　)

　　A. $S=K_{sp}$　　　　　　　　　　　　B. $S^2=K_{sp}$

　　C. $2S^2=K_{sp}$　　　　　　　　　　　D. $4S^3=K_{sp}$

12. $[Cu(NH_3)_4]SO_4$ 的配位数是　　　　　　　　　　　　　　　(　　)

　　A. 1　　　　　　　B. 2　　　　　　　C. 3　　　　　　　D. 4

13. 在定量分析中,偶然误差可以通过哪种办法减小?　　　　　　　　(　　)

　　A. 做空白试验　　　　　　　　　　　B. 校正仪器

　　C. 增加平行试验的次数　　　　　　　D. 做对照试验

14. 将反应 $2Fe^{2+}(1.0$ mol·$L^{-1})+Cl_2(100$ kPa$)\longrightarrow 2Fe^{3+}(0.10$ mol·$L^{-1})+$ $2Cl^-(2.0$ mol·$L^{-1})$设计成原电池,下列说法正确的是　　　　(　　)

　　A. 电池组成式为$(-)$ Pt(s)｜$Fe^{2+}(1.0$ mol·$L^{-1})$,$Fe^{3+}(0.10$ mol·$L^{-1})$‖ $Cl^-(2.0$ mol·$L^{-1})$｜$Cl_2(100$ kPa$)$,Pt$(s)(+)$

　　B. 负极反应:$Cl_2+2e^-\Longrightarrow 2Cl^-$

　　C. 正极反应:$2Fe^{2+}-2e^-\Longrightarrow 2Fe^{3+}$

　　D. $Fe^{2+}(1.0$ mol·$L^{-1})$,$Fe^{3+}(0.10$ mol·$L^{-1})$作正极

15. 下列量子数中错误的是　　　　　　　　　　　　　　　　(　　)。

　　A. $n=3,l=2,m=0,s=+1/2$　　　　　B. $n=2,l=2,m=-1,s=-1/2$

　　C. $n=4,l=1,m=0,s=+1/2$　　　　　D. $n=3,l=1,m=-1,s=-1/2$

三、简答题(每题 5 分,共 4 题,计 20 分)

1. 简述溶液的依数性包括哪些。

2. 简述什么叫缓冲溶液。

3. 简述稀溶液依数性的定义。

4. 用杂化轨道理论解释 CH_4 的成键情况并判断其分子构型。

四、计算题(每题 10 分,共 4 题,计 40 分)

1. 298 K 时 HAc 的解离常数为 $1.75×10^{-5}$,计算 $0.01\ mol·L^{-1}$ HAc 溶液的[H^+]和解离度 $α$。

2. 已知 $Ag^+ + e^- \longrightarrow Ag$,$φ^{\ominus} = 0.799\ V$,在溶液中加入 NaCl,产生 AgCl 沉淀。若沉淀达到平衡时 $c(Cl^-) = 1.0\ mol·L^{-1}$,试求此时电对的电极电势。[$K_{sp}(AgCl) = 1.77×10^{-10}$]

3. 放射性 $_{60}$Co 所产生的 $γ$ 射线广泛应用于癌症治疗,放射性物质的强度以 Ci(居里)表示。已知 $_{60}$Co 衰变是一级反应,它的 $t_{1/2} = 5.26\ a$,某医院购买一台 20 Ci 的钴源,在作用 10 年后,放射强度还剩下多少?

4. 已知 $K_{sp}[Fe(OH)_3] = 2.79×10^{-39}$,计算欲使 Fe^{3+} 完全沉淀([Fe^{3+}] $< 1.0×10^{-5}\ mol·L^{-1}$)时溶液的 pH。

参考答案

一、判断题(每题 1 分,共 10 题,计 10 分)

1. √ 2. √ 3. × 4. × 5. × 6. × 7. × 8. √ 9. × 10. ×

二、单项选择题(每题 2 分,共 15 题,计 30 分)

1. A 2. B 3. C 4. C 5. D 6. D 7. B 8. B 9. B 10. A 11. D 12. D 13. C 14. A 15. B

三、简答题(每题 5 分,共 4 题,计 20 分)

1. 答:蒸气压下降、沸点升高、凝固点降低、溶液渗透压。

2. 答:由弱酸及其共轭碱组成的混合溶液有抵抗外来少量强酸、强碱或者轻微稀释而保持 pH 不变的能力,我们把这种溶液称为缓冲溶液。

3. 答:溶液的一类性质,只与溶液中所含溶质粒子的浓度有关,而与溶质本身的性质无关。

4. 答:基态碳原子的价电子组态为 $2s^2 2p^2$,有两个单电子。在形成 CH_4 过程中,1 个 2s 电子激发到空的 2p 轨道上,然后 1 个 2s 轨道与 3 个 2p 轨道进行杂化形成 4 个 sp^3 杂化轨道,轨道夹角为 $109°28'$。4 个杂化轨道分别与 H 原子 1s 轨道重叠形成 4 个 C—H $σ$ 键,

所以 CH_4 分子的空间构型是正四面体,键角为 $109°28'$。

四、计算题(每题 10 分,共 4 题,计 40 分)

1. 解:$K_a \cdot c_a = 1.75 \times 10^{-5} \times 0.01 = 1.75 \times 10^{-7} > 20 K_w$

$c_a / K_a = 0.01 / (1.75 \times 10^{-5}) = 571 > 500$

$[H_3O^+] = \sqrt{K_a \cdot c_a} = \sqrt{1.75 \times 10^{-5} \times 0.01} = 4.18 \times 10^{-4} (\text{mol} \cdot L^{-1})$

$pH = -\lg[H_3O^+] = 3.38$

$\alpha = \sqrt{\dfrac{K_a}{c}} = \sqrt{\dfrac{1.75 \times 10^{-5}}{0.01}} = 4.2\%$

2. 解:$[Ag^+] = \dfrac{K_{sp}}{[Cl^-]} = \dfrac{1.8 \times 10^{-10}}{1.00} = 1.8 \times 10^{-10} \text{mol} \cdot L^{-1}$

$\varphi(Ag^+/Ag) = \varphi^\ominus(Ag^+/Ag) + \dfrac{0.059\,2}{1} \lg(1.8 \times 10^{-10}) = 0.222(V)$

3. 解:由 $t_{1/2} = \dfrac{0.693}{k}$ 得 $k = \dfrac{0.693}{t_{1/2}} = \dfrac{0.693}{5.26a} = 0.132 \text{ a}^{-1}$

由 $\ln \dfrac{20 \text{ Ci}}{c} = 0.132 \times 10$ 得 $c = 5.3 \text{ Ci}$

4. 解:由 $K_{sp} = [Fe^{3+}][OH^-]^3$ 得

$[OH^-] = \sqrt[3]{\dfrac{K_{sp}}{[Fe^{3+}]}} = \sqrt[3]{\dfrac{2.79 \times 10^{-39}}{1.0 \times 10^{-5}}} = 6.53 \times 10^{-12} (\text{mol} \cdot L^{-1})$

$pOH = -\lg(6.53 \times 10^{-12}) = 11.19$

$pH = 2.81$

综合练习八

一、判断题(每题 1 分,共 10 题,计 10 分)

1. 溶度积相同的物质,其溶解度也一定相同。 ( )
2. CH_4 分子中 C 原子发生 sp 杂化。 ( )
3. 缓冲溶液的 pH 取决于缓冲对中 pK_a 的大小。 ( )
4. 催化剂不仅能够加快正、逆反应速率,也能够改变反应平衡。 ( )
5. 范德华力属于较弱的化学键。 ( )
6. 当难溶电解质的离子积等于其溶度积时,该溶液为其饱和溶液。 ( )
7. $0.1\ mol \cdot L^{-1}$ NaOH 和 $0.1\ mol \cdot L^{-1}$ HAc 等体积混合溶液具有缓冲作用。

   ( )
8. 相同温度下,$0.1\ mol \cdot L^{-1}$ 的 NaCl 溶液和 $0.1\ mol \cdot L^{-1}$ 葡萄糖溶液所产生的渗透压相同。 ( )
9. 用 NaOH 滴定 HAc 选用的指示剂为酚酞。 ( )
10. 朗伯-比尔定律只适用于单色光。 ( )

二、单项选择题(每题 2 分,共 15 题,计 30 分)

1. 人体血液中最重要的抗酸成分是 ( )
   A. HPO_4^{2-}
   B. PO_4^{3-}
   C. HCO_3^-
   D. $CO_2(aq)$

2. As_2S_3 溶胶电泳时胶粒向正极移动,现欲使其聚沉下降,下列物质中聚沉能力最强的是 ( )
   A. $NaNO_3$
   B. K_3PO_4
   C. $MgSO_4$
   D. $AlCl_3$

3. 下列成套量子数(n、l、m)中,不可能存在的是 ( )
   A. 3,2,2
   B. 3,2,−1
   C. 1,0,0
   D. 3,−1,0

4. 配合物$[Pt(NH_3)_2Cl_2]$中心原子的配体是 ( )
   A. NH_3、Cl_2
   B. NH_3、Cl^-
   C. NH_3
   D. Cl^-

5. 下列物质中,最有效的螯合剂是 ( )
   A. SCN^-
   B. $H_2N—NH_2$
   C. $H_2NCH_2NH_2$
   D. $H_2NCH_2CH_2NH_2$

6. 水具有反常的高沸点是由于体系中存在 ( )
   A. 氢键
   B. 孤对电子
   C. 共价键
   D. 离子键

7. 欲配制 pH=5.0 的缓冲溶液,为了获得较大的缓冲容量,缓冲系最好选择 ( )
   A. $HAc - Ac^-$($pK_a = 4.76$)
   B. $HCOOH - HCOO^-$($pK_a = 3.74$)
   C. $H_3PO_4 - H_2PO_4^-$($pK_a = 2.12$)
   D. $H_2PO_4^- - HPO_4^{2-}$($pK_a = 7.21$)

8. H_2O 分子的空间构型为 ( )
   A. 正四面体
   B. 平面三角形
   C. 直线形
   D. V 形

9. 下列化合物中 S 的氧化值为 +2 的是 （ ）

    A. $BaSO_4$ B. $Na_2S_2O_3$ C. H_2SO_3 D. $Na_2S_4O_6$

10. 已知 $\varphi^{\ominus}(Sn^{2+}/Sn) = -0.1375\ V$，$\varphi^{\ominus}(Fe^{3+}/Fe^{2+}) = 0.771\ V$，$\varphi^{\ominus}(Hg^{2+}/Hg_2^{2+}) = 0.920\ V$，$\varphi^{\ominus}(Br_2/Br^-) = 1.066\ V$，从理论上判断，下列反应不能自发进行的是

                                                                               （ ）

    A. $2Fe^{2+} + 2Hg^{2+} = 2Fe^{3+} + Hg_2^{2+}$ B. $Sn + Br_2 = 2Br^- + Sn^{2+}$

    C. $2Hg^{2+} + 2Br^- = Hg_2^{2+} + Br_2$ D. $2Fe^{2+} + Br_2 = 2Fe^{3+} + 2Br^-$

11. 某反应速率常数 $k = 1.0 \times 10^{-4}\ mol \cdot L^{-1} \cdot s^{-1}$，则该反应的反应级数是 （ ）

    A. 0   B. 1   C. 2   D. 3

12. 下列各对物质属于共轭酸碱对的是 （ ）

    A. $NH_3 - NH_4^+$ B. $H_2S - S^{2-}$

    C. $H_2O - O^{2-}$ D. $H_3PO_4 - HPO_4^{2-}$

13. 下列各对溶液中间用半透膜隔开，有较多的水分子自右向左渗透的是 （ ）

    A. $0.1\ mol \cdot L^{-1}\ CaCl_2 | 0.1\ mol \cdot L^{-1}\ Na_2SO_4$

    B. $0.1\ mol \cdot L^{-1}\ HAc | 0.1\ mol \cdot L^{-1}\ NaCl$

    C. $0.1\ mol \cdot L^{-1}\ 葡萄糖 | 0.1\ mol \cdot L^{-1}\ 蔗糖$

    D. $0.1\ mol \cdot L^{-1}\ NaCl | 0.1\ mol \cdot L^{-1}\ 葡萄糖$

14. 下列属于非极性分子的是 （ ）

    A. BF_3, O_2, C_6H_6 B. $I_2, CHCl_3, BeCl_2$

    C. H_2O, CH_4, O_2 D. HCl, H_2, C_6H_6

15. 已知 $K_b(NH_3) = 1.80 \times 10^{-5}$，则其共轭酸的 K_a 值为 （ ）

    A. 1.80×10^{-9} B. 1.80×10^{-10} C. 5.60×10^{-10} D. 5.60×10^{-5}

三、简答题（每题 5 分，共 4 题，计 20 分）

1. 简述能斯特方程。

2. 简述难溶电解质 Q 与 K_{sp} 之间的关系。

3. 简述 BF_3 的杂化方式、成键过程及空间构型。

4. 简述质量作用定律。

四、计算题(每题 10 分,共 4 题,计 40 分)

1. 计算 $0.1\ mol \cdot L^{-1} Na_2CO_3$ 溶液的 pH。(已知 Na_2CO_3 的 $K_{b1}=2.14\times10^{-4}$、$K_{b2}=4.47\times10^{-7}$)

2. 要使 Mn^{2+} 沉淀完全,应控制溶液的 pH 为多少?(已知 $K_{sp}[Mn(OH)_2]=1.9\times10^{-13}$)

3. 已知 $\varphi^{\ominus}(Cl_2/Cl^-)=1.358\ V$,试计算 Cl^- 浓度为 $0.1\ mol \cdot L^{-1}$,$p(Cl_2)=300\ kPa$ 时组成电对的电极电势。

4. 已知 37 ℃时某药物的分解反应速率常数 $k=0.069\ 3\ h^{-1}$。问:(1) 该药物经过多少时间分解 50%? (2) 该药物分解 90% 需多长时间?

参考答案

一、判断题(每题 1 分,共 10 题,计 10 分)

1. √ 2. × 3. × 4. × 5. × 6. √ 7. × 8. × 9. √ 10. √

二、单项选择题(每题 2 分,共 15 题,计 30 分)

1. C 2. D 3. D 4. B 5. D 6. A 7. A 8. D 9. B 10. C 11. A

12. A 13. D 14. A 15. C

三、简答题(每题 5 分,共 4 题,计 20 分)

1. 答:标准电极电位在标准状态下测定,非标准状态下可根据能斯特方程来计算。

$$a\text{Ox}+ne^- \rightleftharpoons b\text{Red}$$

$$\varphi(\text{Ox/Red})=\varphi^{\ominus}(\text{Ox/Red})+\frac{RT}{nF}\ln\frac{c^a(\text{Ox})}{c^b(\text{Red})}$$

式中,R 表示摩尔气体常数 $8.314\ J \cdot mol^{-1} \cdot K^{-1}$;$F$ 表示法拉第常数 $96\ 485\ C \cdot mol^{-1}$;$T$ 表示热力学温度,单位为 K;n 表示电极反应中转移的电子数。

当 $T=298.15\ K$ 时,代入相关常数值可以得到

$$\varphi(\text{Ox/Red})=\varphi^{\ominus}(\text{Ox/Red})+\frac{0.059\ 2}{n}\lg\frac{c^a(\text{Ox})}{c^b(\text{Red})}$$

2. 答:$Q=K_{sp}$ 表示溶液饱和,动态平衡,既无沉淀析出又无沉淀溶解。

$Q < K_{sp}$ 表示溶液不饱和,溶液无沉淀析出,若加入难溶电解质,则会继续溶解。

$Q > K_{sp}$ 表示溶液过饱和,溶液中会有沉淀析出。

3. 答:中心原子 B 的价电子组态为 $2s^2 2p^1$。在形成 BF_3 过程中,1 个 $2s$ 电子激发至空 $2p$ 轨道上,然后 1 个 $2s$ 轨道和 2 个 $2p$ 轨道杂化形成 3 个 sp^2 杂化轨道,轨道夹角为 $120°$。3 个杂化轨道分别与 F 原子的 $2p$ 轨道重叠形成 3 个 B—F 键,BF_3 为平面三角形分子。

4. 答:在恒温下,基元反应的反应速率与各反应物的浓度的幂的乘积成正比,其中反应物浓度幂的指数即基元反应方程式中该反应物化学计量数的绝对值。

四、计算题(每题 10 分,共 4 题,计 40 分)

1. 解:$K_{b1} / K_{b2} = \dfrac{2.14 \times 10^{-4}}{4.47 \times 10^{-7}} = 4.79 \times 10^2 > 10^2$,可作为一元弱碱处理。

$K_{b1} \cdot c_b = 2.14 \times 10^{-4} \times 0.1 = 2.14 \times 10^{-5} > 20 K_w$

$c_b / K_{b1} = 0.1 / (2.14 \times 10^{-4}) = 467 \approx 500$,可以忽略水的质子自递反应产生的 OH^-。

$[OH^-] = \sqrt{K_{b1} \cdot c_b} = \sqrt{2.14 \times 10^{-4} \times 0.1} = 4.63 \times 10^{-3} (\text{mol} \cdot L^{-1})$

$pOH = 2.33$

$pH = 14 - 2.33 = 11.67$

2. 解:当残留溶液中的 $[Mn^{2+}] < 10^{-5} \text{ mol} \cdot L^{-1}$,可以认为沉淀完全。

$[Mn^{2+}][OH^-]^2 = K_{sp}$

$[OH^-] = \sqrt{\dfrac{K_{sp}}{[Mn^{2+}]}} = \sqrt{\dfrac{1.9 \times 10^{-13}}{1.0 \times 10^{-5}}} = 1.38 \times 10^{-4} (\text{mol} \cdot L^{-1})$

$pOH = 3.86$

$pH = 14 - 3.86 = 10.14$

3. 解:$Cl_2(g) + 2e^- {=\!=\!=} 2Cl^-$

$\varphi(Cl_2/Cl^-) = \varphi^{\ominus}(Cl_2/Cl^-) + \dfrac{0.059\,2}{2} \lg \dfrac{p(Cl_2)/p^{\ominus}}{[Cl^-]^2}$

$= 1.358 + \dfrac{0.059\,2}{2} \lg \dfrac{300/100}{0.1^2} = 1.43(V)$

4. 解(1) $t_{1/2} = \dfrac{0.693}{k} = \dfrac{0.693}{0.069\,3} = 10(h)$

(2) $\ln \dfrac{c}{c_0} = \ln \dfrac{(1 - 90\%)c_0}{c_0} = -kt = -0.069\,3t$

解得 $t = 33.2 \text{ h}$

综合练习九

一、单项选择题(每题 2 分,共 10 题,计 20 分)

1. 恒压下,将相对分子质量为 50 的二元电解质 5 g 溶于 250 g 水中,测得凝固点为 $-0.744\ ℃$,该电解质在水中的解离度是(水的冰点降低常数 $K_f = 1.86$) (　　)

   A. 100% 　　　　 B. 76% 　　　　 C. 27% 　　　　 D. 0%

2. 六次甲基四胺$[(CH_2)_6N_4]$($K_b = 1.49 \times 10^{-9}$)及其强酸盐$[(CH_2)_6N_4H]^+$组成的缓冲溶液的缓冲范围的 pH 约为 (　　)

   A. $4 \sim 6$ 　　　　 B. $6 \sim 8$ 　　　　 C. $8 \sim 10$ 　　　　 D. $9 \sim 11$

3. 向溶胶中加入电解质时 (　　)

   A. 使热力学电位和电动电位降低

   B. 使扩散层中的反离子进入吸附层,热力学电位降低,水化膜变薄,溶胶聚沉

   C. 电解质反离子进入吸附层,使胶核表面电位降低

   D. 电解质反离子进入吸附层,降低滑动面的电位,水化膜变薄,溶胶稳定性降低

4. 某化学反应进行 30 min 反应完成 50%,进行 60 min 反应完成 100%,则反应是 (　　)

   A. 三级反应 　　 B. 二级反应 　　 C. 一级反应 　　 D. 零级反应

5. 下列物质不能用作一级标准物质的是 (　　)

   A. 硼砂($Na_2B_4O_7 \cdot 10H_2O$) 　　　　　　 B. Na_2CO_3

   C. NaOH 　　　　　　　　　　　　 D. ⌬COOH COOK

6. 下列 4 种电解质对某溶胶的聚沉值分别为:

电解质	KNO_3	KAc	$MgSO_4$	$Al(NO_3)_3$
聚沉值/$(mmol \cdot L^{-1})$	50	110	0.81	0.095

   该胶粒的带电情况为 (　　)

   A. 带负电 　　 B. 带正电 　　 C. 不带电 　　 D. 不能确定

7. 在纯水和浓度都是 $0.1\ mol \cdot L^{-1}$ 的① $NaNO_3$、② NaI、③ $Cu(NO_3)_2$、④ $NaBr$、⑤ H_2O 电解质溶液中,溶解度(S)递增的顺序为 (　　)

   A. ①<②<③<④<⑤ 　　　　 B. ④<⑤<②<①<③

   C. ⑤<②<④<①<③ 　　　　 D. ④<⑤<①<③<②

8. 有一容器的器壁导热,上部有一可移动的活塞,在该容器中同时放入锌粒和盐酸,发生化学反应后活塞上移一定距离,以锌粒和盐酸为系统,则 (　　)

   A. $Q < 0, W < 0, \Delta U < 0$ 　　　　 B. $Q < 0, W = 0, \Delta U < 0$

   C. $Q = 0, W < 0, \Delta U < 0$ 　　　　 D. $Q = 0, W > 0, \Delta U > 0$

9. 用分光光度法测定某有色溶液,当液层厚度为 1.0 cm、溶液浓度为 0.000 2 mol·L^{-1} 时,透光率为 0.800。液层厚度不变,当该溶液浓度为 0.001 时,其透光率为(　　)

A. 0.602　　　　　　B. 0.328　　　　　　C. 0.160　　　　　　D. 0.956

10. 已知反应 $H_2O(g) + C(石墨) \longrightarrow CO(g) + H_2(g)$ 在 298.15 K 时,$\Delta_r H_m^\ominus = 131.3$ kJ·mol^{-1},$\Delta_r S_m^\ominus = 134.1$ J·K^{-1}·mol^{-1},在标准状态下该反应(　　)

A. 在温度升高至一定数值以上即可自发进行

B. 在温度降低至一定数值以上即可自发进行

C. 在任何温度下都能自发进行

D. 在任何温度下都不能自发进行

二、判断题(每题 2 分,共 10 题,计 20 分)

1. 常温下,将临床上用的任意两种等渗溶液按任意比例混合后,所得的溶液仍然为等渗溶液。(　　)

2. 在 HAc 溶液中加入 HCl,由于同离子效应,HAc 的解离度减小,因此溶液的 pH 将增大。(　　)

3. 强酸滴定强碱的 pH 突跃范围与所选用的指示剂的变色范围有关。(　　)

4. 在一定温度下,正催化剂能同时增大正、逆反应的反应速率,但它不改变反应的平衡常数。(　　)

5. 溶度积相等的两种物质,其溶解度也一定相等。(　　)

6. 分光光度法中,选择测定波长的依据是吸收光谱和标准曲线。(　　)

7. 电子这种微粒也有波动性,但与机械波或电磁波不同。电子云反映了电子在原子核外空间出现概率的大小。(　　)

8. 根据现代价键理论,σ 键可以单独存在,而 π 键只能依附于 σ 键而存在。(　　)

9. 同一中心原子形成的正八面体配合物中,强场配体形成的是低自旋配合物。(　　)

10. 高分子化合物溶液的分散相粒子大小与溶胶相近,因此会产生明显的丁铎尔现象。(　　)

三、填空题(每空 2 分,共 10 空,计 20 分)

1. 正常人血液的渗透压范围为_____ mmol·L^{-1},人体血浆的 pH 维持在_____。

2. 某反应的速率常数为 4.6×10^{-2} s^{-1},若反应物起始浓度为 0.10 mol·L^{-1},则该反应的半衰期为_____ s。

3. 径向分布函数 $D(r)$ 表示离核半径为 r 处微单位厚度薄球壳夹层内电子出现的_____。

4. 在第四周期中,基态原子中未成对电子数最多的元素基态原子的电子排布式为_____,该元素位于_____族_____区。

5. 影响缓冲溶液的缓冲容量的主要因素有_____和_____。

6. 误差越小,表示分析结果的_____越高。

四、简答题(每题 10 分,共 2 题,计 20 分)

1. 将红细胞置于 $15\ g \cdot L^{-1}$ 的 NaCl 溶液中,在显微镜下能观察到什么现象? 并说明原因。

2. 强电解质和弱电解质的解离度有何不同?

五、计算题(每题 10 分,共 2 题,计 20 分)

1. 计算 pH$=5.00$、总浓度为 $0.20\ mol \cdot L^{-1}$ 的 C_2H_5COOH(丙酸,用 HPr 表示)-C_2H_5COONa 缓冲溶液中,C_2H_5COOH 和 C_2H_5COONa 的物质的量浓度。若向 1 L 该缓冲溶液中加入 0.010 mol HCl,溶液的 pH 等于多少?(已知 C_2H_5COOH 的 $pK_a=4.87$)

2. 向浓度均为 $0.10\ mol \cdot L^{-1}$ 的 Zn^{2+} 和 Fe^{3+} 的混合溶液中滴加 $0.10\ mol \cdot L^{-1}$ 的 NaOH 溶液,已知 $Zn(OH)_2$ 的 $K_{sp}=3.10 \times 10^{-17}$,$Fe(OH)_3$ 的 $K_{sp}=2.79 \times 10^{-39}$,当 Zn^{2+} 开始沉淀时,溶液中 Fe^{3+} 是否沉淀完全?

参考答案

一、单项选择题(每题 2 分,共 10 题,计 20 分)

1. D 2. A 3. D 4. D 5. C 6. A 7. D 8. A 9. B 10. A

二、判断题(每题 2 分,共 10 题,计 20 分)

1. √ 2. × 3. × 4. √ 5. × 6. × 7. √ 8. √ 9. × 10. ×

三、填空题(每空 2 分,共 10 空,计 20 分)

1. 280~320,7.35~7.45 2. 15.07 3. 概率 4. $[Ar]3d^54s^1$,ⅥB,d 5. 总浓度,缓冲比 6. 准确度

四、简答题(每题 10 分,共 2 题,计 20 分)

1. 答:在显微镜下可见红细胞内的水分外逸,红细胞逐渐皱缩,皱缩的红细胞互相聚结成团。若此现象发生于血管内,将产生栓塞。产生这些现象的原因是红细胞内液的渗透浓度低于浓 NaCl 溶液,红细胞内的水向外渗透。

2. 答:强电解质在水中是完全解离的,但是离子之间的相互作用力的影响使得离子不能完全发挥其作为自由离子的作用。强电解质的解离度反映了离子间的相互作用力的大小,称为表观解离度;弱电解质的解离度则表示解离的程度,离子间的相互作用力可以忽略不计。

五、计算题(每题 10 分,共 2 题,计 20 分)

1. 解:(1) C_2H_5COOH 的 $pK_a = 4.87$,设 $c(HPr) = x \ mol \cdot L^{-1}$。

则 $c(NaPr) = (0.20 - x) mol \cdot L^{-1}$

$$pH = pK_a + lg \frac{c(Pr^-)}{c(HPr)} = 4.87 + lg \frac{(0.20 - x) mol \cdot L^{-1}}{x \ mol \cdot L^{-1}} = 5.00$$

解得 $x = 0.085$,即 $c(HPr) = 0.085 \ mol \cdot L^{-1}$

$c(NaPr) = (0.20 - 0.085) mol \cdot L^{-1} = 0.12 \ mol \cdot L^{-1}$

(2) 加入 0.050 mol HCl 后:

$$pH = pK_a + lg \frac{n(Pr^-)}{n(HPr)} = 4.87 + lg \frac{(0.12 - 0.010) mol}{(0.085 + 0.010) mol} = 4.91$$

2. 解:首先根据溶液各离子的浓度及其溶度积,分别计算出使其开始产生沉淀所需 NaOH 溶液的浓度。

$Zn(OH)_2$ 开始沉淀时 $c_1(OH^-) = \sqrt{\dfrac{K_{sp,Zn(OH)_2}}{c_{Zn^{2+}}}} = \sqrt{\dfrac{3.10 \times 10^{-17}}{0.10}}$

$= 1.76 \times 10^{-8} (mol \cdot L^{-1})$

$Fe(OH)_3$ 开始沉淀时 $c_2(OH^-) = \sqrt[3]{\dfrac{K_{sp,Fe(OH)_3}}{c_{Fe^{3+}}}} = \sqrt[3]{\dfrac{2.79 \times 10^{-39}}{0.1}}$

$= 3.03 \times 10^{-13} (mol \cdot L^{-1})$

显然溶液中加入 NaOH 时,$Fe(OH)_3$ 先沉淀。当 $Zn(OH)_2$ 开始沉淀时,溶液中 Fe^{3+} 的浓度为:

$$c(Fe^{3+}) = \frac{K_{sp,Fe(OH)_3}}{c_{OH^-}^3} = \frac{2.79 \times 10^{-39}}{(1.76 \times 10^{-8})^3} = 5.12 \times 10^{-16} (mol \cdot L^{-1}) \leqslant 1 \times 10^{-5}$$

所以当 Zn^{2+} 开始沉淀时,溶液中 Fe^{3+} 已经沉淀完全。

综合练习十

一、判断题(每题 1 分,共 10 题,计 10 分)

1. 沉淀溶解平衡常数会随着溶液中离子浓度的改变而改变。 ( )
2. CH_4 分子构型是正四面体。 ( )
3. 缓冲溶液的 pH 取决于缓冲对中 pK_a 的大小。 ( )
4. 氢键一定会使熔点和沸点升高。 ( )
5. 平衡常数 K 和反应速率常数 k 都是用来表示反应速率快慢的参数。 ( )
6. 做空白对照试验可以减小系统误差。 ( )
7. 第一热力学定律只适用于恒压过程。 ( )
8. 相同温度下浓度为 $0.1\ mol \cdot L^{-1}$ 的 NaCl 溶液和 $0.1\ mol \cdot L^{-1}$ 葡萄糖溶液所产生的渗透压相同。 ( )
9. 用 NaOH 滴定 HAc 选用的指示剂为酚酞。 ( )
10. 对于放热反应,升高温度对逆反应有利,同时正反应速率降低。 ( )

二、单项选择题(每题 2 分,共 15 题 ,计 30 分)

1. 关于平衡常数,下列说法正确的是 ( )
   A. 平衡常数是温度的函数
   B. 反应物浓度增大,反应速率增大,平衡常数增大
   C. 平衡发生移动,平衡常数必然改变
   D. 化学反应系数加倍,平衡常数相应加倍

2. ΔH 是体系的什么? ( )
   A. 反应热 B. 吸收的热量 C. 焓的变化 D. 生成热

3. 常温下 $1.0 \times 10^{-8}\ mol \cdot L^{-1}$ HCl 溶液的 pH 为 ( )
   A. 8.00 B. 7.00 C. 6.97 D. 5.97

4. 配合物 $[Pt(NH_3)_2Cl_2]$ 的配体数是 ( )
   A. 2 B. 3 C. 4 D. 5

5. 在一次使用托盘天平的称量操作中,以下哪个数据记录合理? ( )
   A. 1.200 g B. 1.2 g
   C. 1.200 0 g D. 1.20 g

6. 乙醇在水中溶解度较高是由于存在 ( )
   A. 氢键 B. 孤对电子 C. 共价键 D. 离子键

7. $NaHCO_3$ 和 Na_2CO_3 组成的缓冲溶液的有效缓冲范围是(已知 H_2CO_3 的 $pK_{a1} = 6.35$,$pK_{a2} = 10.33$) ( )
   A. 9.33~11.33 B. 6.35~10.33
   C. 9.33~10.33 D. 6.35~11.33

8. 乙烯分子的空间构型为 （ ）

    A. 正四面体   B. 平面形   C. 直线形   D. V 形

9. 对于放热反应 $2A(g)+B(g)\Longrightarrow C(g)$，当反应达到平衡时，可通过下列哪种方法使平衡向右移动？ （ ）

    A. 降温和减压   B. 升温和增压

    C. 升温和减压   D. 降温和增压

10. 下列溶液中凝固点最低的是（已知苯的凝固点为 5.5 ℃，$K_f=5.12$ K·kg·mol^{-1}，水的 $K_f=1.86$ K·kg·mol^{-1}） （ ）

    A. 0.1 mol·L^{-1}蔗糖水溶液   B. 0.1 mol·L^{-1}乙二醇水溶液

    C. 0.1 mol·L^{-1}乙二醇苯溶液   D. 0.1 mol·L^{-1}氯化钠水溶液

11. 某放射性元素的半衰期为 8 h，则初始浓度为 c_0 的该放射性元素经历 16 h 后浓度变为 （ ）

    A. c_0 B. $2c_0$ C. $1/2c_0$ D. $1/4c_0$

12. 柠檬酸（缩写为 H_3Cit）常用于配制供培养细菌的缓冲溶液。现有 500 mL 的 0.200 mol·L^{-1} 柠檬酸溶液，要配制 pH 为 5.00 的缓冲溶液，需加入 0.400 mol·L^{-1} 的 NaOH 溶液多少毫升？ （ ）

    A. 407 mL   B. 250 mL   C. 157 mL   D. 350 mL

13. 用 0.1 mol·L^{-1} HCl 滴定 0.1 mol·L^{-1} NaOH 的突跃范围是 9.7～4.3，则用 0.01 mol·L^{-1} HCl 滴定 0.01 mol·L^{-1} NaOH 的突跃范围应为 （ ）

    A. 9.7～4.3   B. 8.7～4.3   C. 8.7～5.3   D. 10.7～3.3

14. 下列分子中，中心原子杂化类型是 sp^2 杂化的是 （ ）

    A. CH_4 B. $CHCl_3$ C. H_2O D. C_6H_6

15. 临床上使用的氯化钾（相对分子质量为 74.5）注射液质量浓度为 $\rho=100$ g·L^{-1}，其物质的量浓度为 （ ）

    A. 1.34 mol·L^{-1} B. 2.34 mol·L^{-1}

    C. 0.34 mol·L^{-1} D. 3.34 mol·L^{-1}

三、简答题（每题 5 分，共 4 题，计 20 分）

1. 简述热力学第二定律。

2. 简述标准平衡常数。

3. 简述何为螯合物。

4. 简述缓冲溶液配制步骤。

四、计算题(每题 **10** 分,共 **4** 题,计 **40** 分)

1. 已知 1 L 理想气体在 298 K 时,压力为 151 kPa,经等温可逆膨胀,最后体积变为 10 L,计算该过程的 W、ΔH、ΔU、ΔS。

2. 在一个 10 L 的密闭容器中将一氧化碳与水蒸气混合加热时,存在以下平衡:

$$CO(g) + H_2O(g) \rightleftharpoons CO_2(g) + H_2(g)$$

在 800 ℃时,若 $K_c = 1$,将 2 mol CO 及 2 mol H_2O 混合,加热到 800 ℃,求平衡时各种气体的浓度以及 CO 转化为 CO_2 的百分率。

3. 大量输入库存血可能会导致碱中毒,因为库存血中会添加枸橼酸钠抗凝剂以防血液凝固,抗凝剂在体内会转换成碳酸氢根离子。现临床检验得知某患者在输入大量库存血后,血浆中 HCO_3^- 和溶解态 $CO_2(aq)$ 的浓度为:$[HCO_3^-] = 62.0 \ mmol \cdot L^{-1}$,$[CO_2(aq)] = 1.70 \ mmol \cdot L^{-1}$。已知血浆中校正后的 $pK'_{a1}(H_2CO_3) = 6.10$,请计算该患者血浆的 pH,判断该患者是否碱中毒。

4. 已知常用退烧镇痛药乙酰水杨酸(阿司匹林)在 100 ℃的分解反应速率常数 $k = 7.9 \ d^{-1}$。活化能为 56.48 kJ·mol^{-1},求该药物 100 ℃的半衰期以及 25 ℃下的分解反应速率常数。

参考答案

一、判断题(每题 **1** 分,共 **10** 题,计 **10** 分)

    1. ×　2. √　3. ×　4. ×　5. ×　6. √　7. ×　8. ×　9. √　10. ×

二、单项选择题(每题 **2** 分,共 **15** 题,计 **30** 分)

    1. A　2. C　3. C　4. C　5. B　6. A　7. A　8. B　9. D　10. D　11. D
12. A　13. C　14. D　15. A

三、简答题(每题 5 分,共 4 题,计 20 分)

1. 答:热力学第二定律有几种表述方式。克劳修斯表述为热量可以自发地从温度高的物体传递到温度低的物体,但不可能自发地从温度低的物体传递到温度高的物体;开尔文-普朗克表述为不可能从单一热源吸取热量,并将这热量完全变为功,而不产生其他影响;熵增表述为孤立系统的熵永不减小。

2. 答:标准平衡常数是根据标准热力学函数计算得到的平衡常数,又称热力学平衡常数,用 $K^{\ominus}$ 表示。

① 每一个可逆反应都有自己的特征平衡常数。

② K、$K^{\ominus}$ 越大,表示正反应进行的程度越大,正反应产率越高。

③ K、$K^{\ominus}$ 是温度的函数,温度一定时,K、$K^{\ominus}$ 与浓度无关。

以反应 $a\mathrm{A}+b\mathrm{B}\Longrightarrow d\mathrm{D}+e\mathrm{E}$ 为例:

如果该反应是气相反应,则标准平衡常数表达为:$K_p^{\ominus}=\dfrac{\left(\dfrac{p_{\mathrm{D}}}{p^{\ominus}}\right)^d \cdot \left(\dfrac{p_{\mathrm{E}}}{p^{\ominus}}\right)^e}{\left(\dfrac{p_{\mathrm{A}}}{p^{\ominus}}\right)^a \cdot \left(\dfrac{p_{\mathrm{B}}}{p^{\ominus}}\right)^b}$

如果该反应体系是溶液,则标准平衡常数表达为:$K_c^{\ominus}=\dfrac{\left(\dfrac{[\mathrm{D}]}{c^{\ominus}}\right)^d \cdot \left(\dfrac{[\mathrm{E}]}{c^{\ominus}}\right)^e}{\left(\dfrac{[\mathrm{A}]}{c^{\ominus}}\right)^a \cdot \left(\dfrac{[\mathrm{B}]}{c^{\ominus}}\right)^b}$

3. 答:螯合物是中心原子与多齿配体形成的具有环状结构的一类配合物。由于生成螯合物而使配合物稳定性大大增加的作用称为螯合效应,能与中心原子形成螯合物的多齿配体称为螯合剂。

4. 答:① 首先根据实验任务要求选择缓冲对(缓冲对的 pK_a 约等于目标 pH)。

② 计算(根据任务要求选择容量瓶并计算所要称量的缓冲对质量或者量取体积)。

③ 溶解(在烧杯中溶解)。

④ 转移到容量瓶并定容(转移注意使用玻璃棒引流)。

⑤ 摇匀。

四、计算题(每题 10 分,共 4 题,计 40 分)

1. 解:$W=-nRT\ln\dfrac{V_2}{V_1}=-348(\mathrm{J})$

因为等温,所以 $\Delta U=0$,$\Delta H=0$。

$\Delta S=nR\ln\dfrac{V_2}{V_1}=\dfrac{Q_R}{T}=\dfrac{348}{298}=1.17(\mathrm{J}\cdot\mathrm{K}^{-1})$

2. 解:

	$\mathrm{CO(g)}$	+	$\mathrm{H_2O(g)}$	$\Longrightarrow$	$\mathrm{CO_2(g)}$	+	$\mathrm{H_2(g)}$
初始浓度/(mol·L^{-1}):	0.2		0.2		0		0
平衡浓度/(mol·L^{-1}):	0.2−x		0.2−x		x		x

$$K_c=x^2/(0.2-x)^2=1$$

解得 $x=[\mathrm{CO_2}]=0.1\ \mathrm{mol}\cdot\mathrm{L}^{-1}=[\mathrm{H_2}]=[\mathrm{CO}]=[\mathrm{H_2O}]$

转化率 $\alpha=(0.1/0.2)\times100\%=50\%$

3. 碳酸-碳酸氢根离子为血浆中最重要的一组缓冲系,可通过缓冲溶液 pH 计算公式计算患者血浆的 pH。

$$pH = 6.10 + \lg \frac{62.0 \ mmol \cdot L^{-1}}{1.70 \ mmol \cdot L^{-1}} = 7.66$$

人体血浆的正常 pH 为 7.35～7.45,当 pH<7.35 时酸中毒,当 pH>7.45 时碱中毒。因此患者碱中毒。

4. 解:(1) $t_{1/2} = \dfrac{0.693}{k} = \dfrac{0.693}{7.9} = 0.09(d)$

(2) 根据公式 $\ln \dfrac{k_2}{k_1} = \dfrac{-E_a}{R}\left(\dfrac{1}{T_2} - \dfrac{1}{T_1}\right)$

$$\ln \frac{k_2}{7.9} = \frac{-56.48 \times 10^3}{8.314}\left(\frac{1}{25+273} - \frac{1}{100+273}\right)$$

解得 $k_2 = 0.08 \ d$

附　　录

附录一　相对原子质量

质子数	元素	相对原子质量	质子数	元素	相对原子质量
1	H	1. 007 94(7)	40	Zr	91. 224 (2)
2	He	4. 002 602 (2)	41	Nb	92. 906 38(2)
3	Li	6. 941 (2)	42	Mo	95. 94(2)
4	Be	9. 012 182 (3)	43	Tc	[97. 907 2]
5	B	10. 811 (7)	44	Ru	101. 07(2)
6	C	12. 010 7(8)	45	Rh	102. 905 50(2)
7	N	14. 006 7(2)	46	Pd	106. 42(1)
8	O	15. 999 4(3)	47	Ag	107. 868 2(2)
9	F	18. 998 403 2(5)	48	Cd	112. 411 (8)
10	Ne	20. 179 7(6)	49	In	114. 818 (3)
11	Na	22. 989 770 (2)	50	Sn	118. 710 (7)
12	Mg	24. 305 0(6)	51	Sb	121. 760 (1)
13	Al	26. 981 538 (2)	52	Te	127. 60(3)
14	Si	28. 085 5(3)	53	I	126. 904 47(3)
15	P	30. 973 761 (2)	54	Xe	131. 293 (6)
16	S	32. 065 (5)	55	Cs	132. 905 45(2)
17	Cl	35. 453 (2)	56	Ba	137. 327 (7)
18	Ar	39. 948 (1)	57	La	138. 905 5(2)
19	K	39. 098 3(1)	58	Ce	140. 116 (1)
20	Ca	40. 078 (4)	59	Pr	140. 907 65
21	Sc	44. 955 910 (8)	60	Nd	144. 24(3)
22	Ti	47. 867 (1)	61	Pm	[144. 912 7]
23	V	50. 941 5(1)	62	Sm	150. 36(3)
24	Cr	51. 996 1(6)	63	Eu	151. 964 (1)
25	Mn	54. 938 049 (9)	64	Gd	157. 25(3)
26	Fe	55. 845 (2)	65	Tb	158. 925 34
27	Co	58. 933 200 (9)	66	Dy	162. 500 (1)
28	Ni	58. 693 4(2)	67	Ho	164. 930 32
29	Cu	63. 546 (3)	68	Er	167. 259 (3)
30	Zn	65. 409 (4)	69	Tm	168. 934 21
31	Ga	69. 723 (1)	70	Yb	173. 04(3)
32	Ge	72. 64(1)	71	Lu	174. 967 (1)
33	As	74. 921 60(2)	72	Hf	178. 49(2)
34	Se	78. 96(3)	73	Ta	180. 947 9(1)
35	Br	79. 904 (1)	74	W	183. 84(1)
36	Kr	83. 798 (2)	75	Re	186. 207 (1)
37	Rb	85. 467 8(3)	76	Os	190. 23(3)
38	Sr	87. 62(1)	77	Ir	192. 217 (3)
39	Y	88. 905 85(2)	78	Pt	195. 078 (2)

质子数	元素	相对原子质量	质子数	元素	相对原子质量
79	Au	196. 966 55	98	Cf	[251. 079 6]
80	Hg	200. 59(2)	99	Es	[252. 083 0]
81	Tl	204. 383 3(2)	100	Fm	[257. 095 1]
82	Pb	207. 2(1)	101	Md	[258. 098 4]
83	Bi	208. 980 38	102	No	[259. 101 0]
84	Po	[208. 982 4]	103	Lr	[262. 109 7]
85	At	[209. 987 1]	104	Rf	[261. 108 8]
86	Rn	[222. 017 6]	105	Db	[262. 114 1]
87	Fr	[223. 019 7]	106	Sg	[266. 121 9]
88	Ra	[226. 025 4]	107	Bh	[264. 12]
89	Ac	[227. 027 7]	108	Hs	[277]
90	Th	232. 038 1(1)	109	Mt	[268. 138 8]
91	Pa	231. 035 88	110	Ds	[271]
92	U	238. 028 91	111	Rg	[272]
93	Np	[237. 048 2]	112	Uub	[285]
94	Pu	[244. 064 2]	113	Unt	[286]
95	Am	[243. 061 4]	114	Uuq	[289]
96	Cm	[247. 070 4]	115	Unp	[288]
97	Bk	[247. 070 3]	116	Uuh	[289]

附录二　元素的电子组态

质子数	元素	电子组态	质子数	元素	电子组态
1	H	$1s^1$	24	Cr	$[Ar] 3d^5 4s^1$
2	He	$1s^2$	25	Mn	$[Ar] 3d^5 4s^2$
3	Li	$1s^2 2s^1$	26	Fe	$[Ar] 3d^6 4s^2$
4	Be	$1s^2 2s^2$	27	Co	$[Ar] 3d^7 4s^2$
5	B	$1s^2 2s^2 2p^1$	28	Ni	$[Ar] 3d^8 4s^2$
6	C	$1s^2 2s^2 2p^2$	29	Cu	$[Ar] 3d^{10} 4s^1$
7	N	$1s^2 2s^2 2p^3$	30	Zn	$[Ar] 3d^{10} 4s^2$
8	O	$1s^2 2s^2 2p^4$	31	Ga	$[Ar] 3d^{10} 4s^2 4p^1$
9	F	$1s^2 2s^2 2p^5$	32	Ge	$[Ar] 3d^{10} 4s^2 4p^2$
10	Ne	$1s^2 2s^2 2p^6$	33	As	$[Ar] 3d^{10} 4s^2 4p^3$
11	Na	$[Ne] 3s^1$	34	Se	$[Ar] 3d^{10} 4s^2 4p^4$
12	Mg	$[Ne] 3s^2$	35	Br	$[Ar] 3d^{10} 4s^2 4p^5$
13	Al	$[Ne] 3s^2 3p^1$	36	Kr	$[Ar] 3d^{10} 4s^2 4p^6$
14	Si	$[Ne] 3s^2 3p^2$	37	Rb	$[Kr] 5s^1$
15	P	$[Ne] 3s^2 3p^3$	38	Sr	$[Kr] 5s^2$
16	S	$[Ne] 3s^2 3p^4$	39	Y	$[Kr] 4d^1 5s^2$
17	Cl	$[Ne] 3s^2 3p^5$	40	Zr	$[Kr] 4d^2 5s^2$
18	Ar	$[Ne] 3s^2 3p^6$	41	Nb	$[Kr] 4d^4 5s^1$
19	K	$[Ar] 4s^1$	42	Mo	$[Kr] 4d^5 5s^1$
20	Ca	$[Ar] 4s^2$	43	Tc	$[Kr] 4d^5 5s^2$
21	Sc	$[Ar] 3d^1 4s^2$	44	Ru	$[Kr] 4d^7 5s^1$
22	Ti	$[Ar] 3d^2 4s^2$	45	Rh	$[Kr] 4d^8 5s^1$
23	V	$[Ar] 3d^3 4s^2$	46	Pd	$[Kr] 4d^{10}$

质子数	元素	电子组态	质子数	元素	电子组态
47	Ag	$[Kr] 4d^{10} 5s^1$	76	Os	$[Xe] 4f^{14} 5d^6 6s^2$
48	Cd	$[Kr] 4d^{10} 5s^2$	77	Ir	$[Xe] 4f^{14} 5d^7 6s^2$
49	In	$[Kr] 4d^{10} 5s^2 5p^1$	78	Pt	$[Xe] 4f^{14} 5d^9 6s^1$
50	Sn	$[Kr] 4d^{10} 5s^2 5p^2$	79	Au	$[Xe] 4f^{14} 5d^{10} 6s^1$
51	Sb	$[Kr] 4d^{10} 5s^2 5p^3$	80	Hg	$[Xe] 4f^{14} 5d^{10} 6s^2$
52	Te	$[Kr] 4d^{10} 5s^2 5p^4$	81	Tl	$[Xe] 4f^{14} 5d^{10} 6s^2 6p^1$
53	I	$[Kr] 4d^{10} 5s^2 5p^5$	82	Pb	$[Xe] 4f^{14} 5d^{10} 6s^2 6p^2$
54	Xe	$[Kr] 4d^{10} 5s^2 5p^6$	83	Bi	$[Xe] 4f^{14} 5d^{10} 6s^2 6p^3$
55	Cs	$[Xe] 6s^1$	84	Po	$[Xe] 4f^{14} 5d^{10} 6s^2 6p^4$
56	Ba	$[Xe] 6s^2$	85	At	$[Xe] 4f^{14} 5d^{10} 6s^2 6p^5$
57	La	$[Xe] 5d^1 6s^2$	86	Rn	$[Xe] 4f^{14} 5d^{10} 6s^2 6p^6$
58	Ce	$[Xe] 4f^1 5d^1 6s^2$	87	Fr	$[Rn] 7s^1$
59	Pr	$[Xe] 4f^3 6s^2$	88	Ra	$[Rn] 7s^2$
60	Nd	$[Xe] 4f^4 6s^2$	89	Ac	$[Rn] 6d^1 7s^2$
61	Pm	$[Xe] 4f^5 6s^2$	90	Th	$[Rn] 6d^2 7s^2$
62	Sm	$[Xe] 4f^6 6s^2$	91	Pa	$[Rn] 5f^2 6d^1 7s^2$
63	Eu	$[Xe] 4f^7 6s^2$	92	U	$[Rn] 5f^3 6d^1 7s^2$
64	Gd	$[Xe] 4f^7 5d^1 6s^2$	93	Np	$[Rn] 5f^4 6d^1 7s^2$
65	Tb	$[Xe] 4f^9 6s^2$	94	Pu	$[Rn] 5f^6 7s^2$
66	Dy	$[Xe] 4f^{10} 6s^2$	95	Am	$[Rn] 5f^7 7s^2$
67	Ho	$[Xe] 4f^{11} 6s^2$	96	Cm	$[Rn] 5f^7 6d^1 7s^2$
68	Er	$[Xe] 4f^{12} 6s^2$	97	Bk	$[Rn] 5f^9 7s^2$
69	Tm	$[Xe] 4f^{13} 6s^2$	98	Cf	$[Rn] 5f^{10} 7s^2$
70	Yb	$[Xe] 4f^{14} 6s^2$	99	Es	$[Rn] 5f^{11} 7s^2$
71	Lu	$[Xe] 4f^{14} 5d^1 6s^2$	100	Fm	$[Rn] 5f^{12} 7s^2$
72	Hf	$[Xe] 4f^{14} 5d^2 6s^2$	101	Md	$[Rn] 5f^{13} 7s^2$
73	Ta	$[Xe] 4f^{14} 5d^3 6s^2$	102	No	$[Rn] 5f^{14} 7s^2$
74	W	$[Xe] 4f^{14} 5d^4 6s^2$	103	Lr	$[Rn] 5f^{14} 7d^1 7s^2$
75	Re	$[Xe] 4f^{14} 5d^5 6s^2$	104	Rf	$[Rn] 5f^{14} 6d^2 7s^2$

附录三　碱溶液浓度与密度对应表

$c/(\text{mol} \cdot \text{L}^{-1})$	$\rho_{\text{LiOH}}/(\text{g} \cdot \text{mL}^{-1})$	$\rho_{\text{NaOH}}/(\text{g} \cdot \text{mL}^{-1})$	$\rho_{\text{KOH}}/(\text{g} \cdot \text{mL}^{-1})$	$\rho_{\text{CsOH}}/(\text{g} \cdot \text{mL}^{-1})$
0.5	1.012	1.019	1.022	1.063
1.0	1.025	1.040	1.045	1.128
1.5	1.038	1.059	1.068	1.193
2.0	1.050	1.078	1.090	1.257
3.0	1.072	1.115	1.133	1.383
4.0	1.093	1.149	1.174	1.508
5.0		1.182	1.214	1.632
6.0		1.213	1.253	1.755
7.0		1.243	1.290	1.876
8.0		1.271	1.326	1.997
9.0		1.299	1.362	2.117
10.0		1.325	1.396	2.236
11.0		1.350	1.429	2.354

续表

$c/(\mathrm{mol} \cdot \mathrm{L}^{-1})$	$\rho_{\mathrm{LiOH}}/(\mathrm{g} \cdot \mathrm{mL}^{-1})$	$\rho_{\mathrm{NaOH}}/(\mathrm{g} \cdot \mathrm{mL}^{-1})$	$\rho_{\mathrm{KOH}}/(\mathrm{g} \cdot \mathrm{mL}^{-1})$	$\rho_{\mathrm{CsOH}}/(\mathrm{g} \cdot \mathrm{mL}^{-1})$
12.0		1.374	1.462	2.471
13.0		1.397	1.494	2.587
14.0		1.419	1.524	2.703
15.0		1.441		
16.0		1.461		
17.0		1.481		
18.0		1.499		
19.0		1.517		

附录四 酸溶液浓度与密度对应表

$w/\%$	$\rho_{\mathrm{HCl}}/(\mathrm{g} \cdot \mathrm{mL}^{-1})$	$\rho_{\mathrm{HNO_3}}/(\mathrm{g} \cdot \mathrm{mL}^{-1})$	$\rho_{\mathrm{H_2SO_4}}/(\mathrm{g} \cdot \mathrm{mL}^{-1})$	$\rho_{\mathrm{CH_3COOH}}/(\mathrm{g} \cdot \mathrm{mL}^{-1})$
0.5	1.0007	1.0009	1.0016	0.9989
1.0	1.0031	1.0037	1.0049	0.9996
2.0	1.0081	1.0091	1.0116	1.0011
3.0	1.0130	1.0146	1.0183	1.0025
4.0	1.0179	1.0202	1.0250	1.0038
5.0	1.0228	1.0257	1.0318	1.0052
6.0	1.0278	1.0314	1.0385	1.0066
7.0	1.0327	1.0370	1.0453	1.0080
8.0	1.0377	1.0427	1.0522	1.0093
9.0	1.0426	1.0485	1.0591	1.0107
10.0	1.0476	1.0543	1.0661	1.0121
12.0	1.0576	1.0660	1.0802	1.0147
14.0	1.0676	1.0780	1.0947	1.0174
16.0	1.0777	1.0901	1.1094	1.0200
18.0	1.0878	1.1025	1.1245	1.0225
20.0	1.0980	1.1150	1.1398	1.0250
22.0	1.1083	1.1277	1.1554	1.0275
24.0	1.1185	1.1406	1.1714	1.0299
26.0	1.1288	1.1536	1.1872	
28.0	1.1391	1.1668	1.2031	
30.0	1.1492	1.1801	1.2191	
32.0	1.1594	1.1934	1.2353	
35.0	1.1693	1.2068	1.2518	
36.0	1.1791	1.2202	1.2685	
38.0	1.1886	1.2335	1.2855	
40.0	1.1977	1.2466	1.3028	

附录五　常用化合物的相对分子质量

化学式	相对分子质量	化学式	相对分子质量
$HC_2H_3O_2$	60.053 0	$MnSO_4$	150.999 6
NH_3	17.030 6	$HgCl_2$	271.496 0
NH_4Cl	53.491 6	HNO_3	63.012 9
$(NH_4)_2SO_4$	132.138 8	$H_2C_2O_4$	90.035 8
NH_4CNS	76.120 4	$H_2C_2O_4 \cdot 2H_2O$	126.066 5
$BaCO_3$	197.349 4	C_2O_3	72.020 5
$BaCl_2 \cdot 2H_2O$	244.276 7	H_3PO_4	97.995 3
$Ba(OH)_2$	171.354 7	$KHCO_3$	100.119 3
BaO	153.339 4	K_2CO_3	138.213 4
$CaCO_3$	100.089 4	KCl	74.555 0
$CaCl_2$	110.986 0	KCN	65.119 9
$CaCl_2 \cdot 6H_2O$	219.015 0	KOH	56.109 4
$Ca(OH)_2$	74.094 7	K_2O	94.203 4
CaO	56.079 4	$K_2H_4C_4O_6$	226.276 9
$C_6H_8O_7 \cdot H_2O$	210.141 8	$AgNO_3$	169.874 9
CuO	79.539 4	$NaHCO_3$	84.007 1
$CuSO_4 \cdot 5H_2O$	249.678 3	Na_2CO_3	105.989 0
HCl	36.461 0	$NaCl$	58.442 8
HCN	27.025 8	$NaOH$	39.997 2
$C_3H_6O_3$	90.079 5	Na_2O	61.979 0
$C_4H_6O_5$	134.089 4	Na_2S	78.043 6
$MgCO_3$	84.321 4	$H_2C_4H_4O_4$	118.090 0
$MgCl_2$	95.218 0	H_2SO_4	98.077 5
$MgCl_2 \cdot 6H_2O$	203.237 0	$C_4H_6O_6$	150.088 8
MgO	40.311 4	$ZnSO_4 \cdot 7H_2O$	287.539 0

附录六　部分化合物溶液的活度系数(25 ℃)

化合物	溶液浓度/$(mol \cdot L^{-1})$									
	0.1	0.2	0.3	0.4	0.5	0.6	0.7	0.8	0.9	1.0
$AgNO_3$	0.734	0.657	0.606	0.567	0.536	0.509	0.485	0.464	0.446	0.429
$AlCl_3$	0.337	0.305	0.302	0.313	0.331	0.356	0.388	0.429	0.479	0.539
$Al_2(SO_4)_3$	0.035	0.0225	0.0176	0.0153	0.0143	0.014	0.0142	0.0149	0.0159	0.0175
$BaCl_2$	0.500	0.444	0.419	0.405	0.397	0.391	0.391	0.391	0.392	0.395
$BeSO_4$	0.150	0.109	0.0885	0.0769	0.0692	0.0639	0.0600	0.0570	0.0546	0.0530
$CaCl_2$	0.518	0.472	0.455	0.448	0.448	0.453	0.460	0.470	0.484	0.500
$CdCl_2$	0.2280	0.1638	0.1329	0.1139	0.1006	0.0905	0.0827	0.0765	0.0713	0.0669
$Cd(NO_3)_2$	0.513	0.464	0.442	0.430	0.425	0.423	0.423	0.425	0.428	0.433
$CdSO_4$	0.150	0.103	0.0822	0.0699	0.0615	0.0553	0.0505	0.0468	0.0438	0.0415
$CoCl_2$	0.522	0.479	0.463	0.459	0.462	0.470	0.479	0.492	0.511	0.531
$CrCl_3$	0.331	0.298	0.294	0.300	0.314	0.335	0.362	0.397	0.436	0.481

化合物	溶液浓度/(mol·L⁻¹)									
	0.1	0.2	0.3	0.4	0.5	0.6	0.7	0.8	0.9	1.0
$Cr(NO_3)_3$	0.319	0.285	0.279	0.281	0.291	0.304	0.322	0.344	0.371	0.401
$Cr_2(SO_4)_3$	0.0458	0.0300	0.0238	0.0207	0.0190	0.0182	0.0181	0.0185	0.0194	0.0208
$CsBr$	0.754	0.694	0.654	0.626	0.603	0.586	0.571	0.558	0.547	0.538
$CsCl$	0.756	0.694	0.656	0.628	0.606	0.589	0.575	0.563	0.553	0.544
CsI	0.754	0.692	0.651	0.621	0.599	0.581	0.567	0.554	0.543	0.533
$CsNO_3$	0.733	0.655	0.602	0.561	0.528	0.501	0.478	0.458	0.439	0.422
$CsOH$	0.795	0.761	0.744	0.739	0.739	0.742	0.748	0.754	0.762	0.771
$CsOAc$	0.799	0.771	0.761	0.759	0.762	0.768	0.776	0.783	0.792	0.802
Cs_2SO_4	0.456	0.382	0.338	0.311	0.291	0.274	0.262	0.251	0.242	0.235
$CuCl_2$	0.508	0.455	0.429	0.417	0.411	0.409	0.409	0.410	0.413	0.417
$Cu(NO_3)_2$	0.511	0.460	0.439	0.429	0.426	0.427	0.431	0.437	0.445	0.455
$CuSO_4$	0.150	0.104	0.0829	0.0704	0.0620	0.0559	0.0512	0.0475	0.0446	0.0423
$FeCl_2$	0.5185	0.473	0.454	0.448	0.450	0.454	0.463	0.473	0.488	0.506
HBr	0.805	0.782	0.777	0.781	0.789	0.801	0.815	0.832	0.850	0.871
HCl	0.796	0.767	0.756	0.755	0.757	0.763	0.772	0.783	0.795	0.809
$HClO_4$	0.803	0.778	0.768	0.766	0.769	0.776	0.785	0.795	0.808	0.823
HI	0.818	0.807	0.811	0.823	0.839	0.860	0.883	0.908	0.935	0.963
HNO_3	0.791	0.754	0.735	0.725	0.720	0.717	0.717	0.718	0.721	0.724
H_2SO_4	0.2655	0.2090	0.1826	—	0.1557	—	0.1417	—	—	0.1316
KBr	0.772	0.722	0.693	0.673	0.657	0.646	0.636	0.629	0.622	0.617
KCl	0.770	0.718	0.688	0.666	0.649	0.637	0.626	0.618	0.610	0.604
$KClO_3$	0.749	0.681	0.635	0.599	0.568	0.541	0.518	—	—	—
K_2CrO_4	0.456	0.382	0.340	0.313	0.292	0.276	0.263	0.253	0.243	0.235
KF	0.775	0.727	0.700	0.682	0.670	0.661	0.654	0.650	0.646	0.645
$K_3Fe(CN)_6$	0.268	0.212	0.184	0.167	0.155	0.146	0.140	0.135	0.131	0.128
$K_4Fe(CN)_6$	0.139	0.0993	0.0808	0.0693	0.0614	0.0556	0.0512	0.0479	0.0454	—
KH_2PO_4	0.731	0.653	0.602	0.561	0.529	0.501	0.477	0.456	0.438	0.421
KI	0.778	0.733	0.707	0.689	0.676	0.667	0.660	0.654	0.649	0.645
KNO_3	0.739	0.663	0.614	0.576	0.545	0.519	0.496	0.476	0.459	0.443
KAc	0.796	0.766	0.754	0.750	0.751	0.754	0.759	0.766	0.774	0.783
KOH	0.798	0.760	0.742	0.734	0.732	0.733	0.736	0.742	0.749	0.756
$KSCN$	0.769	0.716	0.685	0.663	0.646	0.633	0.623	0.614	0.606	0.599
K_2SO_4	0.441	0.360	0.316	0.286	0.264	0.246	0.232	—	—	—
$LiBr$	0.796	0.766	0.756	0.752	0.753	0.758	0.767	0.777	0.789	0.803
$LiCl$	0.790	0.757	0.744	0.740	0.739	0.743	0.748	0.755	0.764	0.774
$LiClO_4$	0.812	0.794	0.792	0.798	0.808	0.820	0.834	0.852	0.869	0.887
LiI	0.815	0.802	0.804	0.813	0.824	0.838	0.852	0.870	0.888	0.910
$LiNO_3$	0.788	0.752	0.736	0.728	0.726	0.727	0.729	0.733	0.737	0.743
$LiOH$	0.760	0.702	0.665	0.638	0.617	0.599	0.585	0.573	0.563	0.554
$LiOAc$	0.784	0.742	0.721	0.709	0.700	0.691	0.689	0.688	0.688	0.689
Li_2SO_4	0.468	0.398	0.361	0.337	0.319	0.307	0.297	0.289	0.282	0.277
$MgCl_2$	0.529	0.489	0.477	0.475	0.481	0.491	0.506	0.522	0.544	0.570
$MgSO_4$	0.150	0.107	0.0874	0.0756	0.0675	0.0616	0.0571	0.0536	0.0508	0.0485

附录七 部分难溶化合物的溶度积常数(298.15 K)

化合物	$K_{sp}^{\ominus}$	$pK_{sp}^{\ominus}$
AgAc	1.94×10^{-3}	2.27
AgBr	5.35×10^{-13}	12.27
$AgBrO_3$	5.38×10^{-5}	4.27
AgCN	5.97×10^{-17}	16.22
AgCl	1.77×10^{-10}	9.75
AgI	8.52×10^{-17}	16.07
$AgIO_3$	3.17×10^{-8}	7.50
AgSCN	1.03×10^{-12}	11.99
Ag_2CO_3	8.46×10^{-12}	11.07
$Ag_2C_2O_4$	5.40×10^{-12}	11.27
Ag_2CrO_4	1.12×10^{-12}	11.95
Ag_2S	6.3×10^{-50}	49.20
Ag_2SO_3	1.50×10^{-14}	13.82
Ag_2SO_4	1.20×10^{-5}	4.92
Ag_3AsO_4	1.03×10^{-22}	21.99
Ag_3PO_4	8.89×10^{-17}	16.05
$Al(OH)_3$	1.1×10^{-33}	32.97
$AlPO_4$	9.84×10^{-21}	20.01
$BaCO_3$	2.58×10^{-9}	8.59
$BaCrO_4$	1.17×10^{-10}	9.93
BaF_2	1.84×10^{-7}	6.74
$Ba(IO_3)_2$	4.01×10^{-9}	8.40
$BaSO_4$	1.08×10^{-10}	9.97
$BiAsO_4$	4.43×10^{-10}	9.35
Bi_2S_3	1.0×10^{-97}	97
CaC_2O_4	2.32×10^{-9}	8.63
$CaCO_3$	3.36×10^{-9}	8.47
CaF_2	3.45×10^{-10}	9.46
$Ca(IO_3)_2$	6.47×10^{-6}	5.19
$Ca(OH)_2$	5.02×10^{-6}	5.30
$CaSO_4$	4.93×10^{-5}	4.31
$Ca_3(PO_4)_2$	2.07×10^{-33}	32.68
$CdCO_3$	1.00×10^{-12}	12.00
CdF_2	6.44×10^{-3}	2.19
$Cd(IO_3)_2$	2.50×10^{-8}	7.60
$Cd(OH)_2$	7.20×10^{-15}	14.14
CdS	8.0×10^{-27}	26.10
$Cd_3(PO_4)_2$	2.53×10^{-33}	32.60
$Co_3(PO_4)_2$	2.05×10^{-35}	34.69
CuBr	6.27×10^{-9}	8.20
CuC_2O_4	4.43×10^{-10}	9.35

化合物	$K_{sp}^{\ominus}$	$pK_{sp}^{\ominus}$
CuCl	1.72×10^{-7}	6.76
CuI	1.27×10^{-12}	11.90
CuS	6.3×10^{-36}	35.20
CuSCN	1.77×10^{-13}	12.75
Cu_2S	2.26×10^{-48}	47.64
$Cu_3(PO_4)_2$	1.40×10^{-37}	36.86
$FeCO_3$	3.13×10^{-11}	10.50
FeF_2	2.36×10^{-6}	5.63
$Fe(OH)_2$	4.87×10^{-17}	16.31
$Fe(OH)_3$	2.79×10^{-39}	38.55
FeS	6.3×10^{-18}	17.20
HgI_2	2.90×10^{-29}	28.54
$Hg(OH)_2$	3.13×10^{-26}	25.50
HgS(黑)	1.6×10^{-52}	51.8
Hg_2Br_2	6.40×10^{-23}	22.19
Hg_2CO_3	3.60×10^{-17}	16.44
$Hg_2C_2O_4$	1.75×10^{-13}	12.76
$HgCl_2$	1.43×10^{-18}	17.84
HgF_2	3.10×10^{-6}	5.51
HgI_2	5.20×10^{-29}	28.28
Hg_2SO_4	6.50×10^{-7}	6.18
$KClO_4$	1.05×10^{-2}	1.98
$K_2[PtCl_6]$	7.48×10^{-6}	5.13
Li_2CO_3	8.15×10^{-4}	3.09
$MgCO_3$	6.82×10^{-6}	5.17
MgF_2	5.16×10^{-11}	10.29
$Mg(OH)_2$	5.61×10^{-12}	11.25
$Mg_3(PO_4)_2$	1.04×10^{-24}	23.98
$MnCO_3$	2.24×10^{-11}	10.65
$Mn(IO_3)_2$	4.37×10^{-7}	6.36
$Mn(OH)_2$	2.06×10^{-13}	12.69
MnS	2.5×10^{-13}	12.60
$NiCO_3$	1.42×10^{-7}	6.85
$Ni(IO_3)_2$	4.71×10^{-5}	4.33
$Ni(OH)_2$	5.48×10^{-16}	15.26
$\alpha\text{-NiS}$	3.2×10^{-19}	18.50
$Ni_3(PO_4)_2$	4.73×10^{-32}	31.33
$PbCO_3$	7.40×10^{-14}	13.13
$PbCl_2$	1.70×10^{-5}	4.77
PbF_2	3.30×10^{-8}	7.48
PbI_2	9.80×10^{-9}	8.01
$PbSO_4$	2.53×10^{-8}	7.60

化合物	$K_{sp}^{\ominus}$	$pK_{sp}^{\ominus}$
PbS	8.0×10^{-8}	27.10
$Pb(OH)_2$	1.43×10^{-20}	19.84
$Sn(OH)_2$	5.45×10^{-27}	26.26
SnS	1.0×10^{-25}	25
$SrCO_3$	5.60×10^{-10}	9.25
SrF_2	4.33×10^{-9}	8.36
$Sr(IO_3)_2$	1.14×10^{-7}	6.94
$SrSO_4$	3.44×10^{-7}	6.46
$Sr_3(AsO_4)_2$	4.29×10^{-19}	18.37
$ZnCO_3$	1.46×10^{-10}	9.83
$Zn(OH)_2$	3.10×10^{-17}	1.52
ZnF_2	3.04×10^{-2}	16.51
$Zn(IO_3)_2$	4.29×10^{-6}	5.37
$\alpha\text{-}ZnS$	1.60×10^{-24}	23.8

本表数据主要录自 LIDE D R. CRC handbook of chemistry and physics[M]. 90th ed. New York：CRC Press，2010.
硫化物的 $K_{sp}^{\ominus}$ 引自 SPEIGHT J G. Lange's handbook of chemistry[M]. 16th ed. New York：McGraw-Hill，2004：1.331 - 1.342.

附录八　弱电解质在水中的解离常数(质子传递平衡常数)

酸	温度/℃	分步	$K_a^{\ominus}$	$pK_a^{\ominus}$
砷酸	25	1	5.5×10^{-3}	2.26
	25	2	1.74×10^{-7}	6.76
	25	3	5.13×10^{-12}	11.29
亚砷酸	25	—	5.1×10^{-10}	9.29
硼酸	20	1	5.37×10^{-10}	9.27
碳酸	25	1	4.47×10^{-7}	6.35
	25	2	4.68×10^{-11}	10.33
铬酸	25	1	1.8×10^{-1}	0.74
	25	2	3.2×10^{-7}	3.20
氢氟酸	25	—	6.31×10^{-4}	9.21
氢氰酸	25	—	6.16×10^{-10}	9.21
氢硫酸	25	1	8.91×10^{-8}	7.05
	25	2	1.20×10^{-13}	12.92
过氧化氢	25	—	2.4×10^{-12}	11.62
次溴酸	25	—	2.8×10^{-9}	8.55
次氯酸	25	—	4.0×10^{-8}	7.40
次碘酸	25	—	3.2×10^{-11}	10.50
碘酸	25	—	1.7×10^{-1}	0.78
亚硝酸	25	—	5.6×10^{-4}	3.25
高碘酸	25	—	2.3×10^{-2}	1.64
磷酸	25	1	6.92×10^{-3}	2.16

续表

酸	温度/℃	分步	$K_a^\ominus$	$pK_a^\ominus$
	25	2	6.23×10^{-8}	7.21
	25	3	4.79×10^{-13}	12.32
正硅酸	30	1	1.3×10^{-10}	9.90
	30	2	1.6×10^{-12}	11.80
	30	3	1.0×10^{-12}	12.00
硫酸	25	2	1.0×10^{-2}	1.99
亚硫酸	25	1	1.4×10^{-2}	1.85
	25	2	6.3×10^{-8}	7.20
铵离子	25	—	5.62×10^{-10}	9.25
甲酸	25	1	1.78×10^{-4}	3.75
乙(醋)酸	25	1	1.75×10^{-5}	4.756
丙酸	25	1	1.35×10^{-5}	4.87
一氯乙酸	25	1	1.35×10^{-3}	2.87
草酸	25	1	5.9×10^{-2}	1.23
	25	2	6.5×10^{-5}	4.19
柠檬酸	25	1	7.41×10^{-4}	3.13
	25	2	1.74×10^{-5}	4.76
	25	3	3.98×10^{-7}	6.40
巴比妥酸	25	1	9.8×10^{-5}	4.01
甲胺盐酸盐	25	1	2.3×10^{-11}	10.63
二甲胺盐酸盐	25	1	1.86×10^{-11}	10.73
乳酸	25	1	1.4×10^{-4}	3.86
乙胺盐酸盐	25	1	2.24×10^{-11}	10.65
苯甲酸	25	1	6.25×10^{-5}	4.204
苯酚	25	1	1.02×10^{-10}	9.99
邻苯二甲酸	25	1	1.14×10^{-3}	2.943
	25	2	3.70×10^{-6}	5.432
Tris-HCl	37	1	1.4×10^{-8}	7.85
氨基乙酸盐酸盐	25	1	4.5×10^{-3}	2.35
	25	2	1.7×10^{-10}	9.78

本表数据主要录自 LIDE D R. CRC handbook of chemistry and physics[M]. 90th ed. New York：CRC Press，2010.

氢硫酸的 K_{a1}、K_{a2} 引自 SPEIGHT J G. Lange's handbook of chemistry[M]. 16th ed. New York：McGraw-Hill，2004：1.330.

附录九　标准电极电位表

1. 在酸性溶液中

半反应	$\varphi_A^\ominus/V$
$Li^+ + e^- \Longrightarrow Li$	−3.040 1
$K^+ + e^- \Longrightarrow K$	−2.931
$Ba^{2+} + 2e^- \Longrightarrow Ba$	−2.912
$Ca^{2+} + 2e^- \Longrightarrow Ca$	−2.868

半反应	$\varphi_A^\ominus/V$
$Na^+ + e^- \rightleftharpoons Na$	-2.71
$Mg^{2+} + 2e^- \rightleftharpoons Mg$	-2.70
$Al^{3+} + 3e^- \rightleftharpoons Al$	-1.662
$Mn^{2+} + 2e^- \rightleftharpoons Mn$	-1.185
$2H_2O + 2e^- \rightleftharpoons H_2 + 2OH^-$	-0.8277
$Zn^{2+} + 2e^- \rightleftharpoons Zn$	-0.7618
$Cr^{3+} + 3e^- \rightleftharpoons Cr$	-0.744
$2CO_2 + 2H^+ + 2e^- \rightleftharpoons H_2C_2O_4$	-0.49
$S + 2e^- \rightleftharpoons S^{2-}$	-0.47627
$Cr^{3+} + e^- \rightleftharpoons Cr^{2+}$	-0.407
$Fe^{2+} + 2e^- \rightleftharpoons Fe$	-0.447
$Cd^{2+} + 2e^- \rightleftharpoons Cd$	-0.4030
$Tl^+ + e^- \rightleftharpoons Tl$	-0.336
$[Ag(CN)_2]^- + e^- \rightleftharpoons Ag + 2CN^-$	-0.31
$Co^{2+} + 2e^- \rightleftharpoons Co$	-0.28
$Ni^{2+} + 2e^- \rightleftharpoons Ni$	-0.257
$V^{3+} + e^- \rightleftharpoons V^{2+}$	-0.255
$AgI + e^- \rightleftharpoons Ag + I^-$	-0.15224
$Sn^{2+} + 2e^- \rightleftharpoons Sn$	-0.1375
$2IO_3^- + 12H^+ + 10e^- \rightleftharpoons I_2 + 6H_2O$	1.195
$O_2 + 4H^+ + 4e^- \rightleftharpoons 2H_2O$	1.229
$Cr_2O_7^{2-} + 14H^+ + 6e^- \rightleftharpoons 2Cr^{3+} + 7H_2O$	1.232
$Tl^{3+} + 2e^- \rightleftharpoons Tl^+$	1.252
$Cl_2(g) + 2e^- \rightleftharpoons 2Cl^-$	1.35827
$MnO_4^- + 8H^+ + 5e^- \rightleftharpoons Mn^{2+} + 4H_2O$	1.507
$MnO_4^- + 4H^+ + 3e^- \rightleftharpoons MnO_2 + 2H_2O$	1.679
$Pb^{2+} + 2e^- \rightleftharpoons Pb$	-0.1262
$Fe^{3+} + 3e^- \rightleftharpoons Fe$	-0.037
$Ag_2S + 2H^+ + 2e^- \rightleftharpoons 2Ag + H_2S$	-0.0366
$2H^+ + 2e^- \rightleftharpoons H_2$	0.00000
$AgBr + e^- \rightleftharpoons Ag + Br^-$	0.07133
$S_4O_6^{2-} + 2e^- \rightleftharpoons 2S_2O_3^{2-}$	0.08
$Sn^{4+} + 2e^- \rightleftharpoons Sn^{2+}$	0.151
$Cu^{2+} + e^- \rightleftharpoons Cu^+$	0.153
$SO_4^{2-} + 4H^+ + 2e^- \rightleftharpoons H_2SO_3 + H_2O$	0.172
$AgCl + e^- \rightleftharpoons Ag + Cl^-$	0.22233
$Hg_2Cl_2 + 2e^- \rightleftharpoons 2Hg + 2Cl^-$	0.26808
$Cu^{2+} + 2e^- \rightleftharpoons Cu$	0.3419
$I_2 + 2e^- \rightleftharpoons 2I^-$	0.5355
$MnO_4^- + e^- \rightleftharpoons MnO_4^{2-}$	0.558
$AsO_4^{3-} + 2H^+ + 2e^- \rightleftharpoons AsO_3^{2-} + H_2O$	0.559
$H_3AsO_4 + 2H^+ + 2e^- \rightleftharpoons HAsO_2 + 2H_2O$	0.560

半反应	$\varphi_A^\ominus/V$
$MnO_4^- + 2H_2O + 3e^- \Longrightarrow MnO_2 + 4OH^-$	0.595
$O_2 + 2H^+ + 2e^- \Longrightarrow H_2O_2$	0.695
$Fe^{3+} + e^- \Longrightarrow Fe^{2+}$	0.771
$Ag^+ + e^- \Longrightarrow Ag$	0.799 6
$Hg^{2+} + 2e^- \Longrightarrow Hg$	0.851
$2Hg^{2+} + 2e^- \Longrightarrow Hg_2^{2+}$	0.920
$Br_2(l) + 2e^- \Longrightarrow 2Br^-$	1.066
$Au^+ + e^- \Longrightarrow Au$	1.692
$Ce^{4+} + e^- \Longrightarrow Ce^{3+}$	1.72
$H_2O_2 + 2H^+ + 2e^- \Longrightarrow 2H_2O$	1.776
$Co^{3+} + e^- \Longrightarrow Co^{2+}$	1.92
$S_2O_8^{2-} + 2e^- \Longrightarrow 2SO_4^{2-}$	2.010
$F_2 + 2e^- \Longrightarrow 2F^-$	2.866

2. 在碱性溶液中

半反应	$\varphi_A^\ominus/V$
$Ca(OH)_2 + 2e^- \Longrightarrow Ca + 2OH^-$	-3.02
$Ba(OH)_2 + 2e^- \Longrightarrow Ba + 2OH^-$	-2.99
$La(OH)_3 + 3e^- \Longrightarrow La + 3OH^-$	-2.90
$Sr(OH)_2 \cdot 8H_2O + 2e^- \Longrightarrow Sr + 2OH^- + 8H_2O$	-2.88
$Mg(OH)_2 + 2e^- \Longrightarrow Mg + 2OH^-$	-2.690
$H_2AlO_3^- + H_2O + 3e^- \Longrightarrow Al + OH^-$	-2.33
$H_2BO_3^- + H_2O + 3e^- \Longrightarrow B + 4OH^-$	-1.79
$SiO_3^{2-} + 3H_2O + 4e^- \Longrightarrow Si + 6OH^-$	-1.697
$HPO_3^{2-} + 2H_2O + 2e^- \Longrightarrow H_2PO_2^- + 3OH^-$	-1.65
$Mn(OH)_2 + 2e^- \Longrightarrow Mn + 2OH^-$	-1.56
$Cr(OH)_3 + 3e^- \Longrightarrow Cr + 3OH^-$	-1.48
$[Zn(CN)_4]^{2-} + 2e^- \Longrightarrow Zn + 4CN^-$	-1.26
$Zn(OH)_2 + 2e^- \Longrightarrow Zn + 2OH^-$	-1.249
$CrO_2^- + 2H_2O + 3e^- \Longrightarrow Cr + 4OH^-$	-1.2
$Te + 2e^- \Longrightarrow Te^{2-}$	-1.143
$PO_4^{3-} + 2H_2O + 2e^- \Longrightarrow HPO_3^{2-} + 3OH^-$	-1.05
$[Zn(NH_3)_4]^{2+} + 2e^- \Longrightarrow Zn + 4NH_3$	-1.04
$SO_4^{2-} + H_2O + 2e^- \Longrightarrow SO_3^{2-} + 2OH^-$	-0.93
$Se + 2e^- \Longrightarrow Se^{2-}$	-0.924
$2H_2O + 2e^- \Longrightarrow H_2 + 2OH^-$	$-0.827\ 7$
$Co(OH)_2 + 2e^- \Longrightarrow Co + 2OH^-$	-0.73
$Ni(OH)_2 + 2e^- \Longrightarrow Ni + 2OH^-$	-0.72
$IO_3^- + 3H_2O + 6e^- \Longrightarrow I^- + 6OH^-$	0.26
$ClO_3^- + H_2O + 2e^- \Longrightarrow ClO_2^- + 2OH^-$	0.33
$Ag_2O + H_2O + 2e^- \Longrightarrow 2Ag + 2OH^-$	0.342
$[Fe(CN)_6]^{3-} + e^- \Longrightarrow [Fe(CN)_6]^{4-}$	0.358

半反应	$\varphi_A^\ominus/V$
$ClO_4^- + H_2O + 2e^- \Longrightarrow ClO_3^- + 2OH^-$	0.36
$[Ag(NH_3)_2]^+ + e^- \Longrightarrow Ag + 2NH_3$	0.373
$O_2 + 2H_2O + 4e^- \Longrightarrow 4OH^-$	0.401
$AsO_4^{3-} + 2H_2O + 2e^- \Longrightarrow AsO_2^- + 4OH^-$	-0.71
$Ag_2S + 2e^- \Longrightarrow 2Ag + S^{2-}$	-0.691
$2SO_3^{2-} + 3H_2O + 4e^- \Longrightarrow S_2O_3^{2-} + 6OH^-$	-0.58
$Fe(OH)_3 + e^- \Longrightarrow Fe(OH)_2 + OH^-$	-0.56
$S + 2e^- \Longrightarrow S^{2-}$	$-0.476\ 27$
$Bi_2O_3 + 3H_2O + 6e^- \Longrightarrow 2Bi + 6OH^-$	-0.46
$NO_2^- + H_2O + e^- \Longrightarrow NO + 2OH^-$	-0.46
$[Co(NH_3)_6]^{2+} + 2e^- \Longrightarrow Co + 6NH_3$	-0.422
$Cu_2O + H_2O + 2e^- \Longrightarrow 2Cu + 2OH^-$	-0.360
$Tl(OH) + e^- \Longrightarrow Tl + OH^-$	-0.34
$[Ag(CN)_2]^- + e^- \Longrightarrow Ag + 2CN^-$	-0.31
$Cu(OH)_2 + 2e^- \Longrightarrow Cu + 2OH^-$	-0.222
$CrO_4^{2-} + 4H_2O + 3e^- \Longrightarrow Cr(OH)_3 + 5OH^-$	-0.13
$[Cu(NH_3)_2]^+ + e^- \Longrightarrow Cu + 2NH_3$	-0.12
$O_2 + H_2O + 2e^- \Longrightarrow HO_2^- + OH^-$	-0.076
$AgCN + e^- \Longrightarrow Ag + CN^-$	-0.017
$NO_3^- + H_2O + 2e^- \Longrightarrow NO_2^- + 2OH^-$	0.01
$S_4O_6^{2-} + 2e^- \Longrightarrow 2S_2O_3^{2-}$	0.08
$[Co(NH_3)_6]^{3+} + e^- \Longrightarrow [Co(NH_3)_6]^{2+}$	0.108
$Pt(OH)_2 + 2e^- \Longrightarrow Pt + 2OH^-$	0.14
$Co(OH)_3 + e^- \Longrightarrow Co(OH)_2 + OH^-$	0.17
$PbO_2 + H_2O + 2e^- \Longrightarrow PbO + 2OH^-$	0.247
$MnO_4^- + e^- \Longrightarrow MnO_4^{2-}$	0.558
$MnO_4^- + 2H_2O + 3e^- \Longrightarrow MnO_2 + 4OH^-$	0.595
$2AgO + H_2O + 2e^- \Longrightarrow Ag_2O + 2OH^-$	0.607
$BrO_3^- + 3H_2O + 6e^- \Longrightarrow Br^- + 6OH^-$	0.61
$ClO_3^- + 3H_2O + 6e^- \Longrightarrow Cl^- + 6OH^-$	0.62
$BrO^- + H_2O + 2e^- \Longrightarrow Br^- + 2OH^-$	0.761
$ClO^- + H_2O + 2e^- \Longrightarrow Cl^- + 2OH^-$	0.841

本表数据主要录自 LIDE D R. CRC handbook of chemistry and physics[M]. 90th ed. New York:CRC Press,2010.

参 考 文 献

［1］宣贵达,浙江大学. 无机及分析化学学习指导［M］. 2 版. 北京：高等教育出版社，2009.

［2］胡琴. 基础化学［M］. 4 版. 北京：高等教育出版社，2020.

［3］胡琴. 基础化学学习指导与习题解析［M］. 4 版. 北京：高等教育出版社，2020.

［4］谢吉民,于丽. 无机化学［M］. 3 版. 北京：人民卫生出版社，2015.

［5］李三鸣. 物理化学［M］. 8 版. 北京：人民卫生出版社，2016.

［6］SPEIGHT J G. Lange's handbook of chemistry［M］. 16th ed. New York：McGraw-Hill,2004.

［7］LIDE D R. CRC handbook of chemistry and physics［M］. 90th ed. New York：CRC Press,2010.